Intuition in Science and Mathematics

수학 과학 학습과 직관

Intuition in Science and Mathematics

by Efraim Fischbein

Intuition in Science and Mathematics

수학 과학 학습과 직관

아프라임 피슈베인 지음

우정호 · 박교식 · 이종희 · 유현주 · 김수미 · 장혜원 · 서동엽 · 나귀수 옮김

KM 경문사

일러두기

1. 외래어는 한글 맞춤법 외래어 표기법에 따라 표기했으며, 브리태니커 백과사전을 참조했다. 단, 인명 등 고유명사의 경우 원어 그대로 표시하거나 함께 표시하였다.
2. 중요한 내용의 설명은 역자주를 따로 표시하였다.
3. 본문에 사용한 부호와 기호의 뜻은 다음과 같다.
   - 저서, 신문, 잡지 : 《 》
   - 개별작품, 논문, 기사 : 〈 〉
   - 강조와 인용 : ' ', " "

역자 서문

수학은 형식적이고 공리적으로 조직된 지식 체계이다. 수학의 모든 명제는 몇몇 공리와 자명한 개념을 제외하고는 명시적이고 완벽한 증명의 기초위에서 만들어져야 한다. 그러나 이와 같은 특징을 갖는 수학도 그것이 형성되는 초기에는 수학적 추론이라는 정신적 장치가 필요하다. 직관, 신념, 기대 등과 같은 다양한 심리적 요소는 수학적 추론이나 모든 종류의 과학적 추론의 동력이 된다. 이것은 원시적인 형태가 아니라 모든 유형의 추론에서 생산적인 활동을 하는 중요한 성분이다. 추론의 과정은 자명한 것에 의존하기도 하는데, 이는 직관이 추론에 매우 밀접하게 관련되어 있음을 의미한다.

직관은 과학과 철학 등 여러 학문 분야에서 많은 논쟁의 대상이 된 개념 중의 하나이다. 직관은 지식 형성의 기본적인 요소로서 긍정적으로 평가되기도 하며, 이와 반대로 지식에 대한 탐색을 오도하는 것으로서 부정적으로 평가되기도 한다.

일반적으로, 숨겨진 사고 양식을 활용하여 판단하거나, 대상을 분석적으로 보지 않고 감각적으로 파악하는 정신작용을 직관이라고 하기도 한다. 이 같은 이유에서 직관은 비합리적이고 비과학적이고 질적으로 낮은 수준으로 간주되기도 한다.

한편 직관에 대해, 데카르트나 스피노자 등은 지식의 근본적인 원천으로, 베르그송 등은 진리나 실재의 본질을 파악하는 특정한 방법으로, 피아제 등은 명시적 정당화나 해석해야 할 아무런 필요가 없이 직접 파악되는 인지의 한 유형으로 보기도 하였다. 이러한 가운데 피시바인(Fischbein, 1920-1998)[1]은 직관을 외관상 자명하고 자기모순이 없는

1 Fischbein은 PME(The International Group for the Psychology of Mathematics Education)의 창시자이며 초대 회장이었고, 명예회원이었다.

인지적 지식으로 보았다.

직관에 관한 피시바인의 연구는, 프로이덴탈이 "The Intuitive Sources of Problistic Thinking in Children"(Fischbein, 1975)의 서문에서 밝혔듯이, 발달 심리학분야의 연구에서 한걸음 더 나아가 획기적 진전을 이룩한 것으로 볼 수 있다. 피시바인의 연구는 또한 수학적 개념의 형성과 발달에 관련 있는 직관에도 관심을 가지도록 하여 수학교수의 연구에도 중요한 역할을 하였다.

피시바인은 본 서에서 직관을 이론적이고 포괄적인 관점에서 접근하였으며, 이와 관련 있는 여러 선행연구들의 실험 결과를 확인하여 직관에 대한 자신의 연구에 통합하고자 하였다. 그리고 '일차직관'과 '이차직관' 같은 직관과 관련된 용어들을 도입하고 아울러 직관의 교육적 시사점을 제안하였다.

저자는 다음과 같은 세 가지 문제를 제기하고 그에 대한 해답을 모색하는 과정으로 직관에 대한 분석을 시도하였다. 첫째, 직관은 정의할 수 있는 개념으로서 수용할 수 있고 정당화할 수 있는 어떤 기본적이고 공통적인 특징을 가지고 있는가? 둘째, 위의 질문이 긍정적이라면, 이 공통의 특성에도 불구하고 직관이라는 용어가 완전한 지식의 형태이거나 신뢰할 수 없고 잠재적으로 오도하는 지식의 형태로 서로 모순되게 드러나는 것이 어떻게 가능한가? 셋째, 그러한 혼란스럽고 분명하지도 않은 용어가 여러 중요한 영역에서 중요한 역할을 수행하는 것이 어떻게 가능한가?

피시바인은 이러한 문제에 접근하기 위해서 직관이라는 개념에서 출발하지 않고 확신의 탐색에서 출발한다. 그것은 직관이 궁극적이고 절대적으로 믿을 수 있는 확신의 존재에 대한 모든 사람들의 자연스럽고 본능적인 신념을 표현한 것이라는 가정에서 비롯된 것이다.

이 책은 2부로 나뉘어져 있는데, 제I부는 확신, 추론, 과신, 인지 등 직관에 관련된 정신 작용의 제반 이론이 소개되어 있다. 제II부는 경험, 실제성, 즉각성, 전체성, 모델, 갈등과 타협, 강건성과 폐쇄성 등 직관을 형성하는 여러 요인들이 소개되어 있다.

그의 책을 국내에 처음으로 번역 소개하게 된 점을 무척 기쁘게 생각하며, 이 책이 수학교육의 발전에 기여할 수 있기를 희망한다. 마지막으로 책이 번역되어 나오기까지 도와주신 모든 분께 진심으로 감사한 마음을 전한다.

2006년 2월

역 자

서문

저자가 이 책을 집필하면서 염두에 두었던 목표는 다음과 같은 것이다.

- 직관이라는 영역에 대해 이론적이고 이해 가능한 관점을 제시하는 것
- 직관과 관련해서 광범위하고 다양한 연구 맥락에 산재된 실험 연구 결과들을 찾아내어 조직하는 것
- 과학 및 수학교육을 위해 개발된 아이디어의 교육적 시사점을 드러내는 것

직관의 영역에서 현재의 대부분의 연구 논문들은 주로 정의, 철학적 태도, 역사적 고찰과 같은 이론적 논의에 관련되어 있다. (특히 와일드(Wild, 1938), 번지(Bunge, 1962), 그리고 노딩스(Noddings)와 쇼(Shore, 1984)의 저작을 보라.)

주목할 만한 예외가 웨스트코트(Westcott, 1968)의 저작인데, 이 책에서는 이론적 분석과 저자 자신의 실험 연구를 결합시키고 있다.

그러나 지금까지, 직관의 메커니즘을 해독하는데 기여한 수많은 연구 문헌의 결과를 체계적으로 찾아내고자 하는 어떠한 시도도 없었다. 관련 연구에서 직관을 명쾌하게 언급하지 않는 경우도 매우 흔했다. 직관이라는 용어를 사용하더라도 대개는 자명하고 상식적인 용어로 나타났다.

이로부터 설명할 수 있는 것은 일반적으로 직관이 묘사될 수는 있지만 더 기본적인 성분으로 환원될 수는 없다는 근원적인 현상으로 보인다는 것이다. 사실상, 직관적으로, 직관은 색깔의 지각이나 감정의 경험과 같이 자명하고 자기모순이 없는 인지라는 외양을 가진다. 그 결과, 일반적으로, 연구자들은 직관적 현상의 구조를 밝히는데 자신의 실험 연구 결과를 사용하려는 시도를 하지 않았다. 이에 반하여, 묘사적이고 설명적인 개념으

로 사용되는 것도 바로 직관이다. 이를테면, 직관과 직관적 사고라는 용어를 자주 사용했던 피아제(Piaget)는 직관적 메커니즘 그 자체의 일반적 구조에 대한 더 깊은 이해를 위해 그 자신의 연구 결과를 참조하려는 시도를 하지 않았다. 이것이 대부분의 연구자에게서 볼 수 있는 상황이며, 아주 드물게 몇 사람의 예외가 있다. 그 중 하나가 안드레아 디세사(Andrea DiSessa, 1982, 1983a, 1983b)의 저작인 바, 직관의 이론을 세우고자 하는 뚜렷한 목적에서 자신의 실험 연구 결과를 분석하는 중요한 시도를 하였다.

이 책도 그와 유사한 목적을 가진다. 우리는 이론을 상세히 설명하고, 연구에서 얻은 증거를 이용하여 직관의 메커니즘에서 더 풍부한 통찰을 얻고자 노력하며, 이러한 자료를 기초로 하여 우리의 개념을 뒷받침하고 확대하고자 노력한다.

원칙적으로, 인지는 행동적 목적을 이행하며, 행동적 속박이 그것을 형성한다는 것이 우리의 일반적 주장이다. 인지의 특수한 형태인 직관에 대해서도 같은 말을 할 수 있다.

직관의 근원은 아동이나 초기 문명 단계의 인류의 혼합적 사고 유형이다. 그러나 그것이 성인이나 고도로 개발된 문명에서는 단순한 부산물로서만 남아 있지는 않다. 우리는 직관이 우리의 정신 행위의 뿌리 깊은 필연성을 표현한다고 주장한다.

우리가 추론하고 시행착오의 시도를 하는 바로 그 도중에, 우리는 직관적으로 확실하고, 자기모순이 없고, 그리고 본질적으로 분명한 것으로 나타나는 표상과 아이디어에 의존하여야 한다. 우리가 언제나 모든 것을 의심할 수는 없다. 이것은 무기력한 태도가 될 것이다. 몇 가지 표상이나 의상(conception, 意想)은 당연한 것으로 받아들여야 한다. 그것들은 추론의 과정이 계속 효과적으로 작동하도록 하기 위해, 주관적 관점에서 자율적이고, 일관성 있고, 완전히 그리고 즉시 받아들여질 수 있는 인지로서 나타나야 한다.

그러면 직관이란 그렇게 결정화된-그러나 매우 흔히는 조숙하게 닫혀 버리는-의상인 바, 그 안에서 즉각성, 일관성(coherence), 그리고 확신의 느낌을 생기게 하는 특별한 메커니즘을 통하여 정보의 불완전성과 모호함을 가린다.

그러한 메커니즘이 연구 문헌에 기술되어 왔지만, 직관에 대한 이론과 그 어떤 명백한 연결이 없는 채 기술되는 경우가 매우 흔하다. 이 책에서는 이러한 연구 자료를 이용하고자 시도하고 있다. 과신 및 주관적 확률에 관한 연구와, 정신 모델, 소박한 물리학에서의 전형적 오류, 수학에서의 오개념작용(misconception), 그리고 아동들에게 있어서의 논리적 개념의 발달 등을 언급하는 연구 결과는, 실제로, 직관의 이론을 위한 잠재적 자료의 예이다.

단순히 직관이 암묵적이지만 견고하게 원시적 느낌으로 간주되고 있기 때문에, 대부분의 이론가들이 실험 연구 결과에 근거하고 있는 풍부한 정보의 원천을 무시해 왔다는 흥미로운 현상을 다시 한번 강조하고 싶다. 이 책의 일차적 목적은 이러한 장애를 극복하는 것이다.

과학과 수학의 역사 또한 직관적 편견에 대한 과학적 마음의 극적인 투쟁을 이해하기 위한 중요한 자료이다. 이 점에 있어서 우리는 이 책에서 수많은 예를 사용하였으며, 전문가와 초보자의 직관적 어려움의 공통 구조를 찾아내기 위해 노력하였다.

이제 교육적인 면에 주목해 보자. 실험 연구자와 이론가를 막론하고, 대부분의 저자들은 학습과 문제해결에서 직관에 근거를 둔 오류를 피하고 직관적 추측과 평가를 개선하기 위한 권고를 제공하고자 노력한다. 그러나 우리의 견해로는, 그러한 권고가 포괄적인 직관의 이론에 근거하지 않는다면, 그것이 정말로 도움이 된다고 기대할 수는 없다. 직관은 단지 외관상으로만 자율적이고 자명한 인지 같아 보일 뿐이다. 개인의 일부 아이디어에 확신감과 타당성이라는 외양을 주기 위해 직관이 그런 것 같다. 그러나 이러한 아이디어는 그것들이 개인의 기본적인 정신적 조작에 깊이 뿌리 박혀 있다는 것의 결과로서 매우 확고해 보인다. 결과적으로, 직관적인 태도를 제거하거나, 바꾸거나, 또는 심지어 통제하기 위해서는, 정신적 활동이라는 넓은 범위에서 심오하고 구조적인 변환을 일으킬 필요가 있다.

그러므로, 만약 자신의 가장 뿌리 깊은 신념조차도 아주 흔히 그릇된 인상을 줄 수 있다는 것을 학습한다면, 개인의 자신감 자체도 없어질 수 있다. 따라서 직관은 하나의 고립된 징후로서 효과적으로 그리고 명확하게 취급될 수 없고, 오히려 고도로 명료하게 표현될 수 있으며 매우 복잡한 현시(顯示)로서 취급될 수 있다. 그리고 이것을 위해 포괄적인 이론이 필요한 바, 그 이론은 직관의 행동적 근원과 적응적 기능을 고려하게 될 것이다.

나는 감히 이 모든 곤란한 이론적 문제를 해결한 척하고 싶지는 않다. 명확한 답을 얻기에는 너무 이른 것 같다. 그러나 만약 내가 독자들에게 이러한 사고 흐름의 중요성을 수긍하게 할 수 있다면, 그리고 직관에 관한 자신의 직관에 대하여 어떤 의심을 내던지게 하고, 어떤 새로운 기대를 생기게 할 수 있다면, 나의 주요 목적은 달성될 것이다.

이 책은 두 부분으로 구성된다. Ⅰ부는 이론, 과학적 및 수학적 추론을 위한 인지의 직관적 형태의 적절성, 직관과 다른 관련된 인지 범주 사이의 연결, 일반적 특성 그리고 직관의 분류와 같은 이론적인 면에 관련된 것이다.

Ⅱ부는 주로 직관을 형성하는데 기여하는 요인을 취급하는 바, 경험의 역할, 여러 가지 유형의 모델-유추, 파라다임, 다이어그램, 현상학적 조어(祖語)-의 역할, 그리고 즉각성과 전체성이라는 결과를 생기게 하기 위한 요인의 역할을 다룬다.

나는 우리의 인지적 노력의 주요 성분의 하나로서 직관의 형식적 인식의 기회가 지금 무르익었다고 믿는다. 이 분야에서 이론과 실험 사이의 부단한 상호작용이 오늘날 확실하게 가능하고, 그리고 대단히 바람직하다.

연구 결과가 인지심리학과 교육의 실제 모두를 위해 유익할 것이라는 것이 우리의 확신이다.

감사의 글

지난 10년간 나는 텔아비브(Tel Aviv)대학교 사범대학에서 직관에 관한 강의를 해오고 있으며, 또한 세미나도 이끌어 오고 있다. 이 책은 주로 그 활동에 바탕을 두고있다. 그래서 나는 먼저 그 기간 동안 나의 아이디어를 명확히 하도록, 그리고 모든 것이 결말이 난 것처럼 보이는 곳에서 새로운 문제를 보도록 끈기 있게 도와준 나의 학생들과 동료들에게 감사한다.

알란 비숍(A. Bishop)에게 매우 감사하는 바, 그는 이 책을 집필하도록 권유했고, 그리고 그는 리듬이 느려지고 있다고 느낄 때마다 내가 작업을 계속하도록 격려해 주었다.

재기 있는 물리학자인 내 손자 아미르 클라인(Amir Klein) 박사와 나는 과학적 창조성의 역할에 관해 많은 토론을 하였다. 나는 내 손자의 협협하고 친절한 협조에 깊게 고마워한다.

나는 또한 마지막 원고를 준비하는 작업에 건설적인 기여를 해 준 브라이언 그리어(Brain Greer)와 지속적이고 효과적인 협력을 해준 디라이델 출판사의 직원에게도 감사한다.

마지막으로, 내 아내 헨리타(Henrietta)에게 결코 가장 작지는 않은 깊은 감사를 전하고자 한다. 아내는 지성, 헌신, 그리고 능력으로 모든 문장을 고쳤고, 또한 내가 피로와 반신반의로 심기가 불편했던 순간을 극복하도록 도와주었다.

목차

역자 서문 _ v

서문 _ vii

감사의 글 _ xi

··Part 01 이론

01 직관 그리고 확신에 대한 필요 2

02 직관과 수학적 추론 19

03 과신에 대한 조사 34

04 직관적 인지의 일반적 특징 52

05 직관의 분류 70

06 추리적 직관과 논리적 추론 88

··Part 02 직관을 형성하는 요인

07 직관과 경험 102

08 직관적 의미의 실제성, 예의 분석: 음수의 분석 117

09 즉각성의 요인 124

10 전체성의 요인 134

11 직관과 직관적 모델 146

12 모델과 유비 153

13 패러다임 모델 171

14 다이어그램 모델 183

15 현상학적 원시물 196

16 갈등과 타협 207

17 강건성과 폐쇄성의 요인: 초두 효과 227

18 요약 및 교수학적 시사점 235

••• 참고문헌 253

••• 찾아보기 265

Part 01

이론

1

직관 그리고 확신에 대한 필요

영역의 복잡성

직관은 과학과 철학에서 논쟁의 여지가 많은 개념이다.[1] 어떤 사람들은 직관을 모든 참 지식의 기본적 원천으로 받아들이고, 또 어떤 사람들은 그것이 진리를 찾고자 하는 모든 탐색을 잠재적으로 오도하는 것이라고 거부한다. 직관은 개념이자 방법으로, 철학적 논쟁, 과학과 수학의 이론적 기초, 초자연적 고찰, 윤리학과 미학, 교육학 같은 학문에서 몇 번이고 부활하지만, 심리학에서는 그런 일이 매우 드물며 거의 없다.

의미의 다양성

어떤 맥락에서는 직관을 참 지식 또는 외관상 참 지식의 **원천**이라고 말한다. 데카르트(R.

1 (역자 주) '개념(概念)'은 concept를 번역한 것이다. 그리고 notion, conception을 각각 '관념(觀念)', '개념작용(概念作用)'이라고, misconception을 '오개념작용(誤概念作用)'이라고 번역한다. '직관(直觀)'은 intuition을 번역한 것이다

Descartes, 1967)와 스피노자(B. Spinoza, 1967)의 저작에서는 일반적으로 이런 뜻으로 **직관**이라는 용어를 사용한다. 직관을 여전히 두 사람 모두에게 오도하는 겉모양과 변변찮은 해석의 세계에서 절대적 진리의 믿을 수 있는 궁극적 원천이었다.

그러나 다른 사람들은 직관은 오히려 **방법**으로 인식하며 그들에게는 현상의 본질에 이르게 하는 일종의 정신적 전략이다. 베르그송(H. Bergson)이 이런 용법의 주요 옹호자이다. 베르그송에 따르면 지능은 대상, 고형물, 그리고 정적 실재에 말을 건다.[2] 실재를 이해하기 위하여 지능은 '영화 촬영술'의 절차를 사용하는데, 그것은 주로 개념으로 표현된 일련의 정적 표상으로 진짜 현상의 부단한 흐름을 자른다. 그러나 이 방식으로는 운동, 삶, 정신, 그리고 지속(duration)의 본질에 이를 수 없다. 베르그송에 따르면, 우리는 일종의 교감적 동일화인 직관을 통해서 살아있는 그리고 변화하는 현상의 본질을 파악할 수 있다(Bergson, 1954).

직관이라는 용어는 또한 어떤 범주의 인지 즉, 명시적 정당화나 해석해야 할 아무런 필요 없거나, 또는 그에 앞서 직접 파악되는 인지를 가리키기 위해서도 사용된다.[3] 피아제가 말하는 공간 직관과 시간 직관, 경험적 직관과 조작적 직관, 그리고 순수 직관 등은 바로 이 뜻으로 사용한 것이다(Beth & Piaget, 1961).

칸트(I. Kant)의 용어로 볼 때, 직관 개념은 위에서 언급한 것과 비교하여 더 제한적 의미를 가진다. 즉, 칸트에 따르면, 직관은 단순히 대상을 직접 파악하게 해 주는 기능으로, 그것은 우리가 개념적 지식을 성취하게 해 주는 이해의 기능과 구별된다. 칸트는 **지적** 직관과 **감지적** 직관이라는 용어를 사용하지만, 실제적으로 그가 이해할 수 있던 것은 오직 감지적 직관뿐이었다. '지적 직관'은 '본체(noumenon)' 즉, 실재 그 자체를 아는 데 필요하겠지만, 그것은 불가능하다. 그러므로 칸트의 용어에서 직관은 여전히 감각적 지식과 관련된 반면, 솔직히 '지적' 직관은 존재하지 않는다(Kant, 1980, p. 268).

또한 감각적이지 않으며, 개념, 형식적 관계, 그리고 이론을 취급하는 즉각적 지식의 형태를 나타내기 위해 '지적 직관'이라는 용어가 사용되기도 한다. 예를 들어, 사람들은

2 (역자 주) '실재(實在)'는 reality를 번역한 것이다. 이것을 '실재(實體)' 또는 '현실(現實)'이라고 번역할 수도 있다. 한편, entity는 '존재물(存在物)'이라고 번역한다. 이것은 대체로 인간의 인식이나 경험과는 상관없이 독립적으로 존재하는 것을 의미한다.

3 (역자 주) '명시적(明示的)'은 explicit를 번역한 것이다. 이것에 대비되는 implicit를 '암시적(暗示的)'이라고 번역한다. explicitly와 implicitly는 각각 '명시적으로', '암시적으로' 라고 번역한다. implicitness는 '암시성(暗示性)'이라고 번역한다. '정당화(正當化)'는 justification을 번역한 것이다. 한편, tacit는 '암묵적(暗默的)'이라고 번역한다.

"모든 자연수는 바로 뒤의 원소(successor)를 가진다."라는 명제를 직관적으로 받아들일 수 있다고 단언할 수 있고, 이 경우에 우리는 '지적' 직관을 가진다.[4] 대조적으로, 물체의 무게 또는 움직이는 물체의 속력(speed)의 직관적 평가는 감각적 직관을 나타낼 것이다. 확실히 어떠한 명쾌한 구별도 가능하지 않지만, 직관에 관련된 용어는 너무 혼란스러워서, 심지어 이 몇 줄의 도입에서조차 독자들이 이 영역이 복잡하다는 예비적 인상을 가져야 할 것이라는 생각이 든다.

직관의 **신뢰성**에 관해서 이미 알고 있듯이, 우리는 또한 다양하며, 심지어 정반대의 개념작용을 확인할 수 있다. 때때로 직관을 개인이 깨끗하고 완벽한 정당화를 제공할 수 없는 전체적 짐작이라고 언급한다.[5] 과학적 개념작용 및 해석에 대립되는 것으로서 **직관**은 매우 흔히 초등적, 상식적, 대중적, 원시적 형태의 지식을 의미한다. 대조적으로, 스피노자와 같은 철학자에 의하면, 직관은 사물의 바로 그 본질 즉, 신 그 자체를 드러내어 주는 최고 형태의 지식이다. 푸앵카레(H. Poincaré)에 따르면, 수학이나 과학에서 직관 없이는 어떠한 진정한 창조적 활동도 불가능한 반면에 한(H. Hahn, 1956)에게 직관은 주로 오개념 작용의 원천으로, 진지한 과학적 노력에서 제거되어야만 하는 것이다.

교육학 문헌에서 직관은 흔히 후에 이루어지는 지적 교육을 위해 초기에 필요한 기초적인 감각적 지식과 관련되어 있다. 이런 점에서 직관적 지식은 대체로 지각적 지식(즉, 구체적 물체, 그림, 다이어그램)이다. 어떤 교육적 접근에서는 상당한 양의 직관적(구체적, 그림으로 나타낸, 손끝으로 다루는) 장치를 사용할 필요가 있다는 것을 뒷받침하는 반면에, 다른 교육적 접근에 따르면 직관적 테크닉을, 특히 수학과 같은 추상적 영역을 고려할 때는, 되도록 빨리 그리고 멀리 제거해야만 한다.

또한 직관이라는 용어는 특정한 영역에서 특별한 내포를 가지고 있다. 사람들이 '도덕적 직관'이라는 말을 쓸 때, 그것은 '옳다' 그리고 '옳지 않다'라는 관념에 대한 **선험적** 지식을 나타낸다(Wild, 1938, p. 131).

크로체(B. Croce)의 철학에서는 직관이 심미적 느낌에서 본질적 역할을 한다. 크로체에 따르면 미는 자연의 속성이 아니다. 오히려 그것은 인간의 마음이 직관을 통해 성취하는 특유한

4 (역자 주) successor를 '바로 뒤의 원소' 대신 '후자(後者)'라고 번역하기도 한다.

5 (역자 주) '짐작'은 guess를 번역한 것이다. reasoning, inference를 각각 '추론(推論)', '추리(推理)'라고 번역한다. conjecture는 '추측(推測)'이라고 번역한다.

종류의 선택과 종합의 산물이다. 사실 크로체의 견해에서 직관은 항상 미감(美感)과 결합되어 있다. 이것은 직관이 가지각색의 겉모양에서 통일성과 항상 결합되어 있기 때문이다(Wild, 1938, pp. 39-49를 보라).

몇몇 철학자들에게는 직관이 본질 즉, 절대 진리에 이르는 길이기에 그들이 직관을 신성(神性)에 접근하는 방법으로 간주하는 것은 자연스런 귀결일 것이다. 철학적 저작과 신학적 저작에서는 흔히 신비적 직관 그리고 일반적으로 종교적 직관에 관해 논의했다(Wild, 1938, pp. 97-114를 보라). 또한 직관이라는 용어를 전문적 능력과 관련해서 사용하는 경우에 대해 말하기로 하자. 의사, 기술자, 정치가, 그리고 심리학자 등은 복잡한 전문적 문제의 해결에서 자신의 직관을 사용할 수 있다고 말하는 바, 그 풀이는 오직 외관상의 요약 평가(summary evaluation)에 기초하여 신속히 나타나는 것 같다.

나는 전문적 경험에 기초하여 직관에 대한 이론적 접근을 정교화해 온 정신과 의사인 베른(E. Berne)의 예를 들고자 한다. 베른에 따르면 전문가는 실천의 결과로, 사실상 자신이 의식하고 있지 못한 상당히 다양한 단서에 의지하여 옳고, 전체적이고, 전문적인 평가를 할 수 있게 된다(Westcott, 1968, pp. 42-44 참조).[6]

관련 용어

직관 영역을 더욱 더 복잡하게 하는 것은 똑같은 범주의 현상에 관하여 많은 다른 용어를 사용한다는 것이다.

때때로 사람들은 주어진 조건에서 새로운 견해, 새로운 해석, 또는 풀이를 허용하는 인지 분야에서 자료의 갑작스럽고 전체적인 재배열을 가리키기 위해 **통찰**이라는 용어를 사용한다. (특히, 종교적 맥락에서) **계시**라는 용어와 (예술적 제재에서) **영감**이라는 용어도 또한 때때로 직관이라는 용어의 동의어로 (적어도 그 의미의 일부로) 사용한다.

또한 직관적 지식과 동등한 것으로 간주할 수 있는 지식 형태에 관하여 '상식', '소박한 추론', 그리고 '경험적 해석'이라는 용어를 매우 흔히 사용한다.

잘 알려진 프랑스의 심리학자 류크랭(M. Reuchlin)은 자신이 '자연적 사고(la pensée

6 (역자 주) '실천'은 practice를 번역한 것이다. practice가 '실제로 이행함'이라는 행동적 의미를 갖는 경우에는 '실천'으로, 그리고 '있는 그대로의, 또는 나타나거나 당하는 그대로의 상태나 정황'이라는 상태적 의미를 갖는 경우에는 '실제'라고 번역했다. 사실상 이 practice는 '실천', '실제' 이외에 '실행', '관행', '실지', '연습' 등과 같이 다양하게 번역될 수 있으나 이 번역서에서는 '실천', '실제'의 두 가지만 택했다.

naturelle)'라고 불렸던 것에 초점을 맞춘 매우 흥미로운 논문을 출판했다(Reuchlin, 1973). '자연적 사고'는 형식적 추론과 구별되는 특질을 소유하지만, 그것은 본질적인 적응 기능 즉, 즉각성(immediacy), 구체성, 그리고 갑작스럽고 전체적인 평가를 위한 능력을 수행한다.

피아제는 직관적 수용과 매우 유사한 뜻으로 프랑스어 용어 '자명성(self-evidence)'을 사용했다. 예를 들어 그는 "마이컬슨(A. A. Michelson)과 몰리(E. W. Morley)의 실험은 절대적이고 보편적인 시간의 자명성을 부수었다."고 말한다(Beth & Piaget, 1966, p. 194).

관련된 조사 영역

직관의 영역 그리고 그것이 언급하고 있는 서로 다르고 모순된 의미는 상당히 다양한 인지 조사와 관련되어 있다. 그 중 다음 몇 가지를 기억하자. **문제해결**(해명, 발견술, 기대 스키마 등). **이미지와 모델**(직관적 표상, 직관적 모델, 직관적인 교수학적 수단, 이미지로 사고하기 등). **신념**과 **신뢰 수준, 지능의 발달 단계**(피아제는 직관적 사고를 전조작적 단계로 서술했다).[7]

직관의 모순된 영역

상당히 다양한 의미, 특성, 그리고 내포를 위한 공통 정의를 찾고자 하는 시도는 불가능한 과제를 나타내는 것처럼 보인다. 직관적 지식은 인지의 전 영역을 망라하는 것처럼 보인다. 유잉(A. Ewing)의 견해로는, 형식적인 삼단논법적 전략조차도 제한된 구조의 적법함속에서 궁극적으로는 직관적 신념 이외의 다른 어떠한 기초도 가지고 있지 않다.

와일드는 직관을 "철학자의 정원에서 많은 고귀한 나무를 덩굴손으로 감고, 가장 멋진 꽃의 뿌리에 자신의 뿌리를 뒤섞은 채 혼란스럽게 얽혀 자라는 나무이며 가장 뿌리 뽑기 어려운 잡초"라고 서술했다(Wild, 1938, 서문). 그런데 왜 과학적 어휘에서 직관이라는 용어를 포기하고 쉽게 제거해 버리지 않는가? 직관의 실질적 의미 각각에 대해, 상식,

7 (역자 주) '신뢰(信賴)'는 confidence를 번역한 것이다. 이것은 통계학에서 confidence를 '신뢰'라고 번역하는 것과 무관하지 않다. confidence를 '자신' 또는 '자신감'이라고 번역할 수도 있다. 이 번역서에서는 self-confidence만 '자신(自信)'이라고 번역한다. credibility는 '신뢰성'이라고 번역한다.

이해, 신념, 기대, 그리고 통찰과 같은 다른 더 특유한 용어가 존재하는 것처럼 보이며, 실제로 내가 아는 한, 어떠한 심리학 교과서도 그것이 취급하는 기본 개념에 직관을 포함하고 있지 않다. 그럼에도 불구하고, 직관이라는 용어와 그 파생어는 심리학적 서술에서조차, 그것에 형식적이고 과학적인 지위를 부여하지 않은 채, 매우 흔히 나타나고 있다. 직관을 다소 상식적 용어 또는 원시적 관념으로 사용한다.

사실상 우리는 이 서술적 분석에서 세 개의 서로 다른 그러나 관련된 문제를 제기하는 것이다.

직관이라고 명명된 이 외관상 매우 다른 현상은, 정의할 수 있는 개념으로서 직관의 수용을 정당화할 어떤 기본적인, 공통의, 특성 또는 어떤 '가족적 유사성'을 가지고 있는가?

위의 질문에 대한 답이 긍정적이라면, 이 공통 특성에도 불구하고, 직관이라는 용어가 그렇게 모순된 내포를 (예를 들어 한편으로는 최고의 완전한 지식의 형태로, 그리고 다른 한편으로는 신뢰할 수 없고 잠재적으로 오도하는 지식의 형태로) 드러내는 것이 어떻게 가능한가?

그러한 혼란스럽고 흐릿한 용어가 끈덕지게 몇 번이고 다시 나타나 철학, 과학, 수학, 윤리학, 예술, 그리고 종교와 같은 많은 중요한 영역에서 탁월한 역할을 수행하는 것이 어떻게 가능한가?

첫째 질문의 답을 제안하자. 현저한 차이에도 불구하고, 그 다양한 의미를 공통적인 개념적 구조에서 서로 관련짓는 것을 허용하는 기본적인 공통 특성이 있다. **직관적 지식은 즉각적 지식이다. 즉, 개인에게 자명한 것으로 그 모습을 나타내는 것처럼 보이는 인지 형태이다.** 따라서 직관적 지식은, 몇몇 텍스트에서는 **감각적**(지각적) 지식과 유사한 것으로 나타날 수 있다. 그러나 동시에 직관은 즉각적 인지로서 종교적 계시, 예술적 영감, 그리고 과학적 해명 등의 원천이 될 수 있다. 이 모든 사례에서, 사람들은 외관상 **즉각적** 형태의 인지를 취급한다.

그런데 왜 이 공통 특성 즉, 즉각성 이외에, 직관이라는 용어에 그렇게 많은 서로 다르고 모순된 속성이 부착되는가?(둘째 질문) 이것에도 불구하고, 왜 직관이라는 용어는 그렇게 다양한 영역에서, 그렇게 다양한 모순된 내포와 더불어 그렇게 오랫동안 살아남아 왔는가?(셋째 질문) 과학적 개념을 모호하지 않게 특징짓기에는 그 유일한 공통 특성 즉, 즉각성이 단독으로는 너무 빈약하다는 것을 인정하는 것은 공정하지 않은 것인가?

확신에 대한 필요

직관과 신념

직관이 원인이 되어 생겨난 것처럼 보이는 외관상의 모순에도 불구하고 많은 분야에서 직관이라는 용어가 끈덕지게 사용되는 것에 대한 나의 설명은, 현상학적으로 그리고 심리적으로 변화하는 직관의 겉모양을 넘어, 그것이 어떤 궁극적이고 절대적으로 믿을 수 있는 확신의 존재에 대한 모든 사람들의 자연스럽고 거의 본능적인 신념을 표현한다는 것이다.[8] 잠재적으로 오도하는 불확실성의 세계에서, 우리의 실제적 결정이 오직 간접 추론, 이론에 근거를 둔 가정에 의지할 수는 없다. 눈으로 보는 것처럼, 우리는 마음으로 '보는' 근본적 필요를 느낀다. 살아남기 위해 우리는 주어진 신뢰할 수 있는 실재에 따라 행동해야 한다. 따라서 '**신뢰할 수 있는**'은 '**행동적으로 유의미한**'과 동의어이다.[9] 말 못하는 짐승은 신뢰성 때문에 힘들어하지 않는다. 그러나 언어와 추론에 의해 인지와 행동이 자연스럽게 결합된 구조에 틈이 생기게 되었다. 추론을 통해 우리는 직접적인 지각적 표상을 통해 아는 것보다 훨씬 더 많은 것을 안다. 그러나 간접적(개념적) 지식 형태의 효과로 불확실한 것이 우리의 의사 결정 과정에서 상습적으로 나타나게 되었다. 그것을 극복하기 위하여 상징적이고 간접적인 형태의 앎에 대응하는 새로운 형태의 확신을 발명했다. 이것은 형식적이고 논리적으로 기초를 갖춘 확신이다. 그러나 개념적이고 논리적인 구조는 닫힌 체계 즉, 오직 **자기 자신의 내적(정신적) 산물만을 통제하는 체계**를 표현한다. 그것의 확신은 어떤 실제적 관련성을 가지고 있을 수도 있고, 그렇지 않을 수도 있다. 논리가 단독으로 제공하는 것은 절대적이며 실제적으로 가치 있는 확신이 아니라, **규약적인(conventional) 수용 형태**이다.

행동적이고 실제적이고 비규약적이며 암시적으로 유의미한 확신에 대한 바로 **그 필요** 때문에, 사람들은 그러한 궁극적 확신의 존재에 대해 거의 본능적인 신념을 가지게 되며, 그리고 결과적으로 그것에 관한 **탐색**을 한다. 다음 견해를 가장 잘 표현한 사람은 아마도

8 (역자 주) '확신(確信)'은 certitude를 번역한 것이다. conviction도 '확신'이라고 번역한다.
9 (역자 주) 문장중의 ' '은 역자가 추가한 것임.

데카르트이었을 것이다. 만약 지식이 항상 활동적 마음의 산물이라면, 사람들은 마음 그 자체에서 불확실한 겉모양으로부터 어떤 진리를 구별하는 데 사용할 수 있는 준거를 찾아야만 한다.

우리의 의견으로는, 바로 부동의 자립적 확신에 대한 그 기본적 필요가 직접적 (직접적으로 신뢰할 수 있는) 명증(evidence)을 향한 (매우 흔히 무의식적인) 영속적 경향으로 표현되고 있다.[10] 바로 그 **똑같은 필요**가 종교적 계시에서, 직관적 모델에 대한 과학자들의 탐색, 또는 **엄청난 분석적 수고 끝에** 문제의 유일하고, 전체적이고, 직접 받아들일 수 있고, 내재적으로 유의미한 구조로서의 풀이를 '보기' 위한 수학자들의 노력에서 나타난다.[11]

외관상으로, 내관적으로(introspectively) 사람들은 (내재적 신념으로 경험되는) 직관적 계시가 확신의 절대적 원천 겸 보증을 나타낸다는 아이디어—데카르트와 스피노자가 이 견해를 모순 없이 표현했다—를 얻을 수도 있다.[12]

바로 확신에 대한 절대적 필요와 그것에 대한 거의 본능적 탐색이 역사적으로 그리고 심리적으로 이 특정한 유형의 정보 처리를 모양 지었다. 외관상 일관되고 모순 없고 조밀하고 내재적으로 신뢰할 수 있는 구조에서 이종(異種)의, 불완전한 자료는 이 특정한 유형의 정보 처리를 통해 자신을 교착(膠着)시킨다.[13] 그것들은 직접 믿을 수 있는 랜드마크(landmark, 境界標)로서 즉, 효율적인 정신적 또는 실제적 활동의 연속성과 견고함에 없어서는 안 될 것으로 주관적으로 나타난다.

확신에 대한 필요와 수학의 역사

10 (역자 주) 이 번역서에서는 evidence를 '명증(明證)'이라고 번역한다. 일반적으로 철학 분야에서는 직관적으로 진리임을 인지하는 일을 명증이라고 한다. 이 번역서에서는 대체로 그러한 의미로 evidence를 '명증'이라고 번역한다. 그러나 과학철학 분야에서는 evidence를 '증거(證據)'라고 번역한다. 그런데 '명증'에는 명백한 증거라는 의미도 있으므로, 이 번역서에서는 굳이 '증거'라고 하는 대신 '명증'으로 통일한다. 다만 research evidence와 같이 맥락이 명백한 경우에는 '증거'라고 번역한다.

11 (역자 주) '내재적(內在的)으로'는 intrinsically를 번역한 것이다. 또, intrinsic을 '내재적'이라고 번역한다. 이것에 대비되는 extrinsic은 '외재적(外在的)'이라고 번역한다.

12 (역자 주) '모순 없이'는 consistently를 번역한 것이다. consistent를 '모순 없는'이라고 번역한다. consistency와 self-consistency는 각각 '무모순성', '자기무모순성'이라고 번역한다.

13 (역자 주) '일관된'은 coherent를 번역한 것이다. coherency는 '일관성'이라고 번역한다.

역설적으로 보이지만, 직관적 지식의 그 풍부한 함의는 바로 과학의 역사에서 대체로 엄밀함을 향한 과학적 노력의 효과로서 드러나고 서술되었다.

이해하고, 해결하고, 발명하고, 그리고 학습에 있어서의 직관 메커니즘의 근본적 효과(긍정적 효과와 부정적 효과 둘 다)를 과학자와 철학자들이 발견했던 것은 바로 과학의 형식적이고 연역적인 구조를 명시적이 되게 하고, 또 정화하고자 하는 노력에 의한 것이었다.

수학자들의 기여가 가장 유의했다. 이것은 아마도 수학이 바로 그 본성상 공리화된 구조에 이르는 데 가장 적절하기 때문이었을 것이다. 수학적 사고를 하는 바로 그 동안에, 한편으로는 형식적이고 이상적인 모델의 특질과 다른 한편으로는 구체적이고 심리적인 제약이 그렇게 날카롭게 대조를 이루는 것처럼 보인다.

수학자들은 사용된 개념을 정의하고 연역적 구조를 세우고자 노력할 때 직관적으로 즉, 암시적으로 받아들인 명증에 의지하지 **않기 위해** 최대한 조심해야 한다. 결과적으로 그들은 직관적으로 받아들인 개념과 명제로 표현된 함정을 찾아내야 한다. 수학의 역사에서 두 개의 중요한 정황에 명증의 문제가 개입했다.[14] 수학자들은 연역적이고 논리적인 구조를 세우고자 노력할 때 무엇보다도 한 무리의 시작 명제를 받아들여야 한다. 이 때 사용되는 준거는 (외관상의) 자명성이라는 준거이다. 만약 몇몇 시작 명제, 즉 증명되지 않은 명제를 출발점으로 받아들여야만 한다면, 증명 없이 받아들일 **수 있는** 그러한 명제 중에서 시작 명제를 선정하고자 노력해야 한다는 것은 명확하다. 이것이 유클리드가 공준과 공리를 선정할 때 해 보려고 했던 것이다.

둘째 정황은 (외관상) 분명한 명제의 오도하는 효과를 가능한 한 멀리 벗어나려는 수학자들의 수고에 관련된 것이다. 만약 수학의 역사를 따라 간다면, 절대적이고 무조건인 진리를 향한 인간의 마음이 벌여온 이 극적인 투쟁의 사정을 알 것이다. 합리적이고 자기모순이 없는 체계를 만들어 내고자 하는 수학자들의 관심은 그리스 사람들—수학자와 철학자—의 저작에 이미 명시적으로 반영되어 있다. 플라톤, 아리스토텔레스, 그리고 유클리드는 직접 받아들일 수 있는 원리와 공리 그리고 증명되어야만 하는 속성이 구별된다는 것을 명확하게 이해하고 있었다. 수학의 역사는 사실상 이 프로그램을 완수하고자 하는 노력의 역사이다.

14 (역자 주) '정황(情況)'은 circumstance를 번역한 것이다. 한편, situation은 '상황(狀況)'이라고 번역한다.

내재적 신뢰성을 유지하기: 물리학 역사에서의 예

위에서 논의되어 온 대로, 확신에 대한 나름의 형태를 갖추고 있는 형식적 구조의 역사적 발달도 직관적 확신에 대한 필요를 제거하지는 못했다.

예를 들어 물리학에서의 **장(field, 場)** 개념을 생각하자. 두 개의 물체 A와 B가 중력이라고 불리는 인력을 서로에게 미친다. 이 인력은 어떻게 생겨나는가? 중력이 공간의 한 점에서 다른 한 점으로 어떻게 전달되는가? 사람들은 얼마간 떨어진 곳에서 그러한 영향을 발견했을 때, 이 전달을 위한 물질적 지지물을 표현하는 어떤 중재 매질(媒質)이 존재해야만 한다고 가정했다. 물체 A와 물체 B 사이에 존재하는 어떠한 관련 매질 없이, 하나에서 다른 하나로 이동하는 '어떤 것' 없이 물체 A가 물체 B에 효과를 미칠 수도 있다는 아이디어와 **그 역**은 **그 자체로는** 받아들일 수 없는 것이었다. 뉴턴은 벤틀리(R. Bentley) 신부에게 보낸 편지에서 이 의견을 명확하게 표현했다.

> "진공을 통해 그리고 그 밖의 다른 것의 매개 없이 한 물체가 얼마간 떨어져 있는 다른 물체에 작용할 수 있도록 중력은 물질의 본유적, 생득적, 그리고 본질적인 것이어야만 한다는 것은 … 우리에게는 너무도 터무니없는 것이어서, 나는 철학적 주제에 관해 상당한 사고를 할 수 있는 사람이라면 어느 누구도 그것에 빠질 수 없다고 믿는다." (Parsegian, 1968, p. 377 참조)

사실 장 개념의 초기 해석은 한 물체에서 다른 한 물체로 영향력을 전달할 수 있는 어떤 매질의 존재를 가정했다.

사람들은 어떠한 중재 매질도 필요하지 않다는, 받아들여진 견해를 배운 **후**에도, 중력 상호작용에 관해 계속해서 마치 이 전달을 중재하는 '어떤 것'이 존재하는 것처럼 사고한다. 사람들은 그러한 암시적인 표상의 존재를 의식하지 못할 수 있지만, 그것은 계속해서 암묵적으로 활동하며 추론 방식에 영향을 미친다.

내가 할 수 있는 가장 좋은 주장은 **장** 개념 그 자체의 창안이다. 오늘날에는 사람들이 이론적으로 두 개의 독립된 물체 사이에 작용하는 힘이 어떠한 중재 매질 없이도 **얼마간 떨어진 곳에서** 작용할 수 있다는 것을 받아들인다. 그러나 그러한 해석은 **그 자체로는 신뢰할 만 하지 않다.** 그것은 실제적 표상에 대한 설득력 있는 명증을 가지고 있지 않다. 중재 매질이라는 아이디어를 대체하는 것은 바로 장 개념이다.

비록 그것이 전도 매질이라는 관념을 제거한 것처럼 보이지만, 장 개념은 이론 물리학의 영역에서 행동적으로 신뢰할 수 있는 표상을 그럭저럭 신중하게 몰래 들여왔다.

물리학에서 장 개념은 확실하게 이론적이고 형식적인 지위를 얻게 되었는데, 그것은 엄밀하게 말해 실질적 중재 매질에 대한 어떠한 명시적 언급도 포함하지 않았다. 그러나 심리적으로, 그것은 직관적으로 다루기 쉬운 특질을 가지고 있다. 사람들은 장을 '볼' 수 있는 바, 거리(distance)는 더 이상 완전히 비어 있는 것이 아니다. 맥스웰(J. C. Maxwell)은 그 거리에 한 극성의 전하로부터 방출되어 다른 극성의 전하에서 끝나는 '전기력선'을 채워 넣었다.[15] 그림으로 사고하는 것은 더 이상 직관 그 자체가 아니지만, 그것은 개념의 직접적이고 내재적인 신뢰성을 높일 수 있다. 대응하는 형식적 구조가 개념적으로 흠잡을 데 없는 것처럼 보일 때조차도, 그림으로 사고하는 것은 모든 정보 처리 활동에서 기본적이고 자연스런 경향이다.

확신의 위기

과학계는 자명성이 진리의 절대적 보증이 아니며, 오늘은 어떤 범주의 현상이 가진 절대적 속성처럼 보이는 것이 내일이면 관련 실재를 불완전하거나 심지어 부정확하게 서술한 것이라고 거부될 수도 있다는 것을 깨닫기 시작했다. 진리 그 자체가 점점 더 상대론적 내포를 가지게 되었다.

코페르니쿠스(N. Copernicus)적 혁명, 비유클리드 기하학, 특수 및 일반 상대성 이론, 칸토어(G. Cantor)의 실무한 개념과 관련이 있는 연구 결과 등은 모두 아이디어와 표상은 자명성(즉, 직관적 명증)이 확실성과 동의어가 아니라는 관념에 기여했다.[16] 점점 더 비직관적 또는 반직관적 개념이 과학 및 수학을 침공했다. 도함수가 없는 연속함수는 어떠한 직관적 의미도 갖지 않는다. 유리수의 집합과 상등인 자연수의 집합이 짝수의 집합과 상등이라는 명제는 직관적 의미를 가질 수 없다. $a^0 = 1$ 또는 $\frac{2}{3} \div \frac{7}{12}$과 같은 나눗셈의 직관적 의미는 무엇인가?

15 (역자 주) '전기력선(電氣力線)'은 lines of force를 번역한 것이다. 그런데 본래 전기력선은 electric lines of force이다. 여기서는 electric이 생략된 것으로 보인다.

16 (역자 주) '실무한(實無限)'은 actual infinity를 번역한 것이다. dynamic infinity는 '가무한(假無限)'이라고 번역한다. '확실성(確實性)'은 certainty를 번역한 것이다. uncertainty는 '불확실성'이라고 번역한다.

오직 3달러밖에 없을 때 5달러를 쓸 수 없다는 것은 분명하지만, 수학적으로는 3-5라고 적을 수 있고, 그리고 합리적 풀이를 요구할 수 있다.

실무한을 받아들이면 한 집합이 자신의 진부분집합 중의 하나와 상등일 수 있다는, 논리적으로 받아들일 수 없는 명제에 도달하기 때문에, 실무한은 매우 오랫동안 거부되었다. 칸토어 이후로 사람들은 실무한 개념을 받아들였고, 전체가 그 각각의 부분보다 항상 더 커야만 한다는 외관상 자명한 명제를 거부했다. (또는 적어도 명확하게 해야 했다.)

과학계는 직접 명증 즉, 직관적으로 받아들여진 다양한 명제 또는 표상을 잠재적으로 오도하는 것으로 간주하기 시작했다. 그 대신 과학적 확신(conviction)의 궁극적 요새가 된 것은 바로 논리적 형태의 확신이었다.

직관은 절대적으로 신뢰할 수 있는 형태의 지식이라는 고귀한 자리(데카르트, 스피노자)에서 내려져, 수많은 철학자, 과학자 그리고 수학자들에게 원시적인 것, 결코 신뢰할 수 없는 것, 지식을 오도하는 원천이 되었다.

만약 직관이 오직 여러 가지 종류의 지식 중의 하나이었다면, 과학적 노력에서의 직관의 역할은 감소되었을 것이고, 그리고 문제가 최종적으로 해결되듯이 결국 과학적 논쟁에서 사라졌을 것이다. 그러나 우리가 알고 있듯이 이 일은 일어나지 않았고, 직관은 철학적 연구에서, 수학의 기초에 전념한 저작에서, 그리고 교육적 이론에서 칭찬받거나 비난받으면서 몇 번이고 다시 나타났다. (예를 들어 페이퍼트(S. Papert)의 흥미로운 책(1980)을 보라.)

우리가 이미 언급했듯이, 이 외관상 모순된 상황에 대한 간단한 설명은 직관이 받아들여지든 금지되든, 그것이 오직 여러 가지 지식의 범주 중의 하나를 나타내지 않는다는 것이다. 그것은 우리의 적응 행동에 깊이 뿌리내린 필연적 태도를 표현한다. 수학자들과 과학자들은 이전에는 당연히 자명한 것으로 여겼던 개념을 때때로 포기해야 한다는 것을 계속해서 발견한다. 그럼에도 불구하고 그들은 의식적이든 아니든 계속해서 직관적이며, 잠재적으로 오도하는 모델을 사용한다. 그리고 수학의 기초에 관한 논쟁은 계속해서 형식적이고 엄밀하게 연역적인 접근 **대** 직관적 접근의 역할에 관해 언급한다.

브로우베르(L. E. J. Brouwer)의 저작은 이 점에서 대단히 중요하다. 비유클리드 기하학의 출현 이후, 칸토어식 접근이 만들어 낸 본질적 변화 이후, 공리적 방법에 전념한 기본적 저작 이후, 그리고 이 모든 것에도 불구하고, 브로우베르는 참된 수학적 접근은 직관주의자적이어야만 한다고 주장했다.

우리는 이에 대해 나중에 다시 언급하겠지만, 이 점에서 바일(H. Weyl)을 인용하자. 바일은 "브로우베르는 우리의 눈을 뜨게 했고, 우리가 모든 인간적인 실현가능성을 초월하는 절대적인 것에 대한 신념이 키워 준 고전적 수학이 진짜 의미 그리고 명증에 바탕을 둔 진리를 요구하는 그러한 명제에 얼마나 멀리 떨어져 있는가를 알게 해 주었다."고 말한다(Kline, 1980, p. 235).

그리고 바일도 예외가 아니다. 모리스 클라인(Morris Kline)은 지난 세기에 수학적 추론에서 직관적 수용의 역할을 강조한 유명한 수학자들의 긴 명부를 인용한다(Kline, 1980, pp. 306-327).

오늘날 어느 누구도 아리스토텔레스 물리학, 플로지스톤 개념, 또는 고대 이집트 시대의 실제 기하학으로 되돌아가야 할 때라고 진지하게 주장하지 않는다.[17]

그러나 어느 누구도 많은 수학자들이 계속해서 공공연하게 수학적 명제 또는 심지어 증명의 타당성에 대한 최종적 평가는, 데카르트가 300년 전에 정확하게 했듯이, 주관적 명증에 대한 느낌에 근거한다고 주장하는 것에 놀라워하지 않는 것 같다. 여러분은 과학 및 수학의 역사에서 자명성이라는 관념에 어떤 일이 일어났는지, 그리고 절대화된 자명성이라는 토대 위에서 많은 오류를 범했다는 것을 완벽하게 의식하고 있을 수도 있는 데도, 논리적 주장들이 뒤엉킨 혼합물에서 여러분의 확신을 방어하기 위한 궁극적 성채를 찾으면서, 여러분은 명증에 대한 여러분의 개인적인, 매우 개인적인 느낌으로 되돌아간다. 매우 정직하게 말해, 내게는 이 종류의 지적 이중성이 절대적으로 놀라운 것인 동시에 절대적으로 자연스러운 것처럼 보인다. 직관이 참되고 확실한 인지의 일차적 원천은 아니지만, **그것은** 그렇게 **보인다.** 왜냐하면 확신**의 겉모양을 만들어 내는 것 즉, 여러 가지 해석 또는 표상에 내재적이고 의심할 바 없는 확신이라는 속성을 부착시키는 것**이 틀림없이 직관의 역할이기 때문이다. 내가 전에 말했듯이, 우리의 발밑에 외관상 절대적으로 안전한 최소한의 돌이 없다면, 실제적이든 아니면 지적이든, 어떠한 행동도 가능하지 않을 것이다.

이 몇 줄의 글을 쓰는 동안에도 나는 내 주장 중 많은 것이 원칙적으로 나 자신이 비판 없이 당연한 것으로 받아들였던 것임을 의식한다. 그런데도 나는 계속해서 내가 표현하고 있는 모든 문장이 옳다고 믿는다. 만약 내가, 철저한 통제 없이, 외관상 자명한 것을 포함하여 여기서 해 온 어떠한 단언 또는 추론도 당연한 것으로 여기지 않기로 한다면,

17 (역자 주) 플로지스톤(phlogiston)은 산소를 발견하기 전까지 연소할 때 방출된다고 믿어졌던 가공의 물질이다.

그 모든 과정은 매우 빨리 멈추고 말 것이다. 데카르트만이 모든 추론 활동에서 암시적으로 받아들여지는 것이 무엇인지를 명시적이 되게 했다. 즉, 사람들은 저항 없이 몇몇 주장을 본질적으로 확실한 것으로 받아들이는 경향이 있고, 그리고 암묵적으로 사용된 준거는 자명성(또는, 다른 말로 명확하고 뚜렷한)이라는 준거이다.

정상적이고 실제적인 또는 정신적인 활동의 절대적 성분으로서의 암시적 확신이 절박하게 필요하기 때문에, 그리고 자명성이 행동적으로 확신에 대한 궁극적 준거이기 때문에, 우리는 외관상 자명한 표상 또는 해석을 계속해서 만들어 내며, 그리고 앞으로도 항상 계속해서 만들어 내게 될 것이다. 그리고 이것이 직관의 기능이다. 직관이 반드시 나쁜 조언자라는 것이 아니다. 직관은 경험을 요약하고, 한 무리의 자료에 대한 조밀하고 전체적 표상을 제공하고, 정보의 불충분함을 극복하도록 도와주고, 추론 과정에서 행동적으로 유의미한 해석을 도입하고, 따라서 정신 활동에 활동적이고 적응적인 행동을 특징짓는 융통성 있는 계속성, 견고함과 유효성이라는 특질을 부여한다. 그러나 동시에, 직관이 실제적으로 주어진 조건의 단순한 복제를 나타내지 않기 때문에, 그것은 여전히 오류의 잠재적인 원천이다. **비록 내재적 신뢰성에 대한, 내적으로 구조화되고 행동적으로 유의미한 표상이 사실상 주어진 상황에 존재하지 않을지라도**, 직관의 역할은 그것을 제공하는 것이다. 직관적이 되게 하는 과정이 원래의 실재에 대한 왜곡된 표상을 만들 가능성이 매우 크고, 행해진 예측(prediction)은 모조리 또는 부분적으로 틀릴 수 있다.

만약 사람들이 위의 해석을 받아들인다면, 직관의 여러 가지 모순된 속성, 의미 및 내포와 함께 직관 개념을 고려할 때, 사람들이 그리는 극도로 복잡한 심상은 훨씬 더 모순이 없는 것처럼 보일 것이다.

첫째 국면에서는, 과학과 철학의 역사에서 주요 경향은 직관을 절대적으로 신용할 수 있는 지식을 얻기 위한 원천 또는 방법으로 간주하는 것이다. 그러나 이전에는 영원하고 절대적인 것으로 간주했던 이론과 표상이 포기될 수 있고, 그리고 서로 다르며 반직관적인 해석이 받아들여져야 한다는 사실을 지적하는 연구 결과가 점점 더 쌓여가고 있다. 결과적으로 사람들은 직관이 이 모든 맹목적으로 받아들여진 오해에 대한 책임을 져야한다고 주장했다. 수학과 과학에서 이전에는 참 지식의 원천으로 간주했던 것을 많은 오류와 왜곡의 원인으로 가정하게 되었다. 직관에 대한 태도에서의 이 민첩한 이동을 과학적 사고의 역사적 진화가 설명할 수 있다.

그러나 역사적 진화만으로 설명할 수 없는 것은 직관의 여러 가지 현존 해석에 대해 사람들이 그리는 심상의 복잡성과 모순된 측면이다. **자명성이 역사적 범주라는 발견이후에도 그것들은 공존한다.**

공리적 접근을 칭찬하는 바로 그 저자도 자신의 추론 노력에서 직관적 조언, 절차, 그리고 설명을 끈덕지게 사용한다.

직관이 절대적 지식을 위한 완벽하게 믿을 수 있는 원천은 아니지만, 그래도 직관이 추론 노력에서 절대적, 내재적으로 믿을 수 있는 랜드마크에 대한 우리의 근본적 필요의 표현임을 인정한다면, 상황은 명확해진다.

사람들은 정신 활동의 코스에 미치는 모든 직관적 영향을 제거하기 위해 노력할 수 있다. 이론적으로 직관은 임의의 형식적이고 모순 없는 접근 방법에 대한 잠재적 위험이라고 주장할 수 있다. 그러나 그들이 추론 활동의 코스에서 (외관상) 절대적으로 안전한 랜드마크에 대한 타고난 필요를 근절하는 것은 불가능한 일이다.

직관과 관계가 있는 의미 및 속성의 다양성 그리고 보통 '직관적'이라고 불리는 절차의 다양성은 상황의 다양성을 나타내는 바, 그 안에서 직관적 태도가 개재될 수 있다. 또 그들은 수단의 다양성을 나타내는 바, 그것을 통해서 내재적 확신의 겉모양을 창조할 수 있다.

예비적 정의

이 책에서 '직관'이라는 용어는 일반적으로 **직관적 지식**과 동등한 것으로 즉, 다른 말로 원천이나 방법이 아닌, 오히려 하나의 인지 유형으로 사용될 것이다. 사람들은 두 점 사이의 가장 짧은 길은 직선이라는 것을, 모든 수는 바로 뒤의 원소를 갖는다는 것을, 전체는 그 각각의 부분보다 더 크다는 것을, 그리고 물체를 지탱하지 않으면 그 물체는 아래로 떨어지게 된다는 것 등을 **직관적으로** 받아들인다.

이 모든 명제들은 형식적 증명 또는 경험적 증명의 어느 하나가 필요하다는 느낌 없이 즉각적이고 자명한 것으로 받아들여진다. 그래서 자명성은 직관적 지식의 일반적 특징이다. 대조적으로 "삼각형의 내각의 크기의 합은 두 직각의 크기의 합과 같다."라는 명제는 자명하지 않고, 직관적으로 받아들여지지 않는다.

우리가 **지각**과 **직관**을 구별한다는 것을 강조하는 것이 중요하다. 지각 역시 즉각적 인지이다. 나는 내 앞에 놓인 탁자를 지각한다. 나는 그것의 존재를 의심하지 않는다. 나는 그것을 증명할 필요가 없다. 그러나 나는 이것을 직관적 지식이라고 부르지는 않을 것이다.

이 견해에서 직관은 항상 주어진 사실을 능가한다. 직관은 이론인 바, 그것은 직접 접근할 수 있는 정보를 넘는 외삽을 함의한다. 만약 서로 만나는 두 직선을 관찰한다면, 한 쌍의 맞꼭지각의 크기가 같다는 것을 '**본다.**' 이것은 이론이 아니며, 어떠한 직관도 필요로 하지 않는다. 그러나 "서로 만나는 두 직선은 크기가 같은 한 쌍의 맞꼭지각을 결정한다."라는 명제는 직관적 일반화를 표현한다. 바로 속성의 보편성이 직관적으로 받아들여지는 것이다.

그러면 사람들은 직관이 관찰 가능한 사실을 능가하는 자명한 명제를 나타낸다고 단언할 수 있다. 또한 직관적 표상의 강제적 특성을 추가하자. (외관상) 자명하기에, 그러한 표상은 일반적으로 절대적이고 변하지 않는 것처럼 보인다. 예를 들어 한 집합이 자신의 진부분집합의 하나와 상등일 수 있다는 것을 직관적으로 받아들이는 것은 실질적으로 불가능하다.

자명성은 또한 **전체성(globality)**을 의미한다. 자명한 것으로 받아들여진 어떤 명제는 또한 구조화되고, 유의미하고, 단일한 표상으로서 전체적으로 받아들여진다. 예를 들어 "어떤 주스가 2리터에 3달러이다. 이 주스 4리터의 값은 얼마인가?"라는 질문을 생각하자. 직관적인 정답은 6달러이다. 그러나 이제 "어떤 주스 1리터에 2달러이다. 이 주스 0.75리터에는 얼마를 지불해야 하는가?"라는 질문을 생각하자. 이 경우에는 곱셈이 직관적 (직접적, 전체적) 풀이로 보이지 않는다. 이 예가 보여주듯이, 전체성이라는 속성은 **직관적 사고**와 **분석적 사고**를 구별하는 데 도움이 된다.

이 장에서는 다음의 질문이 제기되었다. 직관 개념이 어떻게 그렇게 많은, 그렇게 다른, 심지어 모순된 내포를 가질 수 있는가? 개념 그 자체로부터 출발하면 어떠한 그럴듯한 설명도 찾을 수 없다. 서로 다른 속성이 그처럼 많다면, 그것들이 결코 하나의 개념 안에서 자발적으로 정리될 수 없을 것이다. 순전한 무지의 결과로 이 일이 일어났다고 해도, 불일치가 발견된 이후에는 그 개념이 살아남을 수 없을 것이다.

직관 개념이 외관상 모호하고 그리고 무모순이 아니긴 하지만, 그것이 확신의 탐색이라는 우리 마음의 근본적이고 매우 모순 없는 경향을 표현한다는 것을 인정한다면, 상황은 훨씬 더 명확해 진다. 우연(chance)의 평가에서, 시행 결과의 예측에서, 의사 결정에서 사람들은 자연스럽게 높은 수준의 직접적 신뢰성을 제공하는 (개념적 아니면 그림으로 나타낸) 표상을 만들어 내는 경향이 있다.

그러므로 예비적 정의로서 직관적 인지는 **자명성, 외삽성**(extrapolativeness), **강제성**(coerciveness), 그리고 **전체성**으로 특징지어진다고 진술되었다. 이어지는 장에서 이 특징과 다른 특징을 정교화하고, 수학과 물리학에서의 예를 추출한다.

2

직관과 수학적 추론

실세계와 수학적 세계

제1장에서 표현한 기본적 아이디어를 상기하자. 인지는 임의의 적응 행동의 본질적인 구조적 성분이다. 이 주장은 인지의 표상적 측면과 창의적 측면 모두에 관련된다.

행동적 요구에 응하기 위해 획득된 정보는 실재의, 외관상 잘 구조화되고, 사리에 맞고, 행동 지향적 표상으로 전환되어야만 한다. 이것이 우리 주위를 둘러싼 대상과 사건의 세계이다. 그러나 인류는 직접 이용가능하지 않는 정보를 얻는 방법을 발명했다. 그것은 언어, 논리, 추론, 그리고 또한 도구 및 기구를 포함한다. (실로 많은 심리학자들이 언어의 도구 같은 특징을 강조한다.) 이 수단에 의해 인지와 적응 반응 사이의 구조적 통일성이 파괴된다.

지식은 추론을 통하여 상대적으로 자율적인 종류의 활동이 되며, 인간 행동의 적응 제약에 직접 종속되지 않는다. 수학의 경우에는, 자율성이 의사절대적(quasi-absolute)이다. 수학은 이상적 대상 및 이상적 연산, 이상적 검증(verification) 수단을 취급하는 바,

형식적으로 확립된 정의와 규칙이 수학의 의미를 모조리 결정한다.[18] 수학적 존재물에는 객관적 표상에 흔한 적응 특질인 즉각성, 자명성, 자기무모순성, 직접적인 신뢰성, 그리고 (감각적 지각에서 나타나는 것과 같은) 내재적 필연성이 없다.

진짜 대상과 실제적으로 수행된 연산이 제공한 내재적 신뢰성 대신에, 수학은 형식적 근거를 갖춘 유형의 확신을 취급한다. 수학은 구체적 대상 대신에 형식적으로 추상적 존재물의 존재를 가정한다. 수학은 경험적 검증 대신에 형식적 증명을 통한 연역적 점검을 한다. 증명된 명증이 직접 명증을 대신한다. 경험적 실재의 내재적, 주어진 일관성 대신에, 수학은 문장의 집합을 창조하기 위해 노력하는 바, 그것의 일관성과 무모순성은 형식적으로 확립된다.

이것은 새로운 세계로, 진짜 대상과 진짜 사건의 세계와는 근본적으로 다른 정신적 구성물의 세계인 바, 형식적으로 진술된 법칙이 내적으로 다스리는 세계 즉, 수학의 세계이다. 수학은 절대적인 자급자족적 방식으로 기능하는 것을 의도한다. 수학은 그 자신의 대상을 만들어 낸다. 수학은 그 자신의 원리에 따라 한 대상을 다른 대상에 관련시킨다. 수학은 그 자신의 특유한 유형의 필연성 즉, 경험적 인과율 대신에 논리적 필연성을 가진다. 수학은 그 자신의 확신 유형 즉, 형식적 엄밀함으로 환원할 수 있는 (그리고 어떠한 실제적 관련성도 갖지 않을지도 모르는) 종류의 확신을 가진다.

이 구성물의 세계 즉, 수학의 세계는 알려진 실세계가 기능하게 해 주는 모든 특성을 비추는 것처럼 보인다. 확실히 수학의 세계는 그 자신의 방식대로 그것을 비추지만, 모든 성분이 정신적으로 생산된 이 추상의 세계에 신뢰성, 일관성, 무모순성을 주기 위해 존재하는 것처럼 보인다.

다시 말해, 인간의 마음은 기본적인 경험적 실재의 일반적 속성으로부터 그것과 유사하게 규칙이 지배하고 능히 무모순적이고 신뢰할 수 있는 구조화된 상상의 세계를 어떻게 건설하는지를 학습해 온 것처럼 보인다. 이 두 세계 사이의 근본적 차이는 경험적 세계에서는 제약(불변인 속성과 관계성)을 암시적으로 제시하지만, 형식적 세계에서는 모든 속성과 관계성을 명시적으로 진술하고 정당화한다는 것이다. 수학의 역사는 명시적으로, 형식적으로 진술된 규칙이 지배하는 명시적으로 가정된 존재물을 다루는 새로운 유

18 (역자 주) '연산(演算)'은 operation을 번역한 것이다. 한편, operation을 '조작(操作)'이라고 번역할 수도 있다. operation이 사용된 맥락이 수학적인 경우에는 '연산'이라고, 그리고 심리학적인 경우에는 '조작'이라고 번역했다.

형의 확신을 모양 짓고자하는 인간 노력의 역사이다.

이미 말했듯이, 이 노력의 이상적 목적은 절대적인 자급자족적 방식으로 일관되게 기능할 수 있는 개념의 세계를 창조하는 것이었고, 지금도 그렇다. 이것은 현대적이고 공리적인 접근이라는 꿈이었다.

우리는 이제 형식적으로 가정된 존재물의 닫힌 세계로서의 수학의 완전한 독립성이 불가능하다는 것을 증명했다고 단언할 수 있다. 이 불가능성은 두 가지 측면을 제공한다. 첫째 측면은 형식적 가능성이다. 특히 괴델(K. G del)의 불완전성의 정리의 귀결로, 형식적으로 그리고 논리적으로 수학적 체계는 절대적으로 닫힌 것이 결코 아니라는 것이 명확해 졌다. 바꾸어 말해, 수학적 체계는 자신의 정리 모두의 타당성을 결정하기 위해 모든 필요한 형식적인 선행 지식을 그 자체로는 결코 소유할 수 없다. 이 결과에 대한 괴델의 공헌은 매우 잘 알려져 있다. 와일더(L. R. Wilder)는 이것을 다음과 같이 말한다. "이 결과는 형식화된 초등정수론의 모든 공식을 포함할 정도로 충분히 넓은 임의의 수체계에는 그 체계 내부에서 증명되지도 않고 반증되지도 않는 정리(공식)가 존재한다는 것의 실증으로 대략 특징지어질 수 있다."(Wilder, 1965, p. 270). 이 결론은 사실상 모든 수학적 체계에서 참이다. 오늘날 "… 완전히 모순 없는 형식적 체계에서 수학을 전개한다는 것"(Wilder, 1965, p. 274)이 불가능하다는 것은 명확하다.

둘째 측면은 심리적 불가능성에 관련된다. 오늘날 형식적 수단에만 의지해서는 어떠한 생산적 추론도 가능하지 않다는 실험적 준거와 서술적 명증이 많이 있다. 수학적 토픽에 관련된 모든 형식적 지식(정의, 공리, 정리, 증명 등)을 가질 수 있음에도, 그 체계는 저절로 (문제를 **해결하기** 위한, 정리 및 증명 등을 **만들어 내기** 위한) 생산적 방법으로 작동하지 않는다. 이것은 수학자들이 자신의 자전적인 그리고 내관적인 기록에서 단언한 것이고, 또 이것은 인지 및 발달 연구, 실험적 연구에서 유래한 것이다.

우리가 위에서 언급해 온 대로, 앎의 형식적 방식은 확신, 무모순성, 일관성, 효율성의 탐구와 (획득된 정보의 예측적 능력을 보증하는) 불변인 관계성의 탐구라고 하는 행동적 적응 노력의 모든 기본적 측면을 비추고자 노력했다. **그럼에도 불구하고, 만약 전체 체계가 그것의 원래의 진정한(authentic) 실제적 원천과 친밀한 접촉을 계속하지 않는다면, 그것은 여전히 메말라 있게 되는 것 같다.**

형식적 근거를 갖춘 확신, 무모순성, 일관성, 필연성 등의 특질은 **내재적 신뢰성, 내재적 구조성, 그리고 실제적 현상의 풍부함과 똑같은 종류의 고무적, 확신적, 생산적 능력을 갖지 않**

는다. 이것은 공리론의 위대한 창설자 중의 한 사람인 힐베르트(D. Hilbert)가 다음과 같이 명확하게 말한 것이다. " '사이에'라는 아이디어의 기하학적 심상으로 항상 직선 위에 잇따라 있는 세 점의 그림을 이중부등식 $a > b > c$와 함께 사용하지 않는 사람이 있는가? 함수의 연속성 또는 응집점의 존재에 관한 어려운 정리를 더할 나위 없이 엄밀하게 증명하는 것을 요구할 때, 선분과 직사각형이 서로 서로 포함된 그림을 사용하지 않는 사람이 있는가? 누가 삼각형 그림, 중심을 표시한 원 그림, 또는 세 개의 수직 축을 나타내는 십자 표시 없이 지낼 수 있는가? 그렇지 않다면 미분기하학에서, 미분방정식론에서, 변분법 기초론에서, 그리고 다른 순수 수리과학에서 그렇게 중요한 역할을 하는 벡터장의 표현, 곡선족 또는 포락선(envelope)이 있는 곡면의 그림을 포기할 것인가?"(Reid, 1970, p. 79)

예를 들어 다음 명제를 생각하자. "함수의 도함수의 두 연속된 근 사이에는 그 함수의 근은 고작 한 개 있다." 이 문장은 롤(M. Rolle)의 정리에 관련되며 다항방정식을 해결하는 데 사용된다.

만약 학생에게 위의 문장을 그 증명과 함께 제시한다면, 아마도 그 학생은 그 문장과 증명을 기억할 수 있을 것이다. 그 학생은 그 증명에 의지하여 그 문장이 옳다고 또한 확신할 수도 있다. 그러나 그 학생은 그것과 다른 관련 문장을 자신의 수학적 사고를 위한 자극 장치로 사용할 수는 없을 것이다. 기껏해야 기계적인 표준 문제를 해결하는 데 그 정리를 사용할 수 있을 것이다. 페르마(P. Fermat) 정리, 롤의 정리, 그리고 라그랑주(J. L. Lagrange) 정리는 서로 관련되어 있다. 단지 이 정리와 증명의 어문적이자 기호적인 표현을 학습하는 것만으로는 학생이 문장 전체의 집합에 대해 진정으로 일관된 이해를 할 수 없을 것이다.

만약, 대개 그렇게 하듯이, 어문적 표현에 이미지를 덧붙인다면, 상황은 급진적으로 변할 수 있다. 두 개의 연속된 극값 사이에서 어떠한 근도 갖지 않거나 또는 단 하나의 근을 가지며 그 이상의 근을 가질 수 없다는 것을 **본다.** 두 근 즉, 곡선과 x축이 만나는 두 점의 존재는 또 다른 극값의 존재를 함의할 것이다.

위의 예는 첫 눈에 그렇게 보이는 것보다도 덜 사소하다. 실제로 그 정리를 직관적으로 이해하기 위하여 이미지를 지각하는 것은 충분하지 않다. 심리적 **문제는 항상, 반드시, 한 극값에서 다른 연속된 한 극값으로 이동하는 점은 두 번 이상 x축을 자를 수 없음을 확신하게 된다는 것이다.**

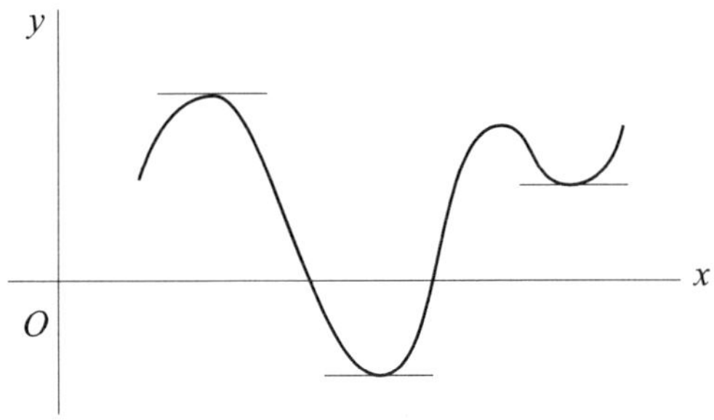

[그림 1]

이것은 그래프를 '보는' 것 훨씬 이상이다. 주어진 그림은 똑같은 범주의 수많은 가능한 그래프 중의 하나로 (즉, 오직 어떤 조건을 따르는 곡선류의 한 특정한 대표로) 보여야 한다. 이 곡선류 자체는 주어진 조건을 준수할 수도 있고, 준수하지 않을 수도 있는 더 일반적 곡선(즉, 예를 들어 x축과 두 번 이상 만나는 곡선)의 범주의 부분집합으로 보여야 한다. 그 그래프는 종적이고 고정된 상태가 아닌 **그려지고 있는(in construction)** 것으로 즉, xy평면에서 움직이며, 극댓값에 이르고, x축을 향해 방향을 바꾸고, x축을 지나고, 극솟값에 이르고, 다시 x축을 향해 방향을 바꾸고, 다시 x축과 만나는 점으로 파악되어야 한다. 보통 우리는 이 모든 '해프닝'에 대해 의식하고 있지 않지만, 우리 사고의 '배경(arriere-plan)'에서 그것이 없다면, 그래프의 이미지는 **일반적이고 필연적인 관계**를 표현하는 것으로서 그 정리에 대한, 기대된 직관적 이해를 야기하지 못할 것이다. 뉴턴은 수학적 양을, 원하는 만큼 작아질 수 있는 존재물을 구성하는 것이기보다는, 오히려 연속적 움직임의 결과로 간주했다. 그에 의하면, 부분의 병렬이 아니라, 점의 연속적 움직임이 선을 만드는 것이다.

우리는 보통 이미지 그 자체의 현저한 특징에 매혹되어 직관적 이해의 정교화(이 경우에는 곡선의 작도와 이 과정의 효과로 일어난 사건에 대한 우리의 행동적 동일시) 원인이 되는 전 과정을 의식하지 못한다.

실제로 수학의 역사에서 수학자들이 함수의 역동성(dynamics)에서 변화율의 의미를 이해하고 그것을 대수적으로 번역할 수 있게 되기까지는 많은 시간이 걸렸다. 겨우 14세기에야 오렘(N. Oresme)이 양의 증가율 또는 감소율이 극댓값 또는 극솟값의 근방에서 가장 낮다는 것을 의식했다(Hadamard, 1949, p. 144).

삼백년 후에야 페르마의 도움으로 비로소 이 관찰에 수학적 의미를 주었고, 변화율이

영(0)인 것과 극대점과 극소점 사이의 관계가 확립되었다.

요약하면, 이미 반복해서 언급했듯이, 직관의 본질적 역할은 지적 노력의 개념적 성분에 실제적 행동의 생산성과 적응 효율성을 보증하는 바로 그 속성을 주는 것이다.

그래서 사람들은 개념과 형식적 연산에 어떤 특유한 행동적 요구를 충족시킬 수 있는 해석을 지정하는 경향이 있다.

첫째, 그러한 해석은 **전체적이고, 직접 표상 가능해야 한다.** 즉, 그것은 전 과정의 코스를 안내할 수 있어야 한다.

둘째, 비록 어쩐지 외관상 정적(靜的)이기는 하지만, 이 해석은 각각의 표상에 행동적 의미를 주기 위하여 **구성적 활동**을 시사해야 한다.

셋째, 그 해석은 **주어진 특정한 표상을 능가해야 한다.** 사람들은 유일한, 제한된, 그리고 불완전한 표상을 통하여 구성의 일반적 원리를 이해하고, 그래서 사람들이 **자연스럽고 분명하게 결정되는 어떤 것으로서, 마치 그것이 실제로 주어진 것처럼,** 전 과정의 계속 또는 심지어 성취를 기대하게 한다.

함수를 나타내는 그래프는, 사람들이 그것을 최후의, 이미 성취된 상태를 나타내는 것이 아닌, 실제적으로 진행 중인 사건의 '스냅사진(instantané)'으로 파악할 때만 직관적 도구가 될 수 있다. (노팅엄의 TTMA 팀이 만든 EUREKA와 같은 컴퓨터 소프트웨어는 그래프적 표현을 정적인 것에서 동적인 것으로 확대하는 데 거대한 잠재력을 가지고 있다.)

우리의 견해는 **사람들이 사용된 개념에 바로 그 본성상 정상적인 생산적 행동이 요구하는 직접적 신뢰성, 무모순성, 그리고 내재적 필연성을 부여할 수 있는 개념적 구조의 보충적 해석을 항상, 거의 자동적으로 만들어 내는 경향이 있다는 것이다.**

사람들은 이 암시적 해석 및 표상의 존재와 영향을 의식하지 못할 수도 있고, 그리고 이것이 그것들의 통제를 그렇게 어렵게 만드는 것이다.

수학적 개념의 행동적 의미

함수를 나타내는 그래프는 사실상 극단적 경우로, 그것은 추상적인 수학적 관계성을 위한 이상적으로 좋은 모델이다. 그것은 중요한 도구로, 매우 흔히 개념적 구조에 의해 잘 통제된다.

그러나 흔히 있는 경우는 자발적으로 만들어지고, 그리고 형식적인 개념적 예의 체계적 통제의 도움 없이 암묵적으로 사용하는 해석의 경우이다.

두 직선이 만나서 생기는 점과 네 직선이 만나서 생기는 점을 비교하라는 질문을 받은 아홉 살짜리 한 아동은 둘째 점이 더 크다고 대답했다. 이 아동과 바이어슈트라스(K. T. W. Weierstrass) 이전에, 모든 연속인 실함수는 적어도 몇 개의 점에서 미분가능하다고 확신한 수학자 사이에는 어떠한 본질적 차이도 없다. 두 경우 모두, 암묵적, 자발적, 비통제적 해석이 반응을 왜곡했다. 만약 순수한, 형식적으로 진술된 개념이 사용되었다면, 그 답은 달라졌을 것이다. 확실히, 사람들은 그러한 외관상 기성(旣成)인, 의사 분명한(psudo-evident) 표상과 해석을 확인하고 기각하고자 노력한다. 그러나 사실상 이 열망은 결코 완전히 성공적이지도, 그리고 성공적일 수도 없다. 우리의 실제적 행동과 같이, 우리의 기호적 행동은 외관상 존재하는 객관적이고 의심할 바 없는 '사실'에 의지할 필요가 있다.

추론 메커니즘은 상당한 정도로 직접적이고 의식적인 통제를 벗어나 있다. 사람들은 상대적으로 지식의 원천, 의미, 추론 활동의 다양한 종결 단계의 적절함을 통제할 수는 있지만, 발견술 활동 그 자체는 대개 어떠한 체계적인 의식적 통제도 벗어나 있다. 이 심층 구조 수준에서, 마음은 상당히 다양한 수단을 만들어 내는 바, 그것을 통해 그럴듯한 것이 확실한 것으로, 비시각적인 것이 시각적인 것으로, 무한한 것이 이해할 수 있는 것으로, 추상적인 것이 행동적으로 해석 가능한 것으로 보이게 된다.

다른 예로 직선의 관념을 분석하자. 그것은 명백히 추상물이다. 실제로는 '직선'은 결코 없다. 물리학자에게는 직선이 광선에 해당한다. 학생에게는 직선이 종이 위에 그려진 선이다. 여행자에게는 직선이 앞으로 똑바로 가는 것을 의미한다. 이 표상은 물리적으로 서로 다르다. 그럼에도 불구하고, 누군가 '직선'이라는 용어를 사용할 때, 어떤 특유한, 이론적인 분석 전에, 그가 이야기하고 있는 것을 완전히 잘 알고 있다고 확신할 수 있다. '직선'이라는 관념은, 글 쓰는 데 사용하는 책상처럼 또는 밝은 날의 햇빛처럼, 자명하고 자기모순이 없어 보인다. 직선의 관념은 절대적으로 명확하고 명백한 의미를 환기하는 것처럼 보인다. 사람들은 직선을 언제까지나 계속 연장할 수 있다는 것, 직선으로 가면 어떤 목표에 이르는 가장 짧은 길을 갈 수 있다는 것 등을 자연스럽게 확신한다. 이 모든 것들은, 내 방의 벽이 하얗고 내 책상 위의 어떤 책은 특히 두껍고 무겁다는 사실처럼,

'사실'의, 직선이라 불리는 '대상'의 절대적이고 의심할 바 없는 속성인 것 같다.

직선이라는 원시적 관념에 자명성과 신뢰성은 자연스럽게 함축되어 있다. 사실상 해당 관념에 그 자신의 자명성과 객관적인 무모순성을 주입하는 구체적이고 애매하지 않게 정의 가능한 실재는 없다. 그러한 대상은 아무 것도 존재하지 않는다. 심리적인 행동적 제약의 효과로, 이 관념과 명확하고, 자기모순이 없고, 그리고 자명한 것과는 거리가 먼 해당 명제에 애매하지 않은 명증과 신뢰성이라는 질을 부여하는 경향이 있다.

관념과 명제가 오직 실제적으로, 어떤 정황에서는 **행동적으로 유의미하기** 때문에, 그것들은 개념적으로 분명하고 그리고 내재적으로 신뢰할 수 있는 것처럼 보일 수 있다.

직선은 개념이지 대상이 아니다. 나는 그것을 규범적 개념이라고 말한다. 한정된 실제적 맥락에서 그것은 실제적 의미를 가진다. 나는 내가 직선을 어떻게 그리는지 또는 직선을 어떻게 인식하는지 등을 안다는 것을 의심하지 않는다. 그러나 사실상 직선 개념은 절대적인 객관적 의미를 가지고 있지 않다. 실제적으로 정의된 경우를 넘어, 그것은 **바뀔 수 있는** 어떤 한 무리의 공리라는 틀에서 정의된 **규약**(convention)이다. 그러나 (맥락적으로 절대적인 보편적 개념에 좌우되는 행동적 의미로부터) 외삽을 통해, **개념의 절대성을 믿는 경향이 있고, 규약에 근거한 이 관념에 주어진, 객관적으로 존재하는 사실의 절대성을 부여하는 경향이 있다.** 우리의 용어로 이것은 개념에 **직관성**을 부여하는 것을 의미한다. 또는 다시 말해 직선 개념이 개인을 위해 **직관적 의미**를 획득한다.

기하학 영역에서 똑같은 유형의 예를 찾는 것은 쉽다. 비록 우리는 점이 순수한 개념이고, 실제로는 수학적 의미에서 '점'이라고 불릴 수 있는 그러한 대상은 아무 것도 없다는 것을 완벽하게 잘 알고 있음에도, 점에 '우리가 원하는 만큼 작은', 작은 반점의 이미지를 부착함으로서 점은 직관적 이미지를 획득한다. 우리는 점, 선, 기하학적 도형이 모두 물체가 **아니라는** 것을 매우 잘 알고 있음에도, 물체를 다루듯이 그것들을 심적으로 다룬다. 그러나 우리에게는 그것들이 주관적으로 **직관적 의미**를 가진다. 각각의 개념과 연산은 사실상 개인의 지적 기관을 위해 내적 무모순성, 경험적 신빙성(reliability), 그리고 실제의 구체적 물체를 특징짓는 실제적 '조종가능성'(manipulability)을 만들어 낸다.

우리가 빈번히 반복해서 말해 온대로, 직관적 지식의 주요 속성은 **직접적인 확신의 느낌**이고, 그리고 무엇보다도 자명성이라는 인상이 그런 느낌을 만든다. 정상적인 정신 행동은 오직 그것이 자동적으로, 모든 정상적인 실제적 행동처럼, 내재적으로 받아들일 수 있는 다수의 자료에 의지할 때 가능하다. 그리고 이것은 경험적 실재의 절대성을 믿지 않고는 가능하지 않다. 우리는 명시적인, 철학적으로 진술된 확신에 관해 언급하는 것이 아니다. 우리는 자동적인 심적 태도에 관해, 그리고 우리 행동의 조직은 전적으로 외적인 실재의 절대적 존재에 대한 이 자발적인 신념에 근거한다는 사실에 관해 말한다.

우리의 이론은 수학적 활동을 포함한 정신 행동(추론, 해결, 이해, 예측, 해석)은 똑같은 근본적 제약에 매인다는 것이다. **추론 과정이 진정으로 생산적 활동이 되려면, 정신적 '대상'(개념, 연산, 명제)은, 진짜 외적인 물질적 대상과 사건의 내재적 무모순성과 직접적 명증과 유사한, 일종의 그런 것을 획득해야 한다.**[19]

그러면 직관은 구체적이고 객관적으로 주어진 실재의 두 가지 근본적 속성을 갖는 아이디어인 바, 그 하나는 **즉각성** 즉, 내재적 명증이고, 다른 하나는 **확신**(형식적인 규약적 확신이 아니라, 실제적으로 유의미하고 내재하는 확신)이다.

단지 사람들이 그러한 표상이 형식적인 추론 과정의 엄밀성에 해가 된다고 결정한다고 해서, 직관적 표상이 수학적 노력으로부터 사라지지는 않을 것이다. 그것은 임의의 지적으로 생산적인 활동의 필수 부분이기에 없어지지 않을 것이다.

이 단언은 사고는 행동의 한 형태라는 가정에 근거한다. 그것은 그 본성상 자동적으로 임의의 적응 행동의 생산성, 효율성, 연속성을 보증하는 속성과 메커니즘을 보존하는 경향이 있다. (형식적 증명을 통해) 형식적 근거를 갖춘 신뢰성은 규약적 확신을 생겨나게 하는 데 충분할 수 있지만, 추론 노력의 진정한 과정을 보증하는 데는 충분하지 않다.

공리적 구조와 직관적 절차

확신에 대해 말해 온 것을 수학적 체계의 다른 근본적 속성에 관해서도 또한 주장할 수 있다. 체계의 무모순성, 공리적 토대의 완비성, 공리의 독립성을 점검하기 위해, 비록 원칙적으로는 순수한 형식적 수준에서 그러한 점검을 수행함에도, 사람들은 일반적으로 모델 즉, 체계의 특정한 해석에 의지한다. 그 모델은 활동적인 추론 노력에 구체적인, 특정한, 객관적으로 주어진 실재와 유사한 **필요불가결한 것(sine qua non)**을 제공한다.

19 (역자 주) '정신적 대상'은 mental object를 번역한 것이다. 이 번역서의 다른 부분에서는 이것을 '심상(心象)'이라고 번역한다. 여기서는 'object'를 부각한 원저의 의도를 살리기 위해 '정신적 대상'이라고 한 것이다.

공리적으로 구조화된 체계를 건설하기 위해서는 이론적으로 한 무리의 공리와 무정의 용어로부터 출발해야 한다. 그것들을 결합함으로서 체계의 여러 정리를 얻는다. 그 체계가 무모순임을 증명하기 위해서는 주어진 공리로부터 출발하여 만들어 낼 수 있는 여러 정리 사이에 모순이 없다는 것을 보여야 한다. 그러나 그러한 절차는 실제로는 효율적이지 않은 바, 사람들은 가능한 정리가 **모두** 만들어졌는지를 결코 알 수 없다. 더욱이, 예를 들어 수백 개의 정리를 대상으로 하면, 정리 사이의 어떠한 모순도 관찰되지 않을 수 없다고 확신할 수 있다는 것은 심리적으로 의심스럽다.

실제적 절차는 **모델**, 특정한 해석에 의지하는 것인 바, 그것은 **심리적으로** 구조화된 실재로 보이며, 그리고 그것에 관해서는 모순이 두드러지게 될 것이다. 우리가 **구조화되었다고** 말할 때, 진짜 대상이 그러하듯이, 우리는 **내재적으로 일관적임을** 의미한다. 직선 l_1이 직선 l_2와 만나는 것과 두 직선이 교점을 갖지 않는다는 것을 동시에 받아들이는 것은 불가능하다. 그러나 만약 임의의 그러한 내적으로 구조화된 해석에 의지하지 않고 오직 기호, 공리가 정의한 의미만 다룬다면 모순을 눈감아 주는 것이 가능하다. 다시 말해 공리적 체계의 무모순성을 점검하는 실제로 실행할 수 있는 방법은 그 체계를, 구체적 대상과 유사하게 **내재적으로 구조화된다고** 하는 근본적 특성을 갖게 되는 **모델**과 관련시키는 것이다.

수학적 체계의 공리의 독립성을 점검하기 위한 방법에 관해서 그 똑같은 실제적 원리를 반복할 수 있다. 한 체계의 공리 중 어느 것도 다른 것으로부터 연역될 수 없다면, 그 공리는 독립적이다.

원칙적으로 한 체계의 어떤 공리의 독립성을 증명하기 위해서는, 그 체계의 다른 공리의 모든 귀결에서 그 검사받는 공리를 찾을 수 있는지 없는지를 점검하기 위해, 그 모든 귀결을 제시해야 한다. 이것도 실제적 절차가 아니다. 대신에, 사람들은 그 아이디어를 조직하고 선택된 공리와 남은 공리 사이의 여러 가지 가능한 연역적이고 유의미한 연관을 시사하는 모델에 의지한다. 코언(p. Cohen)의 말로는 다음과 같다. "독립성 증명을 하는 가장 자연스러운 방법은 요구되는 속성을 갖는 모델을 만드는 것이다. 사람들이 증명의 구조를 직접적으로 취급하고 분석하는 시도를 할 수 있으므로, 모델을 만드는 것이 독립성 증명을 위한 유일한 방법은 아니다. 그러나 우리의 모든 직관은 수학적 우주에 대한 자연스런, 거의 물리적인 모델에 대한 우리의 신념에서 오는 것이므로 이론적 질문을 강요하는 그러한 접근은 자연스럽지 않다."(Cohen, 1966, p. 107).

사실 공리적 구조는 순전한 연역 이외의 다른 수단을 통해 지식체가 획득된 **후에**, 수학 지식체가 달성할 수 있는 최종적 상태이다. 이 절차는 경험적 과정에 개재되는 것과 유사한 발견술적인 귀납적 과정을 말하는 것이다. 공리적 체계는 그 절대적 형식성 때문에 다양한 특정 해석이나 모델에 대응할 수 있다. 그러나 사실상 공리적 체계를 건설할 때, 사람들은 어떤 특정한, 상대적으로 친숙한, 내적으로 구조화된 개념의 집단(예를 들어 초등기하학에서 나타나는 대로의 점과 선)으로부터 출발하고, 그리고 이 개념체에 관한 형식적 명제를 만들어내기 위해 노력한다. 그 후에야 사람들은 얻어진 연역적 구조가 다른 모델에도 또한 적용가능한지 어떤지를 점검한다(와일더를 보라. 1952, pp. 8-12).

주요 아이디어는 **해결하고자 하는 경험적 시도를 특징짓는 그 똑같은 유형의 정신적 태도와 노력이 형식적 수준에서도 또한 개재된다**는 것이다. 그리고 이것은 형식적 사고가 정보를 연결하고 구조화하기 위한, 불변인 것을 찾아내기 위한, 결정을 정교화하고 신뢰할 수 있는 결론을 제시할 수 있기 위한 그 자신의 메커니즘을 포함한다는 사실에도 불구하고 그렇다. 그러나 이 메커니즘 자체는 체크리스트 즉, 그 체계의 형식적 타당성을 점검하기 위한 프로그램인 바, 그것은 찾아보아야 할 속성이 무엇인지 보여주고 그리고 그것들(무모순성, 공리의 독립성, 체계의 완비성)을 정의한다. 그러나 형식적 구조 자체로는 공리를 **선택하기** 위한, 유의미한 명제를 **찾기** 위한, 그리고 무모순성, 독립성, 그리고 완비성에 대한 점검을 **실제적으로 수행하기** 위한 프로그램을 포함하고 **있지 않다**. 이 모든 연산은 임의의 다른 정신적, 생산적 행동에서의 방식과 똑같은 방식으로 이루어진다. 그러므로 공리적 구조를 다룰 때조차도, 수학적 활동은 그 요구되는 행동적 견고함, 그 생산성, 그 동적이고 융통성 있는 무모순성을 보증하는 직관적인 형태의 수용과 외삽에 의지한다. 와일더가 명확하게 진술했듯이, "그래서, 실제로는 개념이 먼저 오고 공리가 나중에 온다. 이론적으로 이것은 물론 필요하지 않다. 그래서 우리는 'aba와 daba를 무정의 용어로 취하고 그리고 이 용어와 보편적인 논리적 용어로 몇 개의 공리를 규정하자.'라고 말할 수 있다. 마음에 어떠한 개념도 없다면, 말할 어떤 것을 생각하는 것은 어렵다. 즉, 만약 **'aba'와 'daba'에 우리가 먼저 어떤 의미를 주지 않으면** 즉, 우리가 논의할 어떤 개념을 도입하지 않으면 말할 다른 어떠한 것도 찾는 것이 어렵다. 그리고 먼저 'aba'와 'daba'에 적절한 개념을 부여하지 않은 채 마침내 어떤 명제를 진술해야 한다면, 우리는 아마 서로 모순이 되는 명제를 만들어야 할 것 같다. 아래서 보게 되듯이 그 밑에 깔린 개념은 공리의 원천일 뿐만 아니라 우리를 무모순성으로 안내한다. …" (Wilder, 1952, p. 19)

직관적 개념과 과학계

사람들은 여러 가지 '진리'의 직관적 수용의 지위에 관한 서로 다른 상황을 어떤 시대에 과학계가 정의한 대로 구별할 수 있다.

직관적 수용이 과학계가 보통 참으로 받아들이는 것과 일치하는 상황도 있다. 적어도 어떤 나이로부터(그 나이가 무엇인가 하는 것은 발달심리학자들 사이에서 논쟁의 주제이다.), 사람들은 $A = B$이고 $B = C$이면 $A = C$라는 것을 직관적으로 받아들인다. 사람들은 모든 수가 바로 뒤의 원소를 가진다는 것을 직관적으로 받아들인다. 직선 밖의 한 점에서 그 직선에 수직인 직선은 오직 하나만 그을 수 있다는 것 등은 분명한 것 같다. 등등.

다른 한편, 사람들은 또한 사실 과학계가 거부하는 단언을 직관적으로 받아들일 준비가 되어 있고, **그 역도 성립한다**. 자연수 전체의 집합과 양수인 짝수 전체의 집합이 상등임을 받아들이는 것은 어렵다. a^0, a^{-3}, $a^{0.5}$와 같은 기호의 의미를, 또는 $\frac{3}{7} \div 0.21$과 같은 연산의 의미를 직관적으로 파악하는 것은 불가능하다. 공간이 '위'와 '아래', '수직'과 '수평'이라고 하는 절대적이고 특권적인 방향을 가진다는 것은 직관적으로 분명한 것 같다. 동시성이 어떠한 절대적 의미도 갖지 않는다는 것 등을 직관적으로 받아들인다는 것은 거의 불가능하다.

만약 '사실', '진리', '명증'과 같은 용어가 절댓값을 갖지 않는다는 것을 기억한다면, 상황은 여전히 더 복잡해 보인다.

어떤 시기에는 과학계가 어떤 문장을 참인 것으로 받아들일 수 있다. 그것은 또한 문외한이 직관적으로 받아들일 수 있는 것으로 보일 수 있다. 그런데도 과학의 역사에서 사람들은 그 문장이 이전에는 알려지지 않았거나, 또는 이전에는 고려하지 않았던 논리적 이유로 기각된 사실과 모순된다는 것을 나중에 발견할 수 있다. 그러나 이른바 '사실'과 그 '논리적 이유' 스스로는 역사적으로 바뀌어 질 수 있는 해석에 복종해야 한다.

확실히 사람들은 '진리'의 역사적, 상대론적 특성에 관련된 철학적 문제와 문장에 대한 개인의 직관적 수용과 과학계가 그 문장에 지정한 진릿값 사이의 관계성에 관한 심리적 문제를 구별해야 한다. 그러나 고려된 세 요인 사이의 관계성은 극단적으로 복잡하고 심리적으로 흥미로운 상황이 생기게 할 수 있다. (이 세 요인은 현상에 대한 개인의 개념작용, 똑같은 현상에 관한 과학계의 '고전적' 개념작용, 그리고 똑같은 시대에 '새로운' 것으로, 논의의 여지가 있는 것으로, '혁명적인' 것으로 보일 수 있는 개념작용이다.) 개인은 이 세 개의 서로 다른 그리고 심지어 모순된 개념작용의 동시 압력에 복종하게 될 수 있는 바, 그 각각은 서로 다른 개념적 체계에 속한다. **직관적으로**, 공간은 비등방적(非等方的)인 (즉, 그것이 아리스토텔레스에게 보였듯이 특권적 방향을 갖는) 것으로 보인다. 뉴턴의 절대적인, 빈, 연속인, 동질인, 그리고 등방적인 공간은 직관적으로 받아들이기 어렵다. 그러나 사람들은 그것에 익숙해진다. 수년간의 정신적 '실천' 후에, 비록 오래된 표상이 암묵적으로 계속해서 살아남더라도, 그러한 공간을 직관적으로 받아들이게 된다. 동시에 사람들은 공간과 시간의 상대성에 관해, 공간적 속성의 질량 매개변수 의존성에 관해 학습한다. 이것은 가설적 시나리오가 아니다. 이것이 물리학 코스를 듣는 모든 학생들의 실재이다.

사람들은 칸토어가 초한수에 관한 자신의 견해를 그와 동시대의 수학자들이 받아들이게 하는 자신의 수고에서 부닥친 엄청난 어려움을 안다. 데데킨트(R. Dedekind)에게 보낸 편지에는 그 자신의 의심과 그의 놀라운 발견을 자기 자신을 위해 그리고 수학계를 위해 명확하게 하고자 하는 그 자신의 노력에 관한 극적인 설명이 담겨 있다. 직관적 제약과 그의 분석의 논리적 함의 사이의 갈등은 때때로 그의 편지에서 애처로운 어조로 표현되고 있다.

칸토어는 그의 한 편지에서, 한 무한점집합의 일차원 연속체가 한 무한점집합의 p차원 연속체에 일대일대응으로 놓일 수 있는지 어떤지를 일단의 동료들에게 질문한 적이 있다고 말한다. (예를 들어 한 선분의 점들이 한 정사각형 또는 정육면체의 점들과 일대일대응으로 놓일 수 있는지 어떤지). 그는 다음과 같이 말한다. "질문을 받은 대부분의 사람들은, p차원 연속체(multitude)에서 한 점의 위치를 결정하기 위해서는 p개의 독립적 좌표가 필요하다는 것이 분명하기 때문에, 내가 그러한 질문을 했다는 것에 놀랐다."[20] 칸토어는 계속해서 다음과 같이 말한다. "그 질문을 철저하게 분석함으로써 우리는 적어도 부정적 답이 '분명한' 것으로 받아들여져야 한다는 것을 증명하는 것이 필요하다는 것을 인정해야 한다. 나에 관한 한, 매우 최근에, 일련의 복잡한 추론을 거쳐 그 답이 어떤 제한 없이 긍정적이라는 결론에 도달하기까지, 나는 부정적 답을 **그럴듯하다고** 생각했던 사람들에 속했다." (Cavaillès, 1969, p. 168). 그때는 칸토어가 아직 그것의 증명을 하지 못하고 있었다. 그럼에도 그는 이미 그 답이 **긍정적이어야** 함을 확신했다.

20 (역자 주) 여기서는 multitdude이 continuum과 같다고 보아, multitude를 '연속체'라고 번역했다.

서로 다른 차원의 연속체에 속하는 두 개의 점집합 사이의 상등의 불가능성은 일차적인 진리로 자연스럽게 받아들여진다. 그 문제를 받은 사람들은 단순히 누군가 그 질문을 제기한다는 아이디어에 놀랐다.

몇 가지 측면이 강조되어야 한다. 첫째, 일단의 수학자들이 수학 문제의 답을 확실한 것으로 '맹목적으로' 받아들인다. (그들의 주요 관심은 먼저 그들이 사용하고 받아들이는 문장의 타당성을 점검하는 것이어야 했다.) 둘째, 이 경우에는 (그들의 확신이 그것으로부터 도출될 수 있는) 진짜 대상의 추상적 복제물을 참고하기보다, 비차원적 존재물(점)의 무한성이라고 하는 환상적 세계를 참고했다. **실무한과 비차원적 요소라고 하는 두 개념 모두 절대적으로 어떠한 직관적 의미도, 어떠한 실제적 대응물도 가지고 있지 않다.**

서로 다른 차원의 연속체 사이의 상등을 **기각하는** 명제는 명시적인 증명이 찾아지기 전까지는 오직 고찰에 불과하고, 짐작에 불과하다. **이 모든 것에도 불구하고, 각각의 고찰은 절대적 진리를 표현하는 것으로 받아들여진다.** 어떤 시기에는 일부 문외한이나 이류 전문가뿐만 아니라 과학계도 그것을 총괄적으로 받아들였다.

이것은 직관적 지식 즉, 충분한 경험적 명증 또는 엄밀한 논리적 주장에 근거를 두고 있지 않은 그런 종류의 지식이지만, 그 모든 것에도 불구하고 사람들은 그것을 확실하고 분명한 것으로 받아들이는 경향이 있다.

칸토어 자신은, 그 각각의 집합의 상등을 뒷받침하는 증명 즉, 그의 눈으로 보기에는 의심의 여지가 없는 증명을 얻은 후에도 그 정리의 타당성에 관해 여전히 우려했다는 것을 기억할 만한 가치가 있다. 1877년 6월 29일 데데킨트에게 보낸 편지에서 그는 다음의 유명한 문장을 적었다. "나는 보았지만 믿을 수 없다." (Cavaillès, 1969, p. 169).

상등을 뒷받침하는 증명을 얻은 사실이 그의 확신을 강화시켜주어야 했다. 그러나 데데킨트에게 그의 확신은 제한이 없다는 편지를 쓴 나흘 **후**에도, 그리고 형식적 증명을 얻은 후에도, 그는 여전히 자신의 발견에 충격을 받은 듯했다. 그와 동시대의 수학자 대부분이 **하나의** 직관에 갇혀 있었던 반면에, 칸토어는 **두** 모순된 직관에 갇혀 있던 것으로 보이는 바, 오래된 '자연스런' 직관에 따르면, 서로 다른 차원의 두 연속체의 점집합은 상등일 수 없지만, 새로운 칸토어식 직관은 두 집합의 상등을 주장한다. 둘째 견해(두 집합의 상등)를 뒷받침하는 증명을 얻은 사실이 주관적 갈등을 해결하지는 못한다. 칸토어는 증명을 얻은 **후에도** 그전보다 덜 불안해하거나 덜 근심하지 않았다. 그는 그 어려움을 극복하도록 도와달라고 데데킨트를 졸랐다. "내가 당신에게 알려준 그 결과는 내게는 너무도 뜻밖이고, 너무도 새로워서 내 발견의 정확성에 대해 친애하는 친구인 당신의 의견을 받기 전에는 내 정신적 평온을 찾을 수 없을 것 같다."(Cavaillès, p. 169 참고).

물론 이것은 극단적 예이다. 수학에서 사람들은 실제적 대응물을 가진 존재물과 연산을 매우 흔히 다룬다. 그러나 이 예는, 명백성, 내재적 확신과 무모순성 느낌이 심지어 상당히 교육받은 사람들에게조차도, 심지어 최고 수준의 전문가에게조차도, 필연적으로 충분하고, 경험적이거나 논리적인 무모순적 명증이 되는 것으로 간주될 수 있는 것에 근거하고 있는 것은 아니라고 하는, 우리의 논의에서 근본적인 사실을 예증한다. **확신의 드라마는, 알고리즘과 논리적 연결사의 역학에 관련된 것 이외에 다른 메커니즘과 더불어, 다른 수준에서 상연된다.**

3

과신에 대한 조사

과신(overconfidence)과 직관적 편견

이 연구의 주요 명제 중의 하나는 직관이 불확실성을 피하려는 인간의 근본적 필요를 나타내고 있다는 것이다. 주어진 정황에 대한, 즉시 조절되고 잘 적응된 개인의 반응은 각각의 실재에 대한 지각이 그에게 자동적으로 실재 그 자체와 일치하는 것으로 보일 때 그 때에 가능하다. 의심과 망설임은 오직 현재의 행동 흐름에 직접 개재되지 않는 목적을 참조할 때 유용하다. 여러분은 길을 건널 때, 여러분이 보는 것 즉, 다가오는 자동차, 다양한 거리 등을 절대적으로 믿어야 한다. 그렇지 않으면 여러분의 반응은 불연속적이 되고, 조절이 안 될 것이다. 유비적으로 추론 과정에서도 적어도 일시적으로 (그러나 절대적으로) 자신의 표상, 해석 또는 순간적 풀이를 믿어야 한다. 그렇지 않으면 여러분의 사고 흐름은 마비될 것이다. 바로 이 유형의 신념이 우리가 직관이라고 부르는 것이다. 실천에 의해 반복해서 정교화되고 굳어진 인지적 신념은 공리적 특성을 획득할 수 있다.

주어진 실재에 대한 지각은 직접적이고, 그래서 정상적으로 옳다. 반면에 정신적 표상, 아이디어, 가설적 풀이 등은 편향적이고 왜곡되고 불완전하며 모호할 수 있고, 또는 모조리 틀렸을 수 있다. 그럼에도 불구하고, 최소한 일시적으로라도, 그러한 정신적 산물을 믿기 위해서는 어느 정도의 과신이 필요하다.

즉, 여러분은 추론 과정을 계속 진행하기 위해서는 자신의 해석과 인지적 결정에 대한 객관적 평가로 보증 받을 수 있는 것보다 그것들을 더 신뢰해야 하는 경우가 매우 흔하다. 사람들은 어떤 (잠정적) 풀이에 이르고 난 **후에** 보통 모종의 분석과 검증 절차를 시작한다. 그러나 표상과 해석이 정신 활동의 흐름에서 활동적 고리를 구성하는 한, 의심이 방해해서는 안 된다. 소급적, 분석적 통제의 효과로 얻어진 결론에 관해 의심이 생길 수 있다. 그렇게 되면 의심스러운 특성을 추론 과정의 다양한 고리로 소급하여 투사하려고 한다. 그러나 사실상 추론 활동을 하는 동안에 우리는 모든 순간 주저 없이 자신의 아이디어를 믿는 것처럼 행동한다. 사실은 심지어 어떤 결정을 내린 이후에도 도달된 결론에 대해 과신하고, 그리고 가능한 반론을 간과하는 경향이 빈번하다. 검증에 대한 필요는 마땅한 받아야 할 대우를 받지 못한다.

내가 말했듯이, 직관은 특히 과신이 본질적 역할을 하는 인지이다. 이것은 직관이 항상 틀린다는 것을 의미하는 것은 아니다. 이것은 오직 우리가 경험적 자료 또는 논리적 주장이 객관적으로 단지 약하게 뒷받침한 명제들을 절대 느낌을 갖고 인정하는 경향이 있다는 것을 의미한다.

(비록 간접적이지만) 위의 가설에 대해 실험에 의거한 찬성론은, 사람들이 일반적으로 자신들의 지식과 해석의 정확성을 과대평가한다는, 빈번히 확증된, 연구 결과이다. 이 연구 결과가 반드시 직관에 관한 연구와 관계가 있는 것은 아니다. 그러나 그것들은 사실 자료를 취급하는 경우가 매우 흔하다.

이 유형의 연구 결과가 증명하는 것은 인간들이 자신들의 인지적 결정의 정확성을 과신하는 기본적 경향이 있다는 것이다. 이 방향을 따르는 몇몇 실험 결과를 인용하자.

일단의 심리학자들에게 정신과에 입원해 본 적이 없는 어떤 사람의 부적응 사례를 제시하고, 제공된 정보에 기초하여 그 사람의 습관적 행동, 태도의 패턴, 흥미, 전형적 반응에 관해 평가하게 했다. 그 사람의 일생의 주요시기(유년기-대학시절)에 관련한 연속적인 네 단계의 정보가 제공되었다. 피험자들은 각 정보 세트가 제시된 후에 평가해야 했다. 또한 심리학자들은 자신이 내린 결정의 정확성을 자신들이 옳은 결정이라고 기대하는 백분율로 나타내야 했다.

네 단계에 걸쳐 제공된 정보의 증가량의 결과로 결정의 정확성이 유의하게 개선되지 않는 다는 것이 밝혀졌다. 사실 단지 우연히 정답을 맞힐 확률이 20%인 반면에, (최종) 평균 정확도는 28%에 못 미쳤다. 즉, 그 차이는 유의하지 않다(Oskamp, 1982, p. 291). 동시에 피험자들의 인지적 결정에 대한 신뢰는 첫째 단계의 33.2%에서 넷째 단계의 52.8%까지 꾸준히 증가했다. 피험자들은 이 네 단계 각각에서 자신들의 판단의 정확성에 관한 과신을 드러내었다. 실험 기간 동안 피험자들은 자신들의 인지적 결정에 관해 어떠한 피드백도 받지 못했다는 점을 강조하는 것이 중요하다. 그럼에도 불구하고 그들은 점점 더 자신들의 반응을 신뢰하게 되었다.

이 조사 결과는 직관 메커니즘과 관련하여 근본적으로 중요한 것 같다. 사람들은 어떤 토픽에 관한 정보를 계속해서 축적해 가면서, 그것을 내재적으로 신뢰할 수 있는 구조로 조직하는 경향이 있다. 신뢰성의 정도가 **어떠한 피드백과도 무관하게** 얻어진 정보의 양과 함께 증가한다는 사실은, 어떤 일차적 스키마에 관하여, 유입 정보의 어떤 선택이 이루어진다는 것을 자동적으로 의미한다. 이 스키마는, 원래의 개념작용의 자기무모순성과 내재적 신뢰성을 증가시키도록, 유입되는 새 자료를 선택하고 해석함으로써, 그 자신을 자동적으로 강화하는 경향이 있다. 다시 말해 새 자료를 선택하는 주요 준거는 이 자료의 객관적 진기함 및 풍부함에 의하기보다는 초기의 직관적 해석의 무모순성과 신뢰성을 증가시키는 것에 대한 그 준거들의 기여에 의해 결정된다.

오스캄푸(S. Oskamp) 자신을 인용하자. "과제가 생소한 것 같든 아니면 사건 내용이 정형이 아니든 개의치 않고, 판사들의 신뢰 등급은 **그 사건에 대한 그들 자신의 증가된 이해를 확신하게 되었다**는 것을 보여준다. 더 많은 정보를 받음에 따라 그들의 신뢰가 치솟았다. 더욱이 그들 자신의 결정에 관한 확실성과 그 결정의 사실적 옳음은 완전히 균형을 잃게 되었다 (Oskamp, 1982, p. 292). 포퍼(K. Popper)는 그 똑같은 현상의 극단적 경우에 대해 말한다. "아들러에 관해서는 개인적 경험이 나에게 깊은 인상을 주었다. 1919년 어느 날, 내게는 특별히 아들러 식으로 보이지 않는 한 경우를 그에게 보고했다. 그러나 그는 그 아이를 본적이 없음에도 불구하고 자신의 조악한 느낌으로 어떠한 어려움도 없이 분석했다. 약간 놀라서 나는 그에게 어떻게 그렇게 확신하느냐고 질문했다. 그는 '자신의 1000번의 경험' 때문이라고 대답했다. 거기에 대해서 나는 다음과 같이 말하지 않을 수 없었다. "이 새로운 경우로 당신의 경험은 1001번이 되었겠지요."(Popper, 1963, p. 35)

이 예에서 피험자들이 심리학자들이었으므로 도출된 결론은 특히 그 직업에 관련된다고 주장할 수 있다. 정말로 많은 저자들이 과신 경향을 서술했다. 이 연구들 대부분은 **직관적 평가**라고 불릴 수 있는 것을 언급했다기보다는 피험자가 소유했으리라 가정되는 정보를 언급한 것이다. 그럼에도 불구하고 사람들은, 자신들의 인지 반응의 옳음에 관한 명백한 과신은 자신들의 해석의 즉각적인, 외관상의, 신뢰성을 증가시키기 위하여 그에 관한 정보 부족을 간과하는 경향이 있다는 아이디어를 뒷받침한다. 우리의 관점은 사람들은 자신들이 소유한 진정한 지식으로 정당화하는 것 이상으로 신뢰의 정도를 자동적으로 증가시키는 경향이 있다는 것이다. 이 현상이 (원 자료 또는 사실에 관해서가 아니라) 해석, 개념작용, 또는 풀이에 관해서 개입할 때, 보통 **직관적 인지**라고 불리는 것을 얻는다는 것이다.

과신 메커니즘을 다소 더 자세히 분석하는 것은 흥미롭다. 먼저 바로 그 분야에서 몇몇 다른 연구들을 인용하자. 일반적으로 이 부류의 연구에서는 피험자들은 수많은 질문에 대답해야 하고, 어떤 명확하게 정의된 절차로 자신들의 답의 확실성의 정도를 평가하도록 요구받는다. 예를 들어 피시호프, 슬로빅, 그리고 리히텐슈타인(B. Fischhoff, p. Slovic, & S. Lichtenstein, 1977)은 다음 절차를 사용했다. 피험자들에게 예를 들어 다음과 같이 문장을 완성하는 질문을 제시한다. "압생트 술은 … 이다."[21] 피험자들은 답을 쓴 후, 자신들의 답이 맞을 확률을 0.00에서 1.00까지의 수로 추정했다.

첫째 서식에서는 피험자들이 주어진 간단한 문장이 옳을 확률(0.00에서 1.00까지)을 평가하게 했다. 예를 들어 "압생트 술이 보석일 확률은 얼마인가?"

둘째 서식에서는 피험자들이 제시된 두 명제 중 정답을 선택하게 했다. 그 밖에 피험자들은 선택한 답이 맞을 확률을 지정해야 한다(0.5에서 1.00까지).

셋째 서식은 둘째 서식과 유사하다. 유일한 차이는 실험자가 무작위로 두 답 중 하나를 선택하고, 그리고 피험자는 그 선택이 옳을 확률을 추정해야 한다는 것이다.

다른 실험에서는 피험자들에게 자신들의 답에 대한 신뢰를 확률로 표현하도록 요구했다. 이 방식에서는 피험자들이 극단적 신뢰를 표현할 가능성이 더 높을 것으로 가정되었다. 열린(open-ended) 척도는 다음 형태로 제시되었다.

10 : 1　　100: 1　　1000:1

21 (역자 주) 압생트 술은 쓴 쑥으로 만든 프랑스산 독주이다.

10000:1　　100000:1　　1000000:1　등등

1:1 같은 답은 틀리거나 맞을 확률이 같다는 것을 의미하는 반면에, 1000:1은 맞을 확률이 1000배라는 것을 의미한다.

이 모든 실험에서 사람들은 피험자가 표현한 신뢰의 정도를 정말로 옳은 답의 백분율과 통계적으로 비교한다. 예(실험 2)를 들어 100:1의 신뢰 확률(99% 신뢰)을 나타낸 경우, 그들은 사실상 오직 답의 73%에 관해서만 맞았고, 확실히 이것은 어느 정도의 과신을 가리킨다.

피시호프 등(1977)에 따르면 극단적 과신은 다양한 원천을 가질 수 있다. 사람들은 자신의 추리가 타당한지에 대해서 충분히 비판적이지 못하다. 피츠(G. F. Pitz)는 사람들이 초기 추리 단계의 불확실성을 간과하는 경향이 있다고 생각한다(Pitz, 1974; Fischhoff, 1977 참조). 또 다른 측면은 검색 과정과 관계가 있다. 일반적으로 사람들은 기억이 단순한 복제라기보다는 재구성 과정에 근거한다는 것을 의식하지 않는다. 결과적으로 우리는 기억에 어느 정도의 진실함을 부여하는 경향이 있는 데, 그 정도는 진짜로 그런 것보다 더 심하다. 기억은 구조적, 사회적, 동기부여적 요인의 영향 아래 이 재구성 과정에 의해 왜곡될 수 있다. "사람들이 기억과 지각의 재구성적 본성을 의식하지 않고, 단언과 추리를 구별하지 못한다면, 그들은 자신들이 추리한 지식을 비판적으로 평가하지 않을 것이다."(Fischhoff 등, 1977, p. 539) 따라서 사람들은 자신들의 답의 타당성을 평가할 수 없기에, 그들은 과신하는 경향이 있을 것이다. 피시호프, 슬로빅, 그리고 리히텐슈타인의 기본 이론은 과신은 주로 기억과 판단 메커니즘에 관한 의식성의 자연스런 부족에 기인한다.

그러나 이 이론은 최소한 어떤 정황에서는 과신이 왜 가능한지를 설명하는 반면에, 왜 그것이 정말로 나타나는지를 설명하지 않는다. 사람들은 인류의 역사적 발달 동안 축적된 부정적 피드백의 효과로 후속 세대는 자신들의 일차적인 인지 반응에 관해 점점 더 적게 과신하게 되어야만 했다고 기대했을 것이다. 사람들은 문외한 보다는 과학자들의, 아동들보다는 성인들의 과신 정도가 더 낮을 것으로 기대했을 것이다. 등등. 과학의 역사에 걸쳐 직관이 과학적 노력, 예측 및 해석에서 감소 역할(긍정적 그리고 부정적 모두)을 했을 것으로 기대했을 것이다. 그러나 이 중 어느 것도 일어나지 않았다.

보다시피 사람들은 때때로 자신들의 답의 정확성의 정도가 증가하면서 심지어 과소 신뢰하게 될 수 있다는 것은 참이다. (80% 이상의 정확도에서 과소 신뢰 경향이 나타났

다.) (S. Lichtenstein & B. Fischhoff(1977)를 보라.)

그러나 이 연구 결과는 특유한 영역의 능력과 관계가 있는 것이지, 사람들의 인지적 수행에 대한 일반적 태도와 관계가 있는 것은 아니다.

예를 들어 보자. 수학자에게 정리를 제시하면, 비록 그가 그 정리가 직관적으로 옳다고 느낄지라도 반드시 증명을 요구할 것이다. 바로 그 수학자가 어떠한 경험적 통제도 없이, 심지어 그러한 통제에 대한 필요도 느끼지 못한 채, 대단한 자신을 갖고 인상적인 양의 교육 이론과 교수학적 해결책을 기꺼이 과시할 것이다. 심리학적 그리고 교육학적 지식의 부족이 왜 수학자가 교육 영역에 관해 과신할 수 있는지 설명할 수 있지만, 그가 왜 진짜로 그러는지는 설명하지 못한다. 사실상 그는 수학 그 자체를 제외한 다른 많은 영역에 관해서도 과신을 드러낸다. 일반적으로 전문가들이 자신들의 전문 영역에서의 지식과 예측에 관해 더 잘 보정한다는 것을 시사한다고 수학자들의 경우를 일반화할 수 있는가? 여기서 사용된 '보정(calibration)'이라는 용어는 개인이 자신의 인지적 결정(또는 어떤 주어진 명제)에 지정한 참일 확률과 자신의 결정이 확증될 수 있는 상황의 진짜 비율 사이의 일치 정도를 의미한다. 예를 들어 어떤 사람이 질문지의 100개의 독립 문항에 대해 참일 확률 0.7을 지정한 상황을 생각하자. 이 명제의 70%가 진짜로 참이라면, 우리는 그가 완벽하게 보정한 것으로 간주한다. 그러나 전문지식의 역할로 되돌아 가보자. 리히텐슈타인, 피시호프, 필립스(1982)는 보정의 정도에 미치는 전문지식의 효과에 관련된 수많은 연구 결과를 서술했다. 다양한 연구자들로부터 얻어진 자료는 무모순이 아니다. 중간고사를 치른 학생들은 자신들의 답이 맞을 확률을 1.0으로 지정했을 때 98% 옳았고, 확률을 0으로 지정했을 때는 그들의 반응의 고작 0.5%에서 옳았다는 것이 밝혀졌다. 다시 말해 학생들은 매우 잘 보정한 것이다(Sieber, 1974; Lichtenstein 등, 1982, p. 321 참조).

다른 한편, 크리스텐슨-조란스키와 부시헤드(J. J. Christensen-Szolansky & J. B. Bushyhead, 1981)는 일단의 내과 의사들에게 기침 때문에 진찰을 받은 1531명의 환자들을 폐렴이라고 진단할 확률을 질문했다. 그들의 보정은 매우 나빴다. 0.88의 신뢰수준에 대해 정말로 폐렴인 환자의 비율은 0.20보다 작았다(Lichtenstein 등, 1982, p. 321). 미래의 사건에 대해서도 똑같은 심각한 과신이 밝혀졌다(Lichtenstein 등, p. 323).

또한 과제가 어려우면 과신 역시 매우 높다는 것이 또한 밝혀졌다. 다시 말해 심지어 과제가 실제로 불가능한 경우에도 피험자들은 어떤 신뢰수준을 유지하는 경향이 있다.

동기부여를 자극하거나 또는 특별한 훈련으로 보정을 개선하기 위한 시도가 이루어져

왔다. 동기부여가 더 잘 된 학생들일수록 그렇지 않은 학생들에 비해 유의하게 더 나쁜 보정을 즉, 더 심한 과신을 보인다(Lichtenstein 등, 1982, p. 320)는 것이 밝혀졌다(Sieber, 1974). 코리아트, 리히텐슈타인, 피시호프(1980)는 특별한 훈련으로 보정을 개선할 수 있다는 것을 발견했다. 피험자들이 수많은 문항을 각각에 대해 어떤 답을 선택함으로써 풀도록 요구했다. 한 집단에게는 자신들의 답을 뒷받침하는 이유를 적도록 요구했고, 다른 집단에게는 자신들의 답을 반박하는 이유를 적도록 요구했다. 오직 반박하는 이유를 적도록 요구한 집단이 개선된 보정을 보였다는 것이 밝혀졌다. "이 결과는 과신에 대한 효과적인 부분적 치료는 왜 자신이 틀릴 수 있는지 그 이유를 탐구하는 것임을 시사한다."(Koriat 등, 1980).

과신에 관한 연구들은, 비록 일반적으로는 직관과 명시적으로 관계가 있는 것은 아니라고 해도, 그 영역에 상당히 관련되어 있다.

첫째로, 이미 언급했듯이, 과신은 매우 일반적 현상을 나타내는 것 같다. 이 근본적인 연구 결과들은 직관의 본성과 역할에 관한 우리의 이론을 뒷받침하는 것 같다. 우리는 사람들이 상당한 정도의 **내재적인** (외관상의) 신뢰성을 가장 잘 드러내는 풀이, 개념작용, 해석에 자연스럽게, 거의 본능적으로 의지하려는 경향이 있다고 주장했다. 이에 대한 이유는, 전술되었는데, 활동의 바로 그 과정에서의 견고성 및 연속성은 오직 외관상 견고하고, 대단히 신뢰할 수 있는 표상이 그 활동을 안내하는 경우에 가능하다는 것이다. **그러면 과신은 우리의 무리에 대한 정확한 평가가 반드시 생성했을 사실상의 신뢰 부족을 보상하기 위한 치료인 것 같다.** 세계가 영구적으로 타당한 법칙에 의해 지배되는 것 같다는 사실에도 불구하고 우리는 불확실(incertitude)의 세계에 살고 있다. 여기서는 합리성의 한결같은 성장에도 불구하고, 인지의 직관적 성분이 내재적 확신에 대한 우리의 본질적인 행동적 필요의 풀이이기 때문에, 그것은 각 개인과 과학의 역사에서 살아남아 있다는 것이 주장되었다.

그 똑같은 개념작용을 뒷받침하는 중요한 둘째 연구 결과는 개인이 자신의 정답을 정당화하도록 돕기보다는, 그의 답 중 몇몇 개에 관해 왜 그가 옳지 **않은지** 그 이유를 그에게 드러냄으로써 과신을 바로 잡을 수 있다는 것이다.

이것은 과신이 정보의 무지 및 불완전함의 자동적인 산물이 아니라는 것을 의미한다. 과신은 어떤 개념작용을 뒷받침하는 것 같은 자료는 자동적으로 보존하려는, 동시에 그것을 반박하는 자료는 무시하려는 선택 활동에 의해서 달성된다.

환자에게 어떤 진단을 내리는 내과의사는 그의 선택에서 자연스럽게 과신한다. 왜냐하면 그의 전문적 결정에서 견고함을 보이기 위해서는, 그는 적어도 일시적으로는 자신의 결정에 대한, 가능한 반론의 유의성을 무시 또는 최소화해야 하기 때문이다. **사람들은 이 유형의 선택에 의해 주로 호혜적으로 조화하는 자료를 고려하고 보존하려는 경향이 있는 바, 그것은 사실상 직관적 인지의 기본적 성분을 나타낸다.**

위의 예에서 내과의사의 결정은 오직 확률적 평가에 근거한 것이지만, 그의 공공연한 태도는 확실하고 의심의 여지가 없는 해석의 표정처럼 보이는 경향이 있다. **진짜로 이용 가능한 정보의 정확성의 정도와 이 정확성의 정도에 대한 주관적 평가 사이의 거리는 사실상 직관의 특유한 메커니즘에 의해 메워지고 보충된다.**

우리는 과신을 연구하는 사람들이 보통 사용하는 것과는 아무래도 다른 유형의 접근 방법을 사용하여, 우리가 **명제의 직관적 수용**이라고 명명한(Fischbein, Tirosh & Melamed, 1981을 보라.) 것을 측정하는 절차를 제안했다. 우리는 개인이 자기 자신의 풀이를 직관적으로 수용하는 것을 두 차원 즉, 신뢰의 수준과 명백성의 정도에 의지하여 정의했다. 개인이 어떤 명제가 참이라고 굳게 확신한다는 사실로부터 그가 틀림없이 그 명제가 자명하기까지 하다고 생각하는 것은 아니다. 그리고 **그 역도 성립한다.** 따라서 우리는 다음 공식을 사용하여 직관성을 정의했다. $I=\sqrt{C\times O}$ (여기서 I는 직관성을, C는 신뢰수준을, O는 명백성을 나타낸다.) 현재의 맥락에서 우리는 단지 과신과 관계가 있는 몇몇 연구 결과를 언급하고자 한다. 몇몇 문항에 대해서는 대부분의 피험자들이 잘못된 답을 제시했다는 것이 밝혀졌다. 그럼에도 불구하고, 이 답에 대한 그들의 신뢰 수준은 옳게 대답한 사람들보다 더 높았다. 한 예를 들자.

주어진 선분 AB의 길이가 $1m$ 이다. 여기에 길이가 $\frac{1}{2}$m인 다른 선분 BC를 덧붙인다고 가정하자. 똑같은 방식으로 길이가 $\frac{1}{4}$m, $\frac{1}{8}$m인 선분을 계속해서 덧붙이자. 모든 선분들의 길이의 합 $AB+BC+CD+\cdots$ (등)은 얼마인가?

107명의 고등학생들에게 질문했다. 6명의 피험자들이 S=2라고 옳게 대답했다. 그들의 신뢰 수준(0부터 6까지의 등급이 있는 척도)은 1이었다. (신뢰수준을 나타내는 수는 평균값이다.) 55명은 신뢰수준 2.63에서 그 합이 무한이라고 대답했다. 18명은 신뢰 수준 2.89에서 그 합이 2보다 작을 것이라고 대답했다. (그 연구에서 얻어진 최고의 신뢰수준은 3.5였다.)

위의 예에서 정답(S=2)은 수학 수업에서 이미 학습했다. **그러나 그것을 기억했던 몇 안**

되는 학생들도 사실상 그것을 그다지 신뢰하지 않았다. 다른 한편, 다른 (그러나 직관적으로 받아들여질 수 있는) 답을 제시한 학생들은 그 답을 상대적으로 높이 신뢰했다. **따라서 과신 그리고 과소신뢰는 개인이 (어떤 영역에서) 소유한 지식의 정확성뿐만 아니라 고려된 다양한 문항과 각각의 풀이에 대한 직관성의 정도와도 관계가 있다고 가정할 수 있다.** 여기서 언급되어야 할 본질적 사실은 우리가 학습한 옳은 풀이보다 학습하지 않고 옳지 않지만 직관적으로 받아들일 수 있는 풀이를 더 신뢰한다는 것이다. 다른 말로 하면, **사고 활동은 결정의 연속이므로, 그리고 우리는 자신들의 결정을 믿어야 하므로, 우리의 기억과 추론 전략은 (명시적 지도처럼) 외재적 지원에 의지해야 하는 명제들보다는 내재적으로 신뢰할 수 있는 명제들을 선택하고 유지하는 경향이 있다.**

피험자가 보기에 개념작용에 내재적 신뢰성이 부족하다면, 그것을 잊어버리거나 생산적 문제해결 활동에 그것을 손쉽게 사용하지 않을 가능성이 높다. 그러한 효과를 방지하기 위해, 우리는 (증명, 경험적인 발견 결과 등과 같은) 외재적 수단이 초기에 어느 정도의 내재적 신뢰성을 강요했던 그 아이디어에 스며들게 하는 수단에 자동적으로 의지하는 경향이 있다. **어떤 관념에 대한 내재적 신뢰성의 수준이 높으면 높을수록, 그것이 우리의 해결 전략 및 결정에서 살아남고 활동적으로 참여할 기회가 더 많아진다.**

왜곡에 대한 피험자의 의식이 없다면 (개념, 명제, 표상 등의) 원래 아이디어는 그 과정의 효과로 왜곡될 가능성이 매우 높다.

내재적 신뢰성을 만들어내는 수단은 무엇인가? 그중에서 (시각화, 서로 다른 유형의 모델 사용, 활동적인 개인적 개재 등과 같은) 몇몇은 앞 장에서 이미 논의되었다.

여기서 나는 특히 과신과 관계가 있을 수 있는 몇몇을 언급하고자 한다.

일반적 테크닉은 **일관된 구조** 즉, 게슈탈트의 생산 테크닉이다. 결과적으로 사람들은 서로 부합하는 사실과 조각을 보존하고, 통일성을 방해할 수 있는 것을 버리는 경향이 있다. 그 선택이 반드시 객관적, 체계적 준거에 근거하지는 않으므로, 얻어진 산물을 내재적으로 신뢰할 수는 있으나, 옳은 것과는 거리가 멀 수 있다. 보통 그 선택 과정은 일차적 가설이나 해석 스키마를 참조하여 조직된다. 첫 경험, 첫 해석이 결정적일 수 있다. 교사는 자신의 학생들 중의 한 명이 언젠가 흥미로운 대답을 했기에 그 학생이 영리한 아동이라고 생각한다. 그 일차적 해석에 집착하여 그 가설을 강화할 수 있는 그 아동의 반응을 계속해서 선택하고 보존하는 것이 자연스런 경향이다. 주관적으로 그 가설은 확신으로 해석된다.

그 과정은 사실은 훨씬 더 복잡하다. 받아들여진 스키마에 부합하지 않는 사실이 반드시 완전히 제거되는 것은 아니다. 그것은 게슈탈트에 부합하도록 또는 적어도 게슈탈트를 방해하지 않도록 때때로 왜곡되고, 재해석되며, 변형된다. 과학자들은 그들 자신의 경험으로부터 이 현상을 완벽하게 의식한다. 트웨니, 도어티, 그리고 마이나트(R. D. Tweney, M. E. Doherty & C. A. Mynatt, 1981)는 다음 견해를 보이는 연구를 검토했다. "과학자들을 포함하여 많은 사람들이 확인하기 위한 편견을 표명한다. 그들은 다음 중 하나 또는 그 이상 하는 자신들의 실패에 의해 그렇게 한다."

1. 확증적이 아닌 명증을 찾는다.
2. 확증적이 아닌 명증이 이용 가능할 때 그것을 이용한다.
3. 대안적 가설을 검사한다.
4. 호감을 받는 가설을 뒷받침하는 명증이 대안적 가설도 뒷받침하는지 고려한다(p. 115).

연구자들은 포퍼식 반증(falsification)은 솔직히 발생하지 않는다는 라카토스(I. Lakatos, 1978)의 주장을 인용했다(p. 124). "포퍼의 준거는 과학 이론의 주목할 만한 강인함을 무시한다. 과학자들은 두꺼운 피부를 가지고 있다. 그들은 단순히 사실이 이론에 모순되기 때문에 그 이론을 포기하지는 않는다. 그들은 보통 구원 가설(rescue hypothesis)을 만들어, 그들이 그것을 만든 후에는 단지 예외라고 부르는 것을 설명하거나 아니면, 그 예외를 설명할 수 없다면 그것을 무시하고 그들의 관심을 다른 문제로 돌린다. 과학자들이 반박에 관해 말하지 않고, 예외나 휘어잡을 수 없는 사례에 관해 말한다는 것에 주목하라."

아동들이 수학 문제를 다루는 데서도 유사한 반박의 무능함을 관찰할 수 있다. 다음 예를 생각하자.

"주스 1리터의 가격이 2달러이면 주스 0.75리터에 지불할 가격은 얼마인가?" 아동은 그 문제를 해결하는 연산을 선택해야 했다. 아동은 보통 나눗셈을 가리켰고 그 결정을 매우 신뢰했다. 비형식적 용어로 나눗셈 연산은 물체 또는 일단의 원소들을 같은 부분으로 자르는 것을 의미한다. 그 해석에 모순되지 않는 결론은 각 부분은 전체 보다 더 작다는 것이다. 결과적으로 나눗셈은 '더 작게 만들기'를 의미한다. 이제 그 아동에게 자신의 소형 계산기를 사용하여 2÷0.75를 계산하도록 제안하자. 그 아동이 얻은 답은 2보다 큰 수이다. 이것이 나눗셈이 바른 연산이라는 아동의 신념을 방해하지 않는 일이 매우 흔하다. 그 모순에 대해 아동은 계산기가 고장이라고 설명한다.

다시 말해 (결과가 2보다 크고, 기대한 것처럼 더 적지 않다는) 아동의 풀이에 부합하지 않는 계산 결과는 재해석된다. 아동은 자신이 틀렸다는 것을 받아들이는 대신, (이것은 나눗셈에 관한 아동 자신의 이론과 모순될 것이다.) 계산기가 고장이라고 (비록 이 둘째 이론이 옳을 확률이 훨씬 더 적을지라도) 결정한 것이다.

교육적 시사점: 과신과 메타인지

보다시피 사람들에게는 자신들의 해석 및 풀이의 타당성을 과대평가하려는 한결같은 경향이 있다. 이 연구 결과는 다음 방식으로 설명되었다. 우리의 정신 행동의 연속성 및 유창성을 보증하기 위하여, 우리에게 의심할 나위 없는, 자기모순이 없는, 자명할 것으로 보이는 확실한 아이디어에 의지할 필요를 느낀다. 그러한 아이디어를 일반적으로 **직관적 인지**라고 명명한다. 그들 중 어떤 것은, 추론 활동에 대한 그들의 부단한 관련성의 효과로 공리, 공준, 원리 또는 단지 선입견의 지위를 얻을 수 있다. 그것들은 우리 인지 체계의 강한, 가장 저항적이고 안정적인 성분을 나타낸다.

어떤 직관적 아이디어는 옳고, 즉, 동시대의 과학계에 의해 받아들여진다. 그러나 다른 많은 것은 편향되었거나 모조리 틀린다.

우리의 정신 행동의 이 직관적 요새의 바로 그 존재가 근본적인 교육적 딜레마를 창출한다.

지적 교육의 과정에서 교사는 자기 학생들의 오개념작용을 바로잡아야만 한다. 그러나 이것은 개념적 수준에서의 단순한 변화를 함의하기보다는 인지적 신념 덩어리의 깊은 재조직을 함의하는 경우가 매우 흔하다. 만약 예를 들어, 학생이 리마가 콜롬비아의 수도라고 하거나 프랑스 혁명이 19세기에 일어났다고 주장했다면, 어떤 자료를 다른 것으로 대체함으로써 실수를 바로잡을 수 있다. 그러나 그 학생이 우리가 구형의, 엄청난, 그리고 지탱되지 않은 움직이는 물체 위에 산다는 것, 또는 나눗셈은 '더 크게 만들' 수도 있고, 곱셈은 '더 작게 만들' 수도 있다는 것, 또는 자연수의 집합과 짝수의 집합이 상등(똑같은 수의 원소)이라는 것, 또는 객관적으로 정지 상태와 등속직선운동이 동일하다는 것을 받아들여야 한다면, 어떻게 될까? 그러한 이상야릇한 명제들을 참이라고 받아들이기 위해서는 학생은 그것을 암기하지 말아야 할 뿐만 아니라, 실재에 관해서는 자신의 근본적 신념 중 몇 가지를 포기해야 한다. 그는 자신의 정신적 스키마에서 어떤 구조적 변화를 도입해야 한다. 그가 **자신이 어떤 아이디어가 참임을 절대적으로 확신하는 반면에, 사실상 자신이 틀렸다**는 것을 받아들여야 하는 경우가 매우 흔하다. (그리고 이것은 가장 끔찍한 발견이다!) 자명성 그리고 절대적인 명확성이라는 외양을 가진 어떠한 아이디어도 **선험적으로** 참일 수는 없다는 것을 학습하는 것은 끔찍한 일이다. 이것은 매우 심각한 교육적 문제를 제기한다.

아동은 일반적으로 이 유형의 갈등에 대처하기 위한 지적 그리고 감정적 자원을 충분히 잘 갖추고 있지 못하다. 우리가 아동에게 어떤 영역 이를테면 수학에 관해서, 심지어 자신이 옳다고 강력히 믿을 때도 자신이 틀릴 수 있다는 것을 납득시키려 한다고 상상하자. 또는 훨씬 더 복잡하게, 수학과 같은 형식 과학에서는 틀리거나 옳다는 사실은 어떠한 절대적 의미도 가지지 않는다. 이것은 오직 정의된 공리 체계와 관련하여 확립될 수 있다. 학생의 수학적 추론의 바로 그 코스가 방해받을 것이라는 것이 그 효과일 수 있다. (놀랄 만큼 틀리는 일이 매우 흔한) 자기 자신의 직관에 대해 신뢰하지 않으면, 수학적 추론의 타당성을 점검하기 위해 수학적 추론의 결론에 대한 자기 자신의 아이디어를 더 이상 체계적으로 따라 갈 수 없다. "각 단계마다 내가 틀릴 수 있다면 어떻게 그럴듯한 풀이에 도달할 수 있는가?"

전문가 그리고 일반적으로 지적 교육을 받은 성인은 이중게임을 하는 것을 학습했다. 그들은 **원칙적으로** 자신들이 틀릴 수도 있다는 것을 알지만, 마치 각 단계에서 그들이 옳다고 확신하는 것처럼 추론을 계속해 나간다. 통제 단계는 사고의 전체 열이 완수된 후에 시작될 수 있다.

우리는 때때로 우리가 틀릴 수도 있고, 그리고 우리가 이중게임을 한다는 것을 의식한다. 때때로 우리는 그 게임을 완전히 잊고, 그리고 어떠한 검증도 하기 전에 우리가 옳다고 진정으로 확신한다.

그러나 내가 말했듯이, 아동은 이 종류의 지적인, 매우 정직한 이중성에 필요한 것을 아직 갖추고 있지 않다. 그 다음에 일반적으로 자신의 수학적 또는 과학적 직관에서, 그리고 어떤 문제에 특히 관계가 있는 자신의 시도를 신뢰하지 않는다면, 그가 어떻게 계속 추론하게 할 수 있겠는가?

더욱이 학생은 그 선택된 영역에 대한 신뢰 외에도 수학 또는 과학에 대한 흥미까지도 모조리 잃을 수 있다.

확실히 모든 아동들이 바로 그 방식으로 반응하지는 않는다. 불행하게도 지금까지는 I.Q. 사회-경제적 지위, 인지 스타일 또는 수학적 적성과 관련해서 아동들이 직관적 갈등에 반응하는 방식에 관한, 이용 가능한 어떠한 실험적 증거도 없다. 그 방향에 관한 연구는 매우 도움이 될 것이다.

결과적으로, 우리는 우리 자신들을 일반적 논의로 한정해야 한다. 순수한 형식적 교수를 통해 단순히 직관적 장애를 우회하는 것으로는 수학교육을 성공적으로 성취할 수 없다는 것은 확실하다.

우리는 '침투전략' 즉, 직관적 오개념작용이, 나이가 들고 사용하지 않게 되면 스스로 사라질 것으로 바라면서, 옳은 개념 및 표상을 마침내 아동의 마음속에 순조롭게 침투시키는 것에 의지해야 할 것인가?

이제 우리는 연구와 실제적 증거에 기초하여 나이가 들거나 아니면 사용하게 되지 않게 되더라도 직관적 편견이 사라지지 않는다고 단언할 수 있다. 그것은 우리의 정신적 스키마에 튼튼하게 정박된 채 남아있고, 계속해서 활동적이고 영향을 미치며, 아동들과 성인들을 막론하고 그것이 우리의 사고 전략에 미치는 영향을 경험한다. 직관적 배경의 근본적, 자발적 변화는 형식적 조작기 동안보다 더 늦게 일어나지 않지만, 많은 직관이 훨씬 전에 안정된다. 모든 지도 활동은 항상 직관적 경향에 대처해야 하며, 따라서 개념적이고 옳은 구조와 직관적 표상 사이의 모순은 불가피하다.

우리의 관점은 다음과 같다.

첫째, 직관적 장애를 우회하는 것이 불가능하므로, 사람들은 명확하게 공식화된 교수학적 전략에 기초하여 그것에 대처해야 한다. 사람들은 학생들이 이 직관적 어려움을 자기 나름의 수단으로 대처하도록 내버려 두어서는 안 된다. 잠재적 갈등은 적당한 교수학적 테크닉의 사용으로 활동적, 의식적, 진짜 갈등이 되어야 한다. 나는, 사람들이 아동들에게 가능한 한 일찍, 아동들과 성인들을 막론하고 우리 모두가 똑같은 어려움에 부닥친다는 것, 이것은 자연스럽고 정상적인 방식으로, 우리 모두는 그 방식으로 사고하는 경향이 있다는 것을 명확하게 해야 한다는 것을 강력히 권고한다. 우리는 수학에서 우리가 사용하는 개념과 명제의 타당성은 논리적으로 확립되었고 경험적으로 확립되었던 것이 아님을 이해해야 한다. 비록 그것이 때때로 우리의 자연스런, 상식적 사고방식에 모순될지라도, 우리는 그것을 받아들여야 한다.

확실히 교사가 사용하는 언어는 학생의 나이 및 그 학생이 이미 획득한 지식에 의존해야 한다. 역사적 예가 대단히 도움이 될 것이다. 위대한 수학자나 과학자들이 나중에는 쓸모없게 된 아이디어를 절대적으로 믿었다는 사실은 그것만으로도 **학생들에게** 매우 고무적일 수 있다. 우리는 우리가 실수를 범한다는 사실과 보통 우리가 과신하는 경향이 있다는 사실이 우리를 낙담시켜서는 안 된다는 것을 강조해야 한다. 이것이 정상적인 정신 행동이다. 우리가 해야 할 것은, 심지어 우리가 옳다고 확신할 때조차도, 우리가 틀릴 수 있다는 것을 의식하는 것이다. 우리는 우리의 결론에 매우 신중해야 한다. 동시에 우리는 우리 실수의 체계적 원천을 분석하는 것을 학습해야 하고, 우리의 결과를 점검하고, 해결해야 할 문제가 직접 시사하는 것보다 더 넓은 관점에서 그 결과를 해석하는 절차를 학습해야 한다. 예를 들어 문제를 보니 그것의 해결에는 나눗셈이 필요할 것 같다. 이 선택은 균형의 요구에 부합하는가?

킬패트릭(J. Kilpatrick)은 최근에 메타인지로 알려졌던 이 토픽에 대한 중요한 논문을 작성했다.

그는 존슨-레어드(P. N. Johnson-Laird)를 인용하여 다음과 같이 말한다. "사람들은 그들 자신의 높은 수준의 능력 즉, 자신들의 메타인지적 지식에 대해 무엇인가 명백히 알고 있다. 그러나 존슨-레어드의 견해에 의하면, 사람들은 오직 자신들의 불완전한 인지 모델에만 접근할 수 있었다. 의식은 운영 체계가 되기 위해 마음의 위계에서 상승한 처리기로 전개 과정에서 나왔을지도 모른다. 그 운영 체계는 위계에서 아래에 있는 것에 결코 직접 접근할 수 없다. 그것은 오직 하위 처리기가 한 산물을 알 뿐이다. 의식은, 운영 체계가 그 끼워 넣어진 정신 모델이 동시에 이용 가능할 수 있도록, 상당한 정도의 평행 처리를 요구한다."(Kilpatrick, 1985, p. 14).

결과적으로, 우리는 우리들만으로 우리 자신의 정신 활동을 분석하고 통제하는 것을 학습해야 한다. 우리가 추론 과정에서 모조리 잘못된 단계를 피함으로써 과신을 제거할 수 있는가?

우리의 견해로는 그러한 목적은 성취가능하지 않다. 왜냐하면 고차적인 인지적 사례의 영구한 감독 아래 유창한 생산적 추론 활동을 실현한다는 것은 불가능하기 때문이다.

수영하는 사람과의 유비가 매우 계몽적이다. 수영하는 사람들은 자신의 행동의 세세한 것을 의식적으로 통제할 수 없다. 그는 단지 (속력, 방향에 관한) 자신의 목적에 따라 자신의 움직임의 '멜로디'를 전체적으로 통제할 수 있다. 직접적인 운동학적 그리고 촉각적 피드백을 통해서 세세한 통제는 단지 자동적이 된다. 만약 그가 의식적으로 자신의 각각의 세세한 움직임을 통제하려고 노력한다면, 그는 확실히 자신의 수영 활동은 중단시킬 것이고, 그리고 그것을 실제로 불가능하게 할 것이다.

추론 활동도 바로 그것과 똑같다. 추론은 자동적 과정인 바, 그것은 획득된 자동 피드백 체계를 통해, 사고하는 사람의 '전략적' 목적에 따라 전체적으로, 그러나 그 세세한 것에서는 오직 자동적으로 안내된다. 사고 과정을 한 단계씩 의식적으로 통제하려는 어떠한 시도도 확실히 그것의 유창성, 그것의 연속성을 파괴하고, 그리고 사실상 생산적 노력으로서의 사고 과정을 불가능하게 만든다.

과신을 취급할 수 없다는 것은 아니다.

데이비스(R. Davis)가 피력한 소견에서 본질적 아이디어가 시사된다. "우수한 학생들은, 어려운 수학 문제를 해결한 후에 또는 열심히 공부한 후에, 때때로 생각에 잠겨 그들의 마음속 사후분석에서 그 문제를 숙고하는 것 같다."(Kilpatrick, 1985, p. 19).

데이비스에 따르면 사후분석은 학생들이 자신들의 사고 과정을 통제하는 능력을 공고히 할 수 있고, 그리고 메타인지 능력을 개발할 수 있다.

그러면 문제는 단순히 과신을 감소시킴으로써 보정을 개선하는 것이 아니다. 학생에게 메타인지적 테크닉을 제공하지도 않은 채, 그 학생이 자신의 개념작용에서 매우 흔히 틀릴 수 있음을 납득시키려고 노력함으로써, 단지 그의 자신만 파괴할 수 있다.

간단히 말해 메타인지 능력을 개발하는 것은 다음의 두 기본적 측면을 수반한다.

첫째는 학생의 사후 통제의 개선이라는 측면이다. 이것은 다음을 함의할 것이다. (a) 얻어진 최종 결과와 수행된 일반적 전략(해결 또는 증명 전략의 본성)에 대한 전체적, 직관적 추정, (b) 실현된 단계의 세세한, 소급적 분석. 수반된 용어, 고려된 절차 및 연산의 명확함과 옳음을 점검하기. 대응 정의를 명시적이 되게 하기. (암시적 또는 명시적으로 참조된) 정리, 공리, 법칙, 규칙을 점검하기. 만약 어떤 실수가 확인되었다면, 그것이 단순히 (주의 부족에 의한) 우연한 것인지 아니면 학생의 해석 또는 계산 기능에서의 끈덕진 편견의 효과에 의한 체계적인 것인지 결정하고자 노력하는 것이 현명하다.

둘째 측면은 고차의 의식적 개입을 조금 저차의 사례에 위임하는 것의 가능성 즉, 운영 수준에서 자동적으로 작동할 자기-통제 스키마를 개발하는 것에 관련된다.

그러한 효과를 얻는 다양한 방법이 있다. 하나는 학생들이 자신의 추론 노력에서 잠재적 함정에 도달할 때마다 (그의 이전 경험으로부터 그와 같이 알려진) 그에게 경고를 보낼 '경보장치'를 만드는 것이다.

언젠가 나는 수학교육 전문가인 한 젊은 동료에게, 잠재적으로 오도하는 문제를 해결해야 할 때 그가 어떻게 행동하는지 질문했다. (예를 들어 "주스 0.65리터의 값은 2달러이다. 1리터의 값은 얼마인가?" 문제해결자는 그 문제를 해결하기 위한 바른 연산을 선택해야 한다.) 나의 동료는 잠재적 함정으로 이끄는 범주의 문제에 부닥치면 늘 자동적으로 작동하는 일종의 경보 체계를 개발했다고 대답했다. 그 경보 체계는 그가 경솔한 답을 하지 못하도록 막아준 다. 다시 말해 바로 과신의 위험이 높을 때 그 비상 브레이크가 개입한다.

둘째 예는 무한 개념에 관한 것이다. 티로스(D. Tirosh)는 고등학교 학생들에게 초한기수에 관한 칸토어 이론과 관계가 있는 관념을 가르치고자 시도했다. 공통적인 어려움 중의 하나는 학생들의 직관적이고 자연스런 태도 그리고 개념적이고 형식에 근거한 지식 사이의 갈등에 의해 나타났다. 소박한 직관은 무한의 영역에서 매우 흔히 오도한다. 실험 수업의 효과로 얻은 주요 결과 중의 하나는 티로스가 그녀의 박사 학위 논문에서 말한 것으로, 많은 학생들이 무한에 관한 질문에 대하여 '경보' 테크닉을 개발했다는 사실이다. 그들은, 보통 직관적으로 통제되는 자신들의 첫 충동에 따른 반응을 삼가는 것을, 그리고 정답을 결정하기 위해 편리한 명시적 정리를 찾는 것을 학습했다(Tirosh, 1985).

확실히 이 학생들은 자신들의 답을 평가하는 데 더 나은 보정을 개발했다. 그러나 그들은 자신들의 자발적인 첫 반응에 대한 신뢰를 떨어뜨림으로써, 그들은 동시에 자신들의 수학적 능력에 대한 신뢰, 그리고 일반적으로 자신을 잃지 않았다. 도리어 학생들은 자발적인 직관적 반응을 통제할 수 있는 고차의 인지 수단을 획득할 수 있다는 것을 배웠다고 말할 수 있다. 자신은 분실되지 않았다. 그것은 단지 그것의 지지물을 바꾸었다. 다른 한편, 우리는 의식적 통제의 체계적 사용은 또한 정신적 노력의 세세한 것에 대한 개선된 자동적, 내적 통제로 귀착될 것이라고 가정한다. 우리는 자동적 통제를 통해 적어도 부분적으로는, 명확하지 않은 관념, 정당화되지 않은 명제 등을 심지어 최종적인, 고차적 점검이 개입하기 이전에도 피할 수 있다고 가정한다. 사고 흐름의 미시성분에 대한 직접 통제는 오직 자동적일 수 있고, 그리고 그것은 오직 추론 코스에 대해 체계적으로 실천한 사후의 의도적 분석의 간접적 효과로 얻어질 수 있음을 다시 한번 강조하자.

그러면 추론 과정의 코스에 대한 메타인지적 감독은 사후의, 의식적 활동으로 아니면 그 과정 자체 동안에—그러나 이때는 오직 자동적, 내적 과정으로—일어날 수 있다. 우리는 진정한 문제의 해결을 목적으로 한 창조적인 생산적 추론 과정에 대해 언급한다. 이 경우에 각각의 용어 또는 연산 후에 대해 다음 질문을 멈출 수 없다. 용어는 충분히 명확한가? 나는 그것을 정의에 맞게 사용했는가? 나의 정의는 옳은가? 등등. 그러한 직접 통제는 확실히 추론 노력의 연속성을, 그리고 그것과 함께 베르그송이 '생생한 임페투스'라고 불렀던 창조적인 사고 흐름을 파괴할 것이다.[22]

이 유형의 외적 통제는 아마도 과신을 제거할 것이다. 그러나 그것은 부작용으로 학생의 자신도 완전히 제거할 것이다.

요약

외관상 확실한, 신뢰할 수 있는 표상과 해석에 의지하는 것에 대한 필요는 우리의 의견으로는 사람들이 자신의 판단을 과신하는 일반적 경향을 설명하는 주요 요인이다.

확신에 대한 필요는 직관이라 불리는 이 유형의 외관상 매우 잘 구조화된, 자기모순이 없는, 그리고 외관상 자명한 인지에 이른다.

그러나 과신은 자기 통제의 장애물이고 그리고 결과적으로 그것은 추론의 질을 유의하게 개선하러 가는 길을 막는다.

과신에 관해서는 지적 교육의 목적이 단순히 학생들이 자신들의 답의 옳음을 평가할 때 더 나은 보정을 얻는 것이 아니다. 그 목적은 단지 학생들이 자신들이 얼마나 무지한가 또는 무지할 수 있는가를 의식하게 하는 것이 아니다. 이것은 저절로 학생의 자신을 파괴하는 위험을, 그의 추론의 바로 그 코스를 방해하는 위험을 무릅쓴다. 다른 한편, 학생의 정신적 노력의 질을 유의하게 개선하지 않는다. 진정한 교육적 문제는 학생에게 다음의 지적 수단을 부여하는 것이다. (a) 사후 반성을 통해 자신의 추론 과정과 성분을 체

22 (역자 주) 임페투스는 본래 물체의 운동을 설명하기 위해 고전물리학에서 나타난 개념이지만, 여기서는 단지 '자극, 기동력' 등의 의미로 사용된 것으로 보인다. 고전물리학의 개념으로서의 임페투스에 대해서는 제4장과 제16장을 참조하기 바람.

계적으로 통제하는 것. (b) 체계적 실천을 통해 추론의 흐름에 개재된 관념 및 추리의 타당성을 직접, 자동적으로 통제하기 위한 테크닉을 개발하는 것이다.

직관 및 직관적 모델은 관념과 판단을 편향되게 하는 데 본질적 역할을 할 수 있기 때문에, 학생은 어떤 지식 영역과 관련해서 자신의 표상을 왜곡할 수 있고, 그의 반응으로 오도할 수 있는 그 직관을 확인하는 것을 학습해야 한다는 것은 대단히 중요하다.

4

직관적 인지의 일반적 특징

이 장에서는 직관적 인지의 일반적 특징들을 논의하는 바, 그 중 몇몇은 제1장에서 소개하였다. 고찰될 특징은 다음과 같다.

1. 자명성
2. 내재적 확실성
3. 강건성
4. 강제성
5. 이론적 지위
6. 외삽성
7. 전체성
8. 암시성

자명성

이것은 직관의 근본적 특징이다. (디세사의 용어를 사용하면) 직관적 인지는 자기모순이 없고, 자기정당화가 가능하거나 또는 자기설명적이다. 우리가 전체는 그것의 부분보다 크다, 모든 수는 바로 뒤의 원소를 가진다, 또는 두 점은 하나의 직선을 결정한다고 단언한다면, 우리는 이 명제들이 어떠한 정당화도 필요 없이 저절로 참이라고 느낀다.

데카르트는 직관의 기본적 특징으로 명증과 확신을 언급했다(Descartes, 1967, p. 7). 스피노자는 직관에 대한 다음 예를 제시한다. 만약 사람들에게 1, 2, 3의 세 수가 있다면, 사람들은 넷째 비례항은 6이라는 것을 직관적으로 찾을 수 있다(1에 대한 것이 2인 것처럼 3에 대한 것이 6이다). 수가 작기 때문에 결론은 어떠한 명시적 계산도 없이 직접 도출된다. 그러한 결론은 자명하며 따라서 확실하다(Spinoza, 1967, pp. 68-79).

피아제는 명증의 개체 발생적 구성을 분석했다. 주요 아이디어는 명증의 새 영역은 이전의 영역을 완전히 폐지하는 것이 아니라 그것을 하위영역으로 통합한다는 것이다(Beth & Piaget, 1966, p. 195). 나는 새롭게 획득된 명증이 때때로, 이전에 획득된 명증을 하위구조로 보존하는 것과 함께, 일반적 틀의 확장과 증가된 융통성의 결과를 나타낼 수 있다(Beth & Piaget, 1966, p. 195)는 것에 동의한다. 그러나 일반적으로 상황이 그렇게 순조롭게 발달하지는 않는다. 새로운 명증은 그것이 명증이 되기 전에 그리고 심지어는 그 이후에도 이전 명증과 갈등을 일으킨다.

무리수의 수학적 명증 그리고 실수라고 하는 더 큰 집합의 수학적 명증을 받아들이기 전에는 무리수 개념은 (자연수로 대표되는) 수 개념에 모순되는 것처럼 보였다. 더욱이 두 개의 상충되는 명증은 그 똑같은 마음속에 공존할 수도 있고, 그러한 것으로 교대로 나타날 수도 있다. 만약 사람들에게 자연수 집합과 짝수 집합을 비교하게 하면, 사람들은 한편으로는 자연수 집합이 반드시 더 크다고 생각하면서, 다른 한편으로는 두 집합이 상등이어야 한다고 생각한다(둘 다 무한집합이다).

명증 메커니즘은 무엇인가? 왜 몇몇 명제들은 자명해 보이지만, 반면에 다른 몇몇 명제는, 심지어 그것들이 매우 친숙한 것이라 해도, 자명해 보이지 않는가? 잘 알려진 공식

$$a^2 - b^2 = (a + b)(a - b)$$

는 자명하지 않은 반면에, “모든 수는 바로 뒤의 원소를 가진다.”와 같은 더 복잡한 아이디어는 자명하다.

> … 자명성은 의심할 바 없이 한 체계 또는 여러 체계의 공통 불변량과 밀접한 관계가 있다 (Beth & Piaget, 1966, p. 193).

그러나 위의 공식은 개념과 계산 규칙의 대수 체계에서 유기적으로 통합되어 있음에도 불구하고 자명하지 않다.

자명성은 개인이 관련 명제를 (논리적으로 또는 경험적으로) 정당화할 수 있다는 사실만을 함의하지 않는다. 직관적으로 받아들인 명제는 참(또는 외관상 참)일 뿐만 아니라, 자기 설명적, 또는 칸트의 용어로 **분석 판단**으로 보인다. “모든 수는 바로 뒤의 원소를 가진다.” 왜냐하면 수 개념이 한없는 반복을 **함의하기** 때문이다. “전체는 그 각각의 부분보다 크다.” 왜냐하면 전체라는 개념은 부분의 합이라는 아이디어를 함의하기 때문이다. $A = B$이고 $B = C$이면, **분명하게** $A = C$이다. 왜냐하면 등식은 내재적으로 추이적이기 때문이다. A에 있는 것이 B에, B에 있는 것은 C에, … 등등과 같이 자동적으로 전달된다.

사실 명증의 일부를 지각한다는 것은 잠재적으로 서로 다른 다양한 현시를 가로지르는 불변량을 지각하는 것을 의미한다. 관념이 불변량 체계와 연결되어 있다는 사실이 그것의 자명성을 보장하지 않는다. 명증 느낌이 들기 위해서는 불변량이나 불변량 체계를 지각해야 한다. 사람들이 모든 수는 바로 뒤의 원소를 가진다는 것을 확실히 단언할 때, 그들은 직접 통찰을 통해 $n+1$ 등이 뒤따르는 모든 수 n의 불변의 능력을 지각한다. 이것이 ‘순수 수의 직관’이다(Poincaré, 1920, p. 20). 명제 “제3의 직선에 평행한 두개의 직선은 서로 평행하다.”는 자명하다. 왜냐하면 우리는 세 직선의 방향 동일성과 연결하여 한 직선의 방향 불변성을 취급하기 때문이다. 분석적으로 그러나 암묵적으로 그 개념에서 불변량을 발견하면, 그 개념을 속성 또는 다른 개념과 연결하는 관계에 대한 내재적인 명증의 느낌이 든다.

이것은 확실히 복잡한 교수학적 문제를 나타낸다. 무엇보다도, 우리는 개념이나 명제에 대한 형식적 이해를 개념 또는 명제의 직접 통찰로 보충하기 위한 교수학적 절차를 찾는 것이 가능한지 그리고 그것이 유용한지 결정해야 한다. 그 답이 원칙적으로 긍정적이라면, 사람들은 학생들 안에서 명증에 대한 그러한 느낌을 창조하기 위한 적당한 방법을 찾아야 한다. 예를 들어, 정리 "세 점은 한 원을 결정한다."는 분명하지 않다. 이와 대조적으로 명제 "두 점은 한 직선을 결정한다."는 분명하다. 사람들은 학생들이 원에 대한 명제를 분명한 것으로 볼 수 있도록 도와주는 것을 고려할 수 있다. 동적 절차가 아마도 도움이 될지 모른다. (컴퓨터 프로그램이 그 과제를 용이하게 할 수 있다.) 한 점(A)에서 시작하자. 가능한 원이 무한히 많다. 둘째 점을 정하자. (그 점을 B라고 하자) 여전히 가능한 원은 무한히 많지만 원의 중심은 이미 결정된 선분 즉, 선분 AB의 수직 이등분선을 따라 움직인다. 만약 셋째 점을 선택하면 한 원이 결정된다.

명제 "두 점은 한 직선을 결정한다."의 경우에는, 토대를 이루는 행동적 명증이 그 명백성을 생성한다고 가정할 수 있다. 먼저 한 점과 그 점을 지나는 무한히 많은 직선을 상상한다. 둘째 점이 직선을 확정한다. 이것은 단 한번의 지각으로 파악될 수 있는 행동이다. 원의 경우에는 절차가 더 복잡하다. 단 한 번의 종합적 지각으로 원의 자유도의 연속적 한계를 파악하기 위해서는, 한 점에서 두 점으로, 그리고 마침내 세 점으로 효과적으로 나아가야 한다.

명백성은 어느 정도까지는 **관념의 행동적 유의미성**을 표현한다고 가정할 수 있다.

요약하면 자명성의 다음과 같은 근원이 확인되었다. 행동적인 직접적 유의미성, 주어진 구조의 다양한 변형을 가로지르는 불변량의 파악, 이 변형의 내적 평형, 자명한 명제의 분석적 특성.

내재적 확실성

직관적 인식의 둘째 근본적 속성은 그것이 확실한 것으로 받아들여진다는 사실이다. 자명성과 확실성은 서로 고도로 관련이 있지만 한 쪽이 다른 한 쪽으로 환원될 수 없다. 무엇보다도 사람들은 어떠한 자명성 느낌 없이도, 명제가 참이라는 것을 완전히 확신할 수 있다. 우리는 학교에서 배운 수학적 정리들이 참이지만, 그 대부분은 자명하지 않다는 것을 확신한다. 예를 들어 피타고라스 정리, 탈레스의 정리, 삼각형의 내각의 크기의 합에 대한 정리는 자명하지 않다. 사람들은 단지 증명에 기초하여 그것들을 받아들인다.

확실성은 자명성을 함의하지 않는다. 자명성은 확실성을 함의하는가? 절대적으로 그렇지는 않다. 선분 AB와 그 위에 임의로 선택한 점 C를 생각하자. 선분 AB를 크기가 같은 두 부분으로 나누고 다시 그 각각을 반으로 나누자. 계속해서 이와 같은 방법으로 나누자. 우리는 등분점 들 중 어느 하나가 점 C와 정확히 일치하는 상황에 이르는가?

7%의 피험자들이 "그것은 때와 정황에 달렸다."고 옳게 대답했다. 그들은 '명백성'에서 높은 점수를, 그리고 '신뢰'에서 매우 낮은 점수를 받았다.

다시 말해 피험자들은 자신들의 답이 **자신들에게는** 자명한 것으로 보이지만, 문제의 복잡성 때문에 그것들이 진짜로 옳다는 것을 확신하지 못했다.

주관적으로, 확실성 느낌과 명증 느낌은 동일하지 않다. 일반적으로 말해 직관적 인지의 존재를 확인하고자 노력할 때, 그것이 개인에게 내재적 신념으로 보이는 정도를 결정해야 한다. 수치적 자료, 이름, 공식, 정리, 과학적 법칙과 같은 정보의 대부분은 증명 때문에 또는 그것이 교과서나 교사의 권위에 의해 뒷받침되기 때문에 받아들여진다. 그러나 그것들이 내재적 신념으로 느껴지지는 않는다. 즉, 그것들은 직관적으로 받아들여진 인지가 아니다. 대조적으로, 예를 들어, 유클리드 기하학의 공리들은 그것들을 가르쳤기 때문에 받아들여질 뿐만 아니라, 내재적 확실성 느낌과 함께 자명한 것으로 받아들여진다.

스피노자는 확신 느낌에 관해 다음과 같이 말한다.

> … A라는 적당한 아이디어는, 그 적당한 아이디어 A를 소유한 그 똑같은 마음속에 있을 것이다. 그러므로 적당한 사고를 가지거나, 또는 참으로 무언가를 하는 사람은, 동시에 자신의 지식 또는 참 지식에 대한 적당한 아이디어를 가지고 있어야 한다. 즉, (자명한 것이지만) 그는 동시에 확신해야 한다(Spinoza, 1967, p. 70).

다시 말하면, 참인 아이디어는 참이기 때문에 확실한 것으로 나타나야 한다, 스피노자의 관점으로는, 확신은 진정한 진리를 위한 준거가 된다. "… 빛이 그 자체뿐만 아니라 어둠도 보여주듯이 진리는 그 자체와 허위의 기준이 된다."(Spinoza, 1967, p. 70)

오늘날 확실성 느낌이 객관적 진리의 절대적 준거가 아니라는 것은 명백하다. 그럼에도 불구하고, **확실성 느낌**은 직관적 지식의 준거(즉, 개인에게 절대적 지식으로 **주관적으로** 강요되는 그 지식을 위한 준거)로 남아있다. 신뢰의 문제 그리고 사람이 자기 자신의 단언에 대해 개인이 가진 신뢰를 측정하는 문제에 상대적으로 많은 양의 연구가 수행되었다. (Echternacht, 1872; Gettys, Kelly & Peterson, 1973; Fischhoff, Slovic &

Lichtenstein, 1977; Fischbein, Tirosh & Melamed, 1981; Oskamp, 1982, Lichtenstein, Fischhoff & Philips, 1982.)

주요 방법론적 문제는 다양한 유형의 신뢰 검사를 사용하여, 자신의 답에 대한 개인의 신뢰 정도를 결정하고, 그리고 그것을 그 답의 객관적인 진실성의 정도와 비교하는 것이다.

일반적으로 사람들은 자신들의 답을 과신하는 경향이 있다는 것이 밝혀졌다. 즉 답의 옳음을 고려하면, 그들은 보증되는 것보다 훨씬 더 신뢰한다(3장을 참고하라). 지금까지 실행된 대부분의 연구는 사실에 입각한 정보와 관계가 있으며 직관의 자격을 얻은 표상이나 해석과 관계가 있는 것은 아니다. 그러나 사람들은 자신들의 지식의 약함을 간과하고, 자신의 풀이나 해석에 대해, 심지어 그것이 정당화되지 않았을 때조차도, 높은 신뢰를 표현하는 경향이 있다는 것은 주목할 만하다(특히 Fischhoff 등, 1977). 피시호프, 슬로빅, 리히텐슈타인이 보였듯이, 사람들은 자신들의 신뢰 판단에 대해 (심지어 극단적 신뢰의 경우에서도) 그 타당성에 기꺼이 돈을 걸 정도로 충분한 믿음을 가지고 있다(Fischhoff 등, 1977, 559-560).

극단적 과신의 존재를 증명하는 이 실험 결과들은, 확실성 느낌이야말로 그 자체로 진리의 타당성의 준거라는 스피노자와 데카르트의 오래된 논제를 반박한다.

수학적 명제의 직관성 정도의 측정에 관한 연구에서 우리는 직관성을 $I = \sqrt{C \times O}$ 라는 공식으로 정의했다. 여기서 I는 직관성을, C는 신뢰를, O는 명백성을 나타낸다. 신뢰와 명백성은 특별하게 개작된 설문지를 사용해서 측정되었다(Fischbein, Tirosh & Melamed, 1981). **많은 사례에서 피험자들은 정답에서 보다는 오답에서 더 많은 신뢰를 드러낸다는 것이 밝혀졌다.**

어떤 풀이에 대한 높은 명백성과 확신은(그것들이 결합하여 직관성 느낌을 생산한다.) 각각의 직관적 견해의 강건성을 결정한다. 그것이 옳지 않다고 해도 그것들을 제거하기는 매우 어렵다. 이 범주의 잘못된 강건한 지식은 특별한 교수학적 주의(care)에 대한 필요를 강요한다. 경험은 강건한 직관은—그것이 옳든 그르든 간에—심지어 체계적이고 형식적인 지도에 의해 모순이 될 때조차도 살아남는 경향이 있다는 것을 보였다.

강건성

방금 언급했듯이, 일단 형성된 직관은 매우 강건하다. 학생들에게 개념적 지식을 제공하는 형식적 지도는 이따금 학생들의 직관적 배경에 거의 영향을 미치지 않는다. 잘못된 직관은 우리의 일생에서 옳은, 개념적 해석과 함께 살아남을 수 있다. 우리는 수백만 년 동안 태양 주위를 도는 구면체 즉, 지구에서 살고 있다는 것을 안다. 그럼에도 불구하고, 우리는 그러한 표상을 직관적으로 받아들이는 데 대단한 어려움을 겪는다. 우리는 물질이 분자들로 구성되고, 분자는 원자들로 구성되며, 원자는 엄청난 속력으로 움직이는 극도로 작은 입자들로 구성된다는 것을 알고 있다. 그럼에도 불구하고 물질들이 움직이는 입자들로 구성된다고 직관적으로 표상하는 것은 실제적으로 불가능하다. 우리는 우리가 그렇게 배웠다는 것을 인정하지만, 그러한 표상을 자연스럽고 명백한 것으로 내면화할 수는 없다. 물질 특히 고체의 조밀함은 내재적 속성으로 직관적으로 나타난다.

직관적이고 강건한 표상과 과학적으로 획득된 개념 사이의 그러한 모순의 생존은 교사들에게는 어려움의 영원한 원천이다. 추천할 수 있는 주요 절차는 학생들이 갈등을 의식하게 하고, 개념적 스키마를 통해 자신들의 직관에 대한 통제력을 개발하도록 도와주는 일인 경우가 매우 흔하다.

강제성

직관은 개인의 추론 방식에 강제 효과를 발휘한다. 직관은 주관적으로 개인에게 그 자체로 절대적이고 유일한 표상 또는 해석을 주관적으로 강요한다. 일반적으로, 다른 대안들은 받아들일 수 없는 것으로 배제시킨다. 우리는 직선 밖의 한 점을 지나는 단 하나의 평행선만 그릴 수 있다는 것을 분명한 것으로 받아들인다. 우리는 다른 대안, 예를 들어 어떠한 평행선도 그릴 수 없다(리만 기하학), 또는 무한히 많은 평행선을 그릴 수 있다(로바체프스키 기하학)는 것을 직관적으로 받아들이지 못한다.

도함수 없는 연속함수의 가능성을 생각하면서 유명한 프랑스의 수학자 에르미트(C. Hermite)는 다음과 같이 말했다. “나는 공포에 떨며 도함수 없는 연속함수라는 유감스러운 상처를 외면한다.”(LeRoy, 1960, p. 329)

탠너리(Tannery)의 다음 진술 역시 이것과 관련된다.

> 나는 우리가 원하는 만큼 구간 (1, 0) 내의 모든 점에 근접할 수 있는, 그리고 그 각각의 점은 작은 선분으로 둘러싸여질 수 있지만, 그 선분들의 합은 구간 전체를 덮지 않는 유리수 점들에 대해 매우 놀랐다(LeRoy, 1960, p. 329).

과학과 수학의 역사에서, 직관의 강제적 본성은 틀린 해석의 영속화에, 그리고 심지어 옳은 해석이 논리적으로 증명된 후에도 그것을 받아들이는 것을 못마땅해 하는 데 빈번히 기여했다. 물체는 힘이 그것에 투자되었기 때문에 움직인다(뷔리당)는 임페투스 이론은 관성과 등속 운동의 진정한 본성의 이해를 매우 오랫동안 방해했다. 지구를 우주의 중심으로 생각하는 직관적 아이디어는 태양계의 역학에 대한 코페르니쿠스적인 옳은 개념작용의 발달을 방해했다. 나는 이미 다음 예를 제시했다. 선분을 크기가 같은 조각으로 계속 분할한다고 가정하자. 등분점 중 어느 하나가 선분 위의 임의로 선택한 점과 일치할 수 있는가? 77% 이상의 학생이 긍정적으로 대답했다. 그러나 그것은 오답이다. 선택한 점이 무리수라면 연속된 분할에서 어떠한 점도 그것과 일치할 수 없다. 왜냐하면 등분점들은 모두 유리수이기 때문이다. 이 학생들은 7학년부터 무리수를 학습하기 시작했다. 그럼에도 불구하고 그들은 옳지 않게 대답했다. 등분의 조작이 무한히 반복된다면 **직관적으로** 그것은 잠재적으로 **모든** 점과 **만나야만** 한다! 무한에 대한 원시적 직관의 강제 효과가 학생들로 하여금 **결코** 도달할 수 없는 점이 존재한다는 사실을 받아들이지 **못하게 한다.** 이 개념작용에서 무한은 절대적인 제한이 없는 것과 동치이다.

사람들은 기하학적 점이나 선을 (어떤 가느다란 그래프 표현을 사용하여) 시각화하지 않고서는 생각할 수 없다. 우리는 이 직관적 표현의 덫에 빠진다. 우리는 시간을 공간화하지 않으면 즉, '긴' 구간 과 '짧은' 구간 같이 시간을 구간으로 나누지 않고는 시간에 관해 생각할 수 없다. 시간의 직관적 표상은 베르그송의 의미에서 보면 지속(duration)에 대한 직접적 느낌 – 그리고 그러한 표상은 개념적으로 조종가능하지 않다 – 이거나 아니면 직관과 이성(reason) 모두에게 받아들여질 수 있는 공간화된 시간 표상이다. 시간에 대한 베르그송의 해석으로는 오직 직관만이 순수한 지속을 파악할 수 있다. 우리는 공간화된 시간 표상 역시 직관적 정교화의 문제라고 생각한다. 우리는 시간 연산을 직접, 자동적으로, 공간 표상으로 바꾼다. 그러면 시간은 시간 구간의 측정을 포함하는 개념적 연산의 문제가 된다. 시간 측정은 구간의 덧셈, 뺄셈, 곱셈, 나눗셈 개념을 함의한다. **구간**이라는 용어 그 자체는 시간과 공간의 구간 모두에 관련된다. 우리는 공간 구간이라는 직관적인 시간 표상의 덫에 빠지며, 일반적으로 그것에서 벗어날 수 없다. 워프(B. L. Whorf)의 가설에 따르면[23], 시간 표상은 상상의 대상을 셀 수 있는 능력을 포함한 표준 유럽 언어의 구조와 관계가 있는 문화적 산물이다(Bolton, 1972, pp. 212-214 참조).

직관적 지식의 강제성과 증명에 의해 고취된 확신을 명확히 구별할 수 있다. 증명이 틀리다는 것이 발견되면, 주관적으로 우리의 확신을 포기하는 것은 어렵지 않다. 그러나 직관적 확신, 직관적 해석은 쉽게 근절되지 않는다. 그것은 우리의 정신적 스키마의 필수 부분을 형성한다. 직관이 일반적으로 고립된 정신 개념작용이 아니라는 사실이 직관의 명령성을 설명할 수 있다. 그들은 종합적 구조에서 조직화된 근본적인 정신적 제약을 표현한다. 우리는 우리의 공간 직관을 쉽게 포기할 수 없다. 왜냐하면 그것은 우리의 삶과 행동 방식의 필수 부분이기 때문이다. 칸토어 정리는 우리의 정신적 스키마의 유한성과 모순되며, 따라서 그것이 우리의 자연스런 정신적 태도를 대체할 수 없다.

듀발(R. Duval, 1983)의 논문에서 한 예를 인용하자. 자연수 집합과 짝수 집합이 상등임을 (증명과 함께) 학습한 후, 듀발의 피험자 중 한 명이 다음과 같이 말한다.

> 피험자: 그렇게 간단한 문제에 그렇게 이상한 답이 나온다는 것이 놀라워요.
> 실험자: 너는 켤레수(pair numbers)에 대한 문제를 말하는구나.
> 피험자: 네.
> 실험자: 이것이 매우 간단한 문제이니?
> 피험자: 네.
> 실험자: 지금도?
> 피험자: 네, 제게는 비현실적인 것처럼 보여요.
> 실험자: 비현실적이라고?
> 피험자: 그것은 무한에 관한 것이에요. 이상해요.
> 피험자: 자연수 집합에는 항상 짝수 **그리고** 홀수가 있어요. 그리고 사람들은 그 두 집합이 상등이라고 말하지요.
> 실험자: 네 답에 확신하니?
> 피험자: 아. 예! (Duval, 1983, pp. 397-398).

그리고 듀발은 다음과 같이 논평했다.

23 (역자 주) 워프의 가설(Whorfian Hypothesis)은 개인의 세계관은 모국어에 의해서 결정된다고 하는 설이다.

> 티에리(피험자 1)가 자신의 마지막 개입의 끝에서 정반대인 두 결론을 표현했기 때문에, 그가 그것들 사이의 객관적 모순의 인정이라는 단지 그 효과로 그러한 역설을 의식하게 된 것은 아니었다. 그가 그 갈등을 의식하게 된 것은, 오직 그 결론 가운데 하나가 너무나 강력하고 너무나 현저해서, 어떠한 의문도 배제하는 것 같은 명증을 나타냈기 때문이었다 (Duval, 1983, p. 400).
> 모순을 의식하는 것은 토론에서 출현할 수 있는 두 관점 사이의 갈등과는 다르다. 토론에서는 한 관점이 다른 관점을 뒤엎지 않는 한, 맞선 입장의 상대성을 인정하는 것은 게임의 일부이다(Duval, 1983, p. 400).

이것은 형식적-논리적 논쟁에서 노출되듯이 어쨌지 규약적인 관점의 상대성과 직관적 수용의 외관상의 절대성 사이의 기본적 차이이다. 직관의 강제적 본성에 대해서는 후자가 관련된다.

이론적 지위

직관은 이론(또는 소이론)이며, 결코 기능 또는 주어진 사실의 지각에 불과한 것이 아니다.

사람들이 "직선 밖의 한 점을 지나면서 그 직선에 수직인 직선을 오직 하나 그릴 수 있다."는 것을 직관적으로 받아들일 때, 그들은 그 명제의 필연성과 일반성을 받아들인다.

우리는 "만나는 두 직선은 같은 맞꼭지각의 쌍을 결정한다."고 단언하며, 그리고 이것이 자명하다고 주장한다. 확실히 우리는 이미지를 지각하면서 각의 같음을 안다. 그러나 이것은 지각이지 직관은 아니다. **우리가 직관하는 것은 속성의 보편성이다.**

직관의 이론적 속성은 몇 가지 측면을 의미한다. 직관은 결코 단지 속성의 보편성을 진술하는 것에, 아니면 어떤 사실의 지각에 한정된 것이 결코 아니다. 직관에서 사람들은 일반적으로 특정한 실재를 통해 원리의, 관계의, 법칙의—불변량의—보편성을 파악한다. 유클리드 공준을 직관적으로 이해하는 것이 우리가 **실제로** 어떤 선분에 평행한 다른 선분을 그릴 수 있다는 것을 의미하지 않는다. 그 공준을 직관적으로 받아들인다는 것은—**실제적으로 가능한 어떠한 명증을 넘어**—우리는 두 직선이 서로 만나지 않고 양방향으로 언제까지나 연장될 수 있음을 절대적으로 확신한다고 느낀다는 것을 의미한다.

동시에, 우리는 두 평행선을 특정한 선분의 잠재적인 무한 확장으로 상상한다. 선분은 유클리드 공준에서 표현된 일반 속성에 직관성을 부여한다. 머릿속에서 직선을 양방향으로 계속 연장하면서 우리는 그 선들이 서로 만나지 않고 언제까지나 연장될 수 있음을 동적으로 '본다.'

그러면 직관은 순수 이론이 아니다. 직관은 모델—패러다임, 유비, 다이어그램, 행동적 구성물 등—을 사용한 특정한 표상으로 표현된 이론이다.[24]

외삽성

이것이 우리를 외삽성이라는 속성으로 데려간다. 웨스트코트는 "직관은 개인이 결론에 도달하기 위해 통상적으로 요구되는 것 보다 덜 명시적인 정보에 기초하여 그 결론에 도달하려 할 때 발생한다고 말할 수 있는 것으로 보인다."고 서술한 바 있다(Westcott, 1968, p. 97).

웨스트코트는 이 정의를 직관을 측정하는 방법의 이론적 기초로 사용했다. 여기서 피험자는 다섯 단서 문제를 풀어야 했다. 그는 이전 단서에 관해, 자신의 요청에 따라, 연속적으로 얻어진 정보에 기초해서 최종 단서를 결정해야 했다. 예를 들어, 피험자가 '1월'을 본다. 그는 정보를 더 요구한다(둘째 단서). 그는 '2월'을 얻는다. 그렇게 되면 그는 다섯째 단서가 5월이어야 한다고 결정할 수 있다. 또 다른 예의 첫째 단서는 326-1957이다. 둘째 단서를 요구해서 그 피험자는 732-6195를 얻는다. 그는 이 문제를 풀 수 없다. 그는 셋째 단서를 요구하고, 그것은 573-2619이다. 그러자 그는 다섯째는 195-7326이어야 한다고 결정한다(Westcott, 1968, p. 215). 개인의 직관적 능력의 측정은 그가 그 문제를 풀기 위해 얼마나 많은 단서를 필요로 하는가에 좌우된다. 높은 직관력을 가진 개인은 단지 적은 수의 단서에 의지하여 풀이를 짐작한다. 흥미롭게도 바틀렛(F. Bartlett)은 '최소 정보(항목의 수라는 관점에서)를 활용하는 능력과 고급 지능 사이에 직접

24 (역자 주) 이 번역서에서는 analogy를 '유비(類比)'로, analogic 또는 analogical을 '유비적'으로 번역한다. 이들을 각각 '유추', '유추적'으로 번역하는 것도 가능하다. 그러나 유비와 유추는 다소 다르다. 유비는 '사물 상호간에 대응하여 존재하는 동등성 또는 동일성'을 의미하는 반면에, 유추는 '두 개의 사물이 여러 면에서 비슷하다는 것을 근거로 다른 속성도 유사할 것이라고 추론하는 일을 의미한다. 역자는 이 책에서는 analogy가 유추라는 추론 행위 그 자체를 나타내기보다는 주로 두 사물 사이의 동등성 또는 동일성을 의미한다고 보았다. 그러한 이유에서 이 번역서에서는 analogy를 '유비'로, analogic 또는 analogical을 '유비적'으로 번역한다. 유비에 대해서는 제12장을 참고하기 바람.

적 관계가 있을 수 있는지'를 숙고할 때, 지능의 가능한 측정과 거의 같은 테크닉을 제안했다(Bartlett, 1958, p. 31).

직관은 언제나 바로 곁의 자료를 능가한다. 그러나 외삽적 짐작이라는 것은 직관을 정의하기에는 충분하지 않다. 확실성 느낌 또한 직관의 필연적 특징이다. 그렇지 않다면 **그것은 짐작에 불과하다.** 정보의 불완전성과 내재적 확신의 이 특정한 결합이 바로 직관을 가장 잘 특징짓는다.

외삽성 측면이 항상 분명한 것은 아니다. 왜냐하면 직관의 외관상의 명백성이 직관이 근거하는 정보의 불완전성을 감추기 때문이다. 예를 들어 "직선 위에 있지 않은 주어진 점을 지나는 오직 하나의 평행선을 그릴 수 있다."는 공준을 다시 생각하자. 그 명제는 직관적으로 분명하다. 그것은 추가적인 정보도 어떠한 논리적 증명도 요구하는 것 같지 않다. 사실상 그 명제는 매우 제한된 경험을 무한으로 외삽한다. 그러나 그 명제의 외관상의 명백성이 더 깊은 증명의 필요(그리고, 물론 불가능성)를 감추고 있다.

푸앵카레는 순환 추론법을 특징짓는 직관적 도약을 강조했다. 명제가 1에 대해 참이고, $n-1$에 대해 참일 때, 그 명제가 또한 n에 대해서 참이 된다면 사람들은 그 명제가 모든 n에 대해 참이라고 결론 내린다. 그 추론은 '가설적 삼단논법의 소폭포'를 지나면서 진행된다. 1에 대해 참이라면 그것은 또한 2에 대해 참이고, 2에 대해 참이라면 3에 대해서도 참이다. 등등. 그것은 절대적인 확신을 갖고 **그 정리가 모든 n에 대해서 참**이라고 결론내리는 데에 충분하다.

수학적 귀납법이 의지하는 원리는 경험에 의해 얻어지는 것이 아니다. 경험을 통해서 사람들은 논의 중인 추리가 앞에서부터 처음 열 개까지 또는 심지어 처음 백 개까지 참이지만 자연수 전체의 무한집합에 대해서는 참이 아니라는 것을 학습할 수 있다.

다른 한편, 순환적 유형의 추리를 뒷받침하기 위한 어떠한 분석적 증명도 없다. **무한을 다룰 때 경험과 분석적 추론은 그 자체로는 절대적 신뢰를 위한 기초를 만들어 낼 수 없다.** 또한 몇몇 기하 공리가 그러하듯이, 수학적 귀납 역시 규약에 근거하지 않는다는 것은 명확하다. 그렇다면 순환적 증명에 기초하여 도출된 결론의 보편성은 무엇에 의지하는가?

> (푸앵카레가 묻기를) 이 추론은 왜 그 자체를 저항할 수 없는 명증으로 우리에게 강요하는가? 이것은 (그가 말하기를) 일단 이 행동이 가능하면, 정신이 그 똑같은 행동의 무한 반

> 복을 생각할 능력이 있다고 느끼는 것은 그 정신력의 단언 때문이다.
> 그 정신은 이 힘의 직접 직관을 소유하며, 경험은 오직 그것을 사용하고, 그리고 그것을 의식하게 하는 기회를 나타낼 뿐이다(Poincaré, 1906, pp. 23-24).

르로이(E. LeRoy)의 간결한 버전에 따르면 "순전한 직관만이 논리적 무한을 산출한다." (LeRoy, 1960, p. 337).

이 종류의 직관적 도약은 수학에서 무한 과정이나 무한집합을 취급할 때 항상 개입해야 한다. 사람들이 동적 형태의 무한을 다루는 한 어떠한 외관상의 어려움도 없다. 사람들은 항상 더 큰 수를 구성하거나 또는 언제까지나 직선을 연장하는 과정과 같이 자연스럽게 가정의 한없는 계속을 생각할 수 있는 것 같다. 푸앵카레가 '그 똑같은 행동의 무한 반복을 생각할 능력이 있다고 느끼는 그 정신력'을 언급할 때 참조한 것이 바로 이 유형의 상황이다. **가무한의 관념은 가장 순수한 방식으로 직관 그 자체의 외삽력을 직접 표현한다.**

실무한으로 넘어가고자 노력할 때 상황은 급진적으로 바뀐다.

톨(D. Tall)은 0.9999…의 의미에 관해 자신의 학생들에게 질문했을 때 많은 학생들이 0.999…=1을 받아들이지 않는다는 것을 보였다. 사람들은 직관적으로 0.9, 0.99, 0.999, …라는 한없는 수열을 생각할 수 있다. 그러나 단순히 0.99…=1이 **무한 연속이 정말로 실현되었음을** 함의할 것이기 때문에 0.99…=1이라는 것을 보는 데 근본적 어려움이 있다. 이것은 무한집합을 비교할 때도 똑같다. 일반적으로 칸토어 정리를 직관적으로 받아들이지 않는다. 이 사실로부터 사람들은 **직관의 외삽력은 실무한집합에는 적용되지 않는다는 것을 학습할 수 있다.** 직관의 외삽력은 바로 그 본성상 동적이고 구성적이다. 만약 사람들이 정말로 주어진 것으로 간주되는 무한집합을 언급하면, 그것의 예측적이고 설명적인 능력은 끝난다. 직관적으로 그러한 집합은 끝없는 과정의 최종 상태를 의미하는바, **자연스럽고 직관적인 말로 보면, 이것은 모순된다.**

그래서, 심리적으로, 사람들은 특정한 주어진 사례를 통해 직관에 의해 파악된 보편성이 실제의 보편성을 지시하기보다는 잠재적 보편성을 지시한다고 가정할 수 있다. 우리가 귀납에 기초하여 직관적으로 일반화하는 경향이 있을 때, 우리는 그 개념(보편적 아이디어)이 사람들이 **잠재적으로** 원소류에 부착할 수 있는 술어라는 것을 의미한다. 직선 밖의 한 점에서 그 직선으로 가는 최단 경로는 그 점에서 내린 수선임을 단언할 때, 우리가 정말로 모든 거리를 시도하고 비교해 보았다는 것을 의미하지 않는다. 우리는 오직 언제까지나 시도하는 것이 **가능하고** 그리고 항상 수선보다 긴 거리를 얻게 될 것임을 의미한다. 실무한은 직관적으로는 받아들일 수 없는, 순수한 논리적, 개념적 구성물이다. 그것은 어떠한 행동적 의미도 갖지 않으며, 자명할 수 없고 내재적으로 강제적일 수 없다.

이미 말했듯이, 직관은 이론이지, 어떤 주어진 사실의 단언이 아니다. 그 특유의 외삽성의 덕택으로 직관은 항상 사용할 수 있는 정보가 제공하는 사실을 능가한다. 그러나 일반적으로 외관상의 명백성과 확실성이 직관의 그 추측적 구조를 감춘다. 외삽된 아이디어에 확실성을 부여하는 것은 사실상 직관적 인지의 근본적 역할이다.

전체성

직관은 그 본성상 추론적인(discursive) 분석적 사고에 대립하는 것으로서, 전체적, 종합적 견해로 서술된다. 르로이는 직관과 관련하여 다음과 같이 말한다.

> 직관은 늘 어떠한 예비 분석도 없는 직접적, 민첩한 시각의, 종합적 견해이다. 단계별로 진행되고, 관념을 하나씩 관련지으며, 한 관점에서 다른 한 관점으로 천천히 나아가는 강화(discourse)가 과학을 확립하는 데 충분하지 않을 것임은 명확하다. 이 과정은 그것을 적응하게 하고, 그것에 생명을 불어넣기 위해 다른 조치 즉, 갑작스런 계시라고 하는 뜻밖의 행운, 축소된 이미지로 되어있는 거대한 실질적인 앙상블에 대한 압축된 강의에 의해 부단히 이어진다(LeRoy, 1960, pp. 327-328).

직관의 전체적 특성은 게슈탈트 개념을 생각나게 한다. 직관은 어떤 상황에 대해 단일한, 전체적 견해(또는 통찰)를 제공하는 구조화된 인지이다. 사람들은 직관의 결정화를 지배하는 법칙이 부분적으로 게슈탈트의 법칙으로부터 나왔거나, 또는 적어도 그것과 유사하다고 생각할 수 있다. 예를 들어 사람들은 직관적 견해의 구조화에서의 유비의 역할과, 게슈탈트의 의미가 그것을 구성하고 있는 이산적 원소들에 의하기보다는 그것의 기본적인 내적 종속성에 의해서 결정된다는 사실을 그럴듯하게 연결할 수 있다.

만약 사람들이 개인의 흑백 사진을 본다면, 사람들은 그 사진의 색과 크기의 절댓값이 다름에도 불구하고 즉각 그 사람을 알아본다. 사람들은 세세한 것을 생각하는 것에 의해서가 아니라 게슈탈트를 파악함으로써 그 이미지를 확인한다.

만약 학생이 처음으로 각기둥의 부피에 대한 공식을 찾는 문제를 접한다면, 이 공식이 직사각형의 넓이를 계산하기 위한 공식과의 유비에 의해 떠오를 수 있다. **전체적으로** 두 상황은 유사하며, 두 절차 모두에 밑변과 높이를 곱한다는 똑같은 기본 아이디어가 있다. 한 상황에서 다른 상황으로의 전이는 연역을 통해서 이루어지는 것이 아니라 두 경우 모두에 공통인 전체적 상황과 풀이 아이디어를 직관적으로 직접 파악함으로써 이루어진다.

폴라니(M. Polanyi)는 직관적 지식, 그리고 일반적으로, 과학적 지식에서 게슈탈트의 역할에 광범위한 관심을 기울였다. 그는 다음과 같이 서술한다.

> … 암묵적 지식의 구조에서 우리는 우리가 일일이 열거할 수 없는 단계를 거쳐 발견을 산출하는 메커니즘을 찾았다. 그래서 이 메커니즘이 과학적 직관을 설명할 수 있다. 그러한 직관은 라이프니츠 또는 스피노자 또는 후설이 직관이라 부른 최고의 즉각적 지식이 아니라, 바르게 짐작할 가능성이 있는 과학적 짐작하기를 위한 일상의 기능이다(Polanyi, 1969, pp. 143–144).

과학적 직관은 (그리고 사실상 일반적으로는 직관은) 어떻게 작용하는가?

폴라니는 직관의 통합적 능력과 지각의 통합적 능력 사이의 깊은 유비를 보았다.

> 그러한 암묵적 힘이 참 결론을 성취하고 지탱할 수 있게 하는 논리로 방향을 돌려야하는 지점은 언제인가? **우리는 지각의 예를 조회해야 한다.** 과학적 앎은 본성상 참 일관성을 지시하는 게슈탈트를 식별해내는 데 있다(Polanyi, 1967, p. 137).

그러한 통합적, 암묵적 과정은 잠재의식적 단서와 의식과 무의식이 넘나드는 경계의 단서라고 하는 두 유형의 단서에 근거한다. 잠재의식적 단서는 전혀 관찰할 수 없는 반면에, 의식과 무의식이 넘나드는 경계의 단서는 시야의 귀퉁이에서 관찰될 수 있다. 그러나 일반적으로 우리의 관심의 초점 안에는 들어오지 못한다. 잠재의식적 단서와 의식과 무의식이 넘나드는 경계의 단서는 모두 대상에 초점을 맞추는 자각에 종속된다 (Polanyi, 1967, pp. 139–140).

직관은 다소 구조화될 (내적으로 조직화될) 수 있으며, 결과적으로, 다소 안정적이다. 몇몇 상충되는, 현저한 반대 명증의 영향 아래 상대적으로 쉽게 붕괴될 수 있는 초기의 미숙한 직관이 있다. 새 학급에서 자신의 학생들 중의 한 명의 행동을 관찰하는 교사는 처음에는 그 아이가 열심히 공부하는, 동기 부여가 잘 된 학습자라고 직관적으로 가정할 수 있다. 사실 그 교사는 뒤늦게 그 좋은 인상이 오직 피상적이고 경솔한 정보에 근거했음을 발견할 수 있다. 다른 한편, 개인의 경험에 깊게 뿌리를 내린, 내적으로 서로 매우 잘 연관된, 동시에, 그 사람의 정신적 기능과 스키마의 전체 구조와 매우 잘 유기적으로 연관된 강력한 직관이 있다.

이른 아동기에 개발되는 공간 직관의 집합체는 그러한 완벽하게 구조화된 직관적 체계의 예이다.

암묵적 정교화에 근거한 직관의 전체성은, 일반적으로 단일하고 조밀한 의미를 제공하도록, 조화하지 않는 단서는 제거하고, 그 밖의 단서를 조직하는 경향이 있는 선택 과정에서 표현된다. 바로 이 유형의 일관성이 변화에 대한 저항, 형성된 직관의 강건성을 설명해 준다.

암시성

여기서 직관은 일반적으로 개인에게 자명하고 자기모순이 없는 인지로 보인다는 것이 단언되었다. 이것은, 직관적 반응이 사실상 암묵적인, 기초를 이루는 과정과 메커니즘의 표면 구조 표현이라는 가정을 배제하지 않는다.

우리가 위에서 언급했던 외삽 현상은 보통 무의식적 방식으로 작용한다. 유클리드식의 평행선 공준을 받아들이는 학생은 일반적으로 자신이 어떠한 검증가능성도 넘어 제한된 경험을 외삽한다는 것을 의식하지 못한다. 고체의 관념을 정의하도록 요구받은 학생은 일반적으로 자신이 예를 들어 금속 조각이나 돌과 같은 어떤 딱딱한 물체라는 패러다임을 염두에 두고 있다는 사실을 의식하지 못한다. 그 정의는 특정한 사례에 의해 떠오른 것이다. 분말을 어떤 범주(고체, 액체)에 할당하는 과제에 직면한 피험자는 당황한다.

사람은 계속해서 동전의 뒷면이 몇 번 나온 다음에는 "앞면이 나올 확률이 더 높다."고 주장한다(부정적 최신 효과)[25]. 그는 자신의 틀린 (직관적) 예측 메커니즘을 의식하지 않는다. TTTT가 나올 확률은 TTTH의 **순서로** 나올 확률과 정확히 똑같다. 그러나 T가 3번, H가 1번 나올 확률은 T가 4번 나올 확률보다 높다(순서가 어찌되었든). 그 두 문제는 피험자의 마음속에서 무의식적으로 혼란스럽다.

25 (역자 주) 최신 효과(recency effect)는 자유 회상 과제에서 마지막 항목들이 잘 회상되는 것을 의미한다.

앤더슨(H. N. Anderson)과 윌케닝(F. Wilkening)은 다양한 크기(예를 들어 넓이, 속력, 확률)를 직관적으로 비교할 때 어떤 대수적 계산(덧셈, 곱셈 등)이 무의식적으로 일어나는 바, 오직 상세한 통계적 분석만이 이 암묵적 연산의 실재를 드러낼 수 있다고 주장한다. (Wilkening & Anderson, 1982, 1984).

'보존'하는 아동은 차원의 변화를 (무의식적으로) 보상한다.

운동중인 물체를 떨어뜨렸을 때, 그 낙하하는 물체의 궤도를 '똑바로 내려오는' 직선으로 그리는 사람은 자신의 임페투스 이론에 무의식적으로 영향을 받는다(물체가 떨어뜨려진 후에는 자기 자신의 수평적 임페투스는 소유하지 않고, 오직 그것의 무게가 강요한 궤도를 따른다).

융(C. Jung)에 의하면, 직관은 무의식적으로 그리고 무비판적으로 가능성, 원리, 함의, 그리고 상황을 총괄적으로 지각한다(Westcott, 1968, p. 34 참조).

직관이 근거하는 과정의 암묵적 특성은 그것의 외관상의 명백성을 설명한다. 그것은 직관에 대한 자기 통제를 어려운 과제로 만든다. 그것은 또한 연구자의 연구를 상당히 복잡하게 한다. 직관은 암묵적 전략을 감출 뿐만 아니라, 분석이 직관의 내재적 확실성, 그것의 조밀함, 그것의 강건성을 전멸시켜 버릴 것이기 때문에 자동적으로 어떠한 분석과도 대립한다.

어떤 사례에서는 직관적 평가나 해석이 직관적 수단 즉, 주로 직관적 모델과 실제적 활동을 신중히 사용한다. 예를 들어 원자 구조를 해석하기 위해 태양계와의 유비를 사용한다. 조합 문제를 위해 수형도를 사용한다. 벡터의 크기를 나타내기 위해 유향선분을 사용한다. 그러나 그러한 경우에서도 역시, 직관적 이해가 일어나게 하는 내면적 (intimate) 과정은 개인에게 거의 알려지지 않는다.

원래의 것을 모델과 동일시하는 것, 또는 **그 역은** 개인이 의식하지 않는 어떤 규칙의 토대에서 일어난다. 보통 그 사상 과정은 게슈탈트에서 게슈탈트로 전체적으로 수행된다.

요약

지금까지 서술된 직관적 인지에 대한 다양한 특성을 요약하고자 노력하면, 사람들은 아무래도 당혹스러움을 느낄 수 있다. 이 특성들은 모순되어 보일 수 있거나, 또는 적어도 따로따로 떨어진 것으로 보일 수 있다. 즉각성이 전체성과 관계가 있다고 생각할 수 있지만, 그 두 측면이 외삽적 추리와 무슨 관계가 있는가? 내재적 확신의 느낌이 다만 그럴듯한 짐작에 불과한 것과 결합되었다는 것이 어떻게 일어나는가?

사람들이 감각적 지각의 비유에 의지한다면 그 그림은 유의미하고 모순이 없게 되는 것 같다.

길을 건너려고 준비할 때 다가오는 차들을 관찰하기 위해 주위를 둘러본다. 전체적이고 민첩한 시각으로 차를 보고, 그 차의 속력을 가늠하고, 자신과 차 사이의 거리가 줄어드는 것을 지각한다. 여러분은 이미 일어난 것, 또한 어떤 순간에 일어나고 있는 것뿐만 아니라, 가까운 미래에 일어날 것으로 기대되는 것에 대한 전체적인, 그러나 완벽하게 구조화된 그림을 얻는다. 결과적으로 여러분은 유입되는 이 모든 정보에 대해 거의 반사적인 방식으로 여러분의 행동을 적응시킨다. 여러분이 알지 못하는 것도 많이 있다. 예를 들어 여러분은 차량의 정확한 속력을 알지 못한다. 다음 순간에 무슨 일이 일어날지, 운전자의 의도가 무엇인지 여러분은 확실하게 알지 못한다.

그러나 여러분은 거의 자동적으로 여러분의 즉각적 행동을 지령하는 전체적 이미지 안에서 이 모든 과거, 현재, 미래의 가정된 사건들을 혼합한다.

직관적 인지와의 유비는 현저하다. 직관적 인지에서 '주어진 것'과 '그럴듯한 것'은 하나의 전체적인, 외관상 자기모순이 없는, 자명한, 확실한 아이디어에서 혼합되는 바, 그것은 다음의 정신적 단계의 전략을 생각나게 하고 안내한다. 내가 이미 말했듯이 폴라니도 직관과 지각 사이의 이 유비를 사용했다.

그러나 우리의 이론은 사람들이 여기서 단순한 은유 이상의 것을 가진다는 것이다. 지각이 감각적 수준에서 이행하는 기능을 직관이 지적 수준에서 이행한다. 직관은 (정신적 또는 실제적) 행동에 대한 직접적, 인지적 전조이다. 그것은 행동적으로 유의미하고, 내재적으로 신뢰할 수 있는 구조로 정보를 조직한다.

다음 장에서는 다양한 분류 체계를 제안함으로써 직관의 분석을 계속한다.

5

직관의 분류

직관이라고 하는 복잡한 영역을 명확히 하기 위하여 다양한 분류가 시도되었다.

푸앵카레는 (a) 감각 및 상상과 관계가 있는 직관, (b) 경험적 귀납으로 표현된 직관, (c) 수학적 귀납법의 (그리고 일반적으로 수학적 추론의) 원천이 되는 순수 수의 직관에 관하여 서술한다(Poincaré, 1920, p. 20).

최근에, 밤(A. Bahm, 1960)은 객관적 직관(외적 세계에 대한 즉각적 각지), 주관적 직관(자신에 대한 즉각적 각지), 그리고 유기적 직관(그것으로 대상과 피험자가 각지에서 즉각적으로 함께 나타나는)의 세 가지 유형의 직관을 언급했다(Westcott, 1968, p. 19).

피아제의 분류

피아제에 의한 직관의 분류는 훨씬 더 복잡하다. 피아제는 몇 가지 가능한 이분법을 언급한다. 첫째 이분법은 **경험적** 직관과 **조작적** 직관을 구별한다. 경험적 직관은 (예를 들어 물체의 무게와 같은) 대상의 물리적 속성의 평가, 또는 (예를 들어 지속에 대한 직관과 같은) 내관(introspection)에 의해 알려진 진짜 심리적 경험에 관련된다. 조작적 직관은 대상 및 심리적 현상과 관계가 있는 행동에 관련된다.

둘째 이분법은, 오직 조작적 직관에 적용되는 것으로, 이미지를 수반하는 직관(기하학적 직관)과 이 속성을 갖지 않은 직관(이산적 대상의 조작)을 구별한다. 기하학적 직관이 각각의 논리적 조작과 동질적이라는 사실이 기하학적 직관을 특징짓는다(Beth & Piaget, 1966, pp. 223-225). 예를 들어, 원의 관념을 생각하자. (기하학적 도형으로서의) 원의 **이미지**와 원 개념은 완전히 일치한다. (기하학적 도형으로서의 원에는 주어진 개념에서 표현되는 것 이상의 것은 없다.)

예를 들어, 사람들이 어떤 분류를 수행할 때 상황은 달라진다. 분류 조작이 수행되는 대상에 대한 이미지와 (논리적 과정으로서의) 조작 그 자체는 본질적으로 이질적인 것으로 남는다. 오직 공간을 취급할 때만 개념과 그것에 대응하는 이미지 사이에 가능한, 완전한 동형사상(isomorphism)이 있다.

조작적 직관에 관련된 둘째 분류는 일반적으로 **그림** 직관 즉, 이미지에 의해 표현되는 직관(이미지가 풍부한 직관)과 엄밀한 의미에서의 (논리-수학적 개념에 관련된 직관인) 조작적 직관 사이의 더 일반적인 구별을 시사한다(Beth & Piaget, 1966, p. 224).

피아제가 직관이라는 용어에 부여한 일반성 때문에 그의 분류를 따르기는 어렵다. 피아제의 용어로 지적 활동은 직관적이거나 아니면 형식적이다. 결과적으로 형식적 조작기 이전의 아동들이 수행할 수 있는 거의 모든 지적 활동은 직관적 기초 위에서 이루어지는 것으로 생각할 수 있다.

역할과 기원에 근거한 직관의 분류

피아제의 분석과 대비하여 여기서 제안하는 직관의 분류는 그 역할이나 기원, 다른 유형의 인지와의 관계성과 관계가 있다.

애초부터 이 구별이 절대적인 것과는 거리가 멀다는 것을 말하기로 하자. 우리가 빈번히 강조했듯이, 지식의 직관적 형태는 비록 특유한 현시에서 매우 다르더라도 똑같은 기본적, 적응 메커니즘을 반영한다.

역할에 근거한 분류

첫째 분류에 의하면, 직관은 **단정적** 직관, **추측적** 직관, **예상적** 직관, **결론적** 직관으로 무리지어질 수 있다.

이 분류는 직관과 풀이 사이의 관계성을 고려한다. 단정적 직관에서 풀이 요소는 암시적이다. 추측적 직관에서 풀이 측면은 명시적이지만 해결 노력에서 명시적으로 개재되지 않는다. 예상적 직관에서는 풀이 순간과 문제해결의 틀 모두 명시적이다. 결론적 직관에서는 개인은 초기의 예상적인 직관적 '섬광'에 따르는 분석적 탐구 수고를 능가하고, 풀이는 직관적으로 닫히는 것으로, 그리고 내재적으로 직접 받아들여질 수 있는 것으로 보인다.

단정적 직관은 확실하고, 자명하며, 자기모순이 없는 것으로 받아들여진 다양한 사실의 표상 또는 해석이다. 예를 들어 "두 점은 한 직선을 결정한다." 또는 "전체는 그 각각의 부분보다 더 크다." 단정적 직관은 두 가지 다른 준거에 따라 세분될 수 있다.

한 가지 세분은 단정적 직관을 **의미론적** 직관, **관계적** 직관, **추리적** 직관으로 분류하는 것이다. **의미론적** 직관은 개념의 의미에 관련된 것이다. 예를 들어, 기하학에서 직선 개념은 주어진 공리계에 따라 비직관적인 공리적 의미를 갖는다. 그러나 직선은 또한 행동적 의미(두 점 사이의 최단 거리), 물리적 의미(광선), 그래프적 의미, 기능적-물질적 의미(매우 곧게 펴진 줄)와 같은 관련된 몇 가지 직관적 의미를 갖는다. 점은 (공리적 진술에서) 정의되지 않을 수 있고, 직선 그리고 평면과 공리적으로 관계가 있을 수 있다. 그러나 그것은 또한 '우리가 원하는 만큼 작은' 작은 반점 또는 물질의 작은 조각으로 표상되는 점과 같은 직관적 대응물을 가진다. 힘의 관념은 질량과 가속도와의 관계성($F=ma$)으로 결정되는 공리적 의미를 갖는다. 그러나 힘은 또한 수고의 느낌 또는 '발동기로서의 힘'의 관념과 같이 기본적으로 행동적인 다양한 직관적 해석과 연결된다.

관계적인 단정적 직관은 외관상 자명하고 자기모순이 없는 명제로 표현된다. 몇몇 예를 들어 보자. "한 직선 밖의 한 점을 지나고 이 직선에 평행한 직선은 오직 하나 그릴 수 있다."(유명한 유클리드의 제5공준) "전체는 각각의 부분보다 더 크다." "물체의 운동을 유지하기 위해서는 어떤 힘이 필요하다."(임페투스 이론) "더 무거운 물체는 더 가벼운 물체보다 더 빨리 낙하한다." 이 명제 중에서 몇몇은 (어떤 공리계의 범위에서) 옳다. 또 다른 것은 옳지 않지만, 우리는 이 모두를 자명하고 확실한 것으로 자연스럽게 받아들이는 경향이 있다.

추리적인 단정적 직관은 귀납적 또는 **연역적** 구조를 가질 수 있다. 사람들이 어떤 몇 개의 원소(물체, 물질, 개인, 수학적 존재물 등)가 공통적으로 어떤 속성을 갖는다는 것을 발견한 후에는, 사람들은 이 원소들의 전체 범주가 그 속성을 갖는다고 직관적으로 일반화하고 단언하는 경향이 있다. 이것은 단지 논리적 조작에 불과한 것이 아니다. 그 일반화는 신뢰의 느낌과 더불어 다소 갑자기 나타난다. 이것은 과학에서 가설의 근본적 원천이다. 푸앵카레에 따르면, 말하자면 '실험과학의 절차로부터 복제된, 귀납에 의한 일반화'는 직관의 기본적 범주의 하나이다(Poincaré, 1920, p. 20).

사람들은 또한 추리적 직관의 연역적 형태를 서술할 수 있다. 예를 들어, 사람들은 $A=B$와 $B=C$로부터 $A=C$를 자명한 결론으로 **직접** 연역한다. 또는 푸앵카레가 언급한 다음과 같은 직관의 예를 들어보자. "한 직선 위에 점 C가 A와 B 사이에 있고, 점 D가 A와 C 사이에 있다면, D는 A와 B 사이에 있다."(Poincaré, 1920, p. 19). 그 결론은 '상상에 호소하는 것으로서' 직관적으로 받아들인다(Poincaré, 1920, p. 19). 맨 끝의 예는 개념이나 명제에 불과한 것이 아니다. 그것들은 논리적 추리이다. 그럼에도 불구하고 여기서는 전제와 결론 사이의 관계는 자명한, 내재적으로 필연적인 것으로 받아들여진다.

단정적 직관은 또한 다른 준거에 따라 **기초적** 직관과 **개별적** 직관으로 분류될 수 있다. 우리는 개인에게서 일반적으로 아동기에 자연스럽게 발달하고 그리고 똑같은 문화에 속하는 모든 사람들에게 공유되는 기본적 표상과 해석을 기초적 직관이라고 부른다. 공간과 시간 표상, 인과율 및 기본적인 물리적 속성과 관계가 있는 직관 등이 이 범주에 속한다. 3차원 공간 표상이나 지속에 대한 직관(이것은 피아제의 '경험적 시간'으로, 공간적으로 표현될 때 거리 구조를 얻는다), 모든 사건에는 원인이 있다는 아이디어, 어떤 사건의 객관적 빈도에 대한 예측의 자동적 적응과 같은 것은(Fischbein, 1975, pp. 20-65), 모두 이 기초적 직관(공통 직관, 기본적 직관)의 예이다.

다른 한편, 개인은 다음과 같이 자신의 생활이나 활동과 관계가 있는 개인적인 직관적 표상을 획득한다. "나는 존의 약속을 믿지 못한다. 나의 직관은 내게 그가 거짓말쟁이라고 말한다." 또는 "미국인들은 소박한 사람들이다." "나는 전문적인 심리학자는 아니지만, 내 느낌으로는 I.Q. 검사는 매우 흔히 오도되는 도구이다."

요컨대 단정적 직관은 한편으로는 의미론적 직관, 관계적 직관, 추리적(귀납적 그리고 연역적) 직관으로 분류될 수 있으며, 다른 한편으로는 기초적 직관(공통 직관)과 개별적 직관으로 분류될 수 있다.

단정적 직관의 경우 사람들은 무엇인가를 단언**하며** 주장한다. **추측적 직관**은 그 본성상 미래의 사건, 어떤 현상의 코스 등에 관한 가정을 표현한다. 그러한 추측은 그것이 신뢰의 느낌과 결합될 때에만 직관이다.

추측적 직관에는 문외한의 직관 아니면 전문가의 직관의 둘 중 어느 하나가 있다. "이 아이는 뛰어난 수학자가 될 것이다.", "나는 그 사업에 돈을 투자할 것이다. 나는 그 사업이 성공할 것이라고 확신한다.", "존의 말을 들으니 존이 곧 우리나라를 떠날 것이라는 확신이 든다." 이것들이 문외한의 직관의 예이다. 이것들은 전문적인 지식이 아닌, 일상적 경험에 근거한다.

어떤 영역에 풍부한 경험을 지닌 전문가들은 자신들의 활동 영역과 연결된 특정한 전문가적 직관을 개발한다. 의사, 교사, 기술자 등은 매우 흔히 단지 그들이 고도의 통찰력을 갖고 사용할 수 있는 외관상 최소량의 정보를 토대로 자신의 영역에서 결정을 내릴 수 있다. 전문가들은 얻은 정보의 가장 적절한 측면을 파악할 수 있도록, 그 정보의 중요성을 결정할 수 있도록, 주어진 정황에서 가능한 다양한 해석의 가능성을 재어, 유의미하고 고도로 그럴듯한 결론으로 전체를 조직할 수 있도록 그 정보를 선택할 수 있다. 근본적으로 중요한 것은 전문가들이 그 상황의 외관상 애매하고 두드러지지 않은 측면을 적절한 메시지로 전환할 수 있는 능력을 지니고 있다는 것이다. 이 모든 것들이 어떠한 체계적이고 완전한 분석이 이루어지기 전에도 자동적으로 이루어질 수 있으며, 그때 그 결과는 직관적, 전체적 평가인 것으로 나타난다.

베른(Westcott, 1968에서 재인용)은 군인 선발 센터의 정신과 의사로서의 개인적 경험에 근거하여 직관에 관한 심리역학적 견해를 서술한 일련의 논문을 1949년~1962년에 발표했다. 베른은 "당신은 신경이 예민한 편입니까?"와 "정신과 의사에게 가 본 적이 있습니까?"라는 질문을 통해, 약 10,000명의 남자들 각각을 1인당 40~90초간 평가해야 했다. 베른은 자기 작업에 어떤 다양성을 도입하기 위하여 이 남자들의 행동과 외모에 대한 전체적 평가 하나에만 기초하여, 그들의 민간인 시절의 직업, 이력 등을 예측하기 시작했다. 베른은 이 추측적 평가에서 본질적 역할을 하는 것은 개인 상호간의 의사소통 체계에서 '잡음(noise)'이라고 단언했다. 체계의 상태에 적절한 것은 주로 잡음 성분이라는 것이다. 텔레비

전 수리공에게 중요한 것은 화면에 나타나는 영상의 내용이 아니라, 예를 들어 화면에서 감지되는 흰 반점과 같은, 산출된 '잡음'이다. 그것은 개인을 직관적으로 평가할 때에도 똑같다. 그것은 그가 무슨 정황에서 무엇을 말하는가 하는 것이 아니라 어떻게 말하는가 하는 것이다. 그의 행동, 그의 태도 등이 결정적일 수 있다. 추측적 직관은 확실히 모든 전문적 활동에서 근본적으로 중요하다.

예상적 직관과 **결론적** 직관은 단정적 직관과 추측적 직관이 포함되는 분류에서 각각 셋째와 넷째 범주를 나타낸다. 이 두 직관은 **문제해결 직관**으로 함께 묶을 수도 있다.

예상적 직관은 문제에 대한 분석적, 완전히 개발된 풀이에 선행하는 예비적, 전체적 견해를 나타낸다. 문제해결 영역의 연구자들이 이 유형의 직관을 다양한 용어를 사용하여 빈번히 언급한다. 단정적 직관과 예상적 직관을 구별하는 것은 인지적 노력에서의 그들 각각의 역할이다. 단정적 직관을 통하여 사람들은 직선 관념, 유클리드의 제5공준 등과 같은 어떤 관념, 어떤 명제를 자명한 것으로 받아들인다. 예상적 직관은 단순히 (외관상) 주어진 사실을 확립하는 것이 아니다. 그것은 발견으로서, 문제에 대한 풀이로서, 그리고 이전의 풀이 노력의 (외관상) 갑작스런 결과로서 나타난다.

다른 한편, 직관의 분류에서 추측적 직관과 예상적 직관을 구별하는 것은, 예상적 직관은 어떤 문제를 해결하는 과정에서 (반드시 분석적 노력이 뒤따르는) **국면을** 나타내는 반면에, 추측적 직관은 일반적으로 체계적인 풀이 활동에는 포함되지 않는 다소 **임기응변적** 평가와 예측이라는 점이다. 명백히 이 구분은 절대적인 것이 아니며, 절대적일 수도 없다. 사실상 우리는 단정적 직관에서 추측적 직관을 경유하여 예상적 직관에 이르는 연속체를 생각해야 한다. 이 모든 범주에 단정적 태도와 추측의 요소라고 하는 두 성분이 모두 있다. 결정적인 것은 바로 상황적 맥락이다. 확실히 또한 내재적 차이가 있다. 단정적 직관에서 풀이 태도는 상대적으로 암묵적인 반면에, 추측적 직관과 예상적 직관에서는 그것이 명시적이다.

예상적 직관에서는 일반적으로 분석적 통제에 대한 (주관적으로 느껴지지 않는) 어떤 필요가 있다. 내재적 확신 그리고 검증을 위해 외적으로 강요된 요구 사이의 대치는 매우 흥미로운 심리적 (때때로 갈등이 있는) 상황을 발생시킬 수 있다.

추측적 직관과 예상적 직관에서 확신의 문제를 더 자세히 생각하자. 단정적 직관은 개인에게 자명하고 내재적으로 확실한 것으로 나타난다. 우리는 다른 두 범주에 대해서도 똑같은 것을 주장할 수 있는가? 객관적으로 그들은 오직 그럴듯한 짐작, 추측이다. 그들은 참 직관인가?

추측, 예비적인 가설적 풀이가 문제해결자에게 단정적 직관에서 고도의 확신을 들게 하는 것만큼, 그렇게 하는 것이 가능한가? 우리가 추측적 직관 및 예상적 직관이라고 부른 것은 우리의 정의에 따르면 진정한 직관이 아니라고 단언하는 것은 합리적이지 않을 것인가? 오직 추측만을 표현한다면 그들은 확실할 수 없는 것 같다.

이 외관상의 딜레마에 대한 답은 일반적으로 간과하고 있는 중요한 심리적 현상에서 찾을 수 있다. 사실상 **두** 유형의 추측이 있다. 어떤 상황에서 변수 사이의 가능한 다양한 관계를 고려할 때 신중하게 형식적으로 만들어지는 추측이 있다. 바로 이 유형의 추측이 피아제가 형식적 조작기의 일반적 속성을 서술할 때 언급한 것이다. 청년은 어떤 현상에 영향을 미칠 수 있는 다양한 요인을 **가설적으로** 확인할 수 있고, 그리고 그에 따라서 여러 가설의 체계적 목록을 작성할 수 있다고 말해진다. 이 유형의 가정은 **직관을** 나타내지 않는다. 전 과정이 신중한, 명시적인, 완전히 통제된 방식으로 일어난다. 또한 둘째 유형의 추측이 있다. 그것은 오직 얼마간의 객관적 분석이 수행된 **후에** (가설적이고 불확실한) 추측으로서 나타날 수 있다. 풀이 노력 그 자체 **동안에** 계시의 순간처럼, 확실하고, 분명하며, 결정적으로, 전체적으로 파악된 진리로서 주관적으로 나타난다. 이것들이 예상적 직관이다.

푸앵카레는 수학에서의 발명에 관한 자신의 자전적 기록에서 다음 일화를 언급했다.

> 어느 날 아침 절벽을 따라 걷는 데, 미정인 3항 부정형(indeterminate ternary indefinite forms)의 산술적 변환 방법이 비유클리드 기하학의 그것과 동일하다는 아이디어가 간결, 갑작스러움, 즉각적 확실성이라는 바로 그 특징을 지니고 떠올랐다(Poincaré, 1913, p. 388).

이것은 신중하게 그리고 형식적으로 만들어진 추측 그 자체는 아니었지만, 반면에 그것은 주어진 상황에서 다양한 이론적 가능성을 고려했다. 그 저자는 발견의 바로 그 순간에는 그것을 추측으로 생각하지 않았다. 그에게 그것은 그럴듯한 짐작이 아닌, **절대적 진리**로 나타났다. 푸앵카레가 계속해서 말하고 있듯이, 그가 이 결과를 분석하기 시작하고 그리고 수많은 귀결을 도출한 것은 **단지 그 이후였다.** 칸토어도 서로 다른 차원의 도형에 속하는 점의 집합들 사이의 상등이라는 자신의 발견에 관한 유사한 이야기를 한다.

젊은 수학자이자 뛰어난 심리분석자인 톨의 논문으로부터의 인용을 추가하자.

톨은 '비표준해석학'이라 불리는 것과 관계가 있는 그가 했던 발견의 이야기를 말한다.

그는 '비비 꼬인 길'을 가는 동안에 얻었던, 그 이론의 구축에 이르게 해준 '통찰'의 순간을 언급하면서 다음과 같이 말한다.

> '문제해결'에 대한 고전적 서술은 그 당시에 충분히 검사된 '추측'을 포함한다. 여기서 그 연구자는 '추측'을 했다고 전혀 느끼지 못했다. 그가 본 것은 그의 마음속에서 강한 울림으로 명증된 '진리'였다. 그것이 나중에는 종종 거짓임이 드러나지만, 그 시기에는 그는 그 진리에 투자된 많은 감정을 느낀다. 냉정하게 고려된 어떠한 가능성도 없다. 그것은 강렬한 직관적 **확실성**이다. 그러나 그때 그들과의 접촉은 보잘 것 없고 일시적인 것이다. 비록 그것들이 불완전하다고 할지라도, 그것들이 밤의 유령처럼 사라지기 전에, 처음에 그는 그것을 써 두어야 한다.(Tall, 1980, p. 33)

이 서술은 형식적으로 파악되는 가능성의 목록—그것은 피아제가 형식적 조작기를 언급하면서 가정한 것이다—을 제시하는 '냉정한' 과정으로부터 얼마나 멀리 떨어져 있는가!

톨의 내관적 주석은 직관의 근본적으로 모순된 본성을 뛰어나게 시사한다.

그 새로운 아이디어는 '강렬한, 직관적 확실성'으로 나타났고, 동시에 '보잘 것 없고 일시적인' 것으로 나타났다! 그러한 모순은 분석적, 개념적 수준에서는 불가능할 것이다. 형식적으로, '미비한' 어떤 것은 확실하게 참인 것으로 받아들여질 수 없다! 그러나 직관적 수준에서는 이 상황이 일어난다. 분석적 관점에서 본다면 그것은 이상한 상황이다. 그러나 미비한 (불완전한, 심지어 잘못된) 풀이에 완벽과 내재적 확신이라는 겉모양을 부여하는 것이 정확히 '직관'의 역할이다.

단정적 직관이 더 일반적, 공통의 상황에 관한 안정적인 인지적 태도를 나타내는 반면에 예상적 직관은 특유한 문제에 대한 예비적 풀이다.

그러나 또한 명쾌한 구별은 할 수 없다. 더욱이 사람들은 현존하는 단정적 직관이 예상적 직관을 생겨나게 하거나, 지휘하거나, 자극하거나, 또는 방해한다고 가정할 수 있다. 그럴듯한 추측은 기라성 같은 직관적 장애와 배수(排水) 무리의 산물이다.

만약 사람들이 "120cm의 $\frac{3}{4}$은 얼마인가?"와 같은 질문을 받는다면, 일반적으로 사람들은 곱셈 $120 \times \frac{3}{4}$에 의해 풀이를 찾는 것이 아니라, 자연스럽게 120의 $\frac{1}{4}$을 먼저 결정하고$(120 \div 4)$, 그러고 나서 그 결과에 3을 곱하는 경향이 있다. 사람들은 직관적으

로 연산자가 범자연수가 아닌 곱셈을 피하는 경향이 있다.[26]

아동들에게 0.75리터에 2달러인 와인 1리터의 가격에 관해 질문하면, 그들은 자연스럽게 곱셈으로 풀이를 구한다. 왜냐하면 직관적으로 곱셈은 '더 크게 만들기'를 의미하기 때문이다.

수백 년 동안 수학자들은 유클리드의 제5공준에 대한 증명을 찾고자 노력했다. 이 공준은 확실한 것 같았지만 충분히 자명한 것 같지는 않았다. 이 공준이 어떤 형태로 표현되든지 간에 이 공준의 기본적 문제는, 그것이 암시적으로 또는 명시적으로 무한 직선의 가능성을 인정한다는 것이다. 그래서 수학자들은 그 공준이, 더 자명하고 동치인 명제를 찾거나 아니면 유클리드 기하학의 다른 9개의 공리로부터 그것을 연역하고자 노력하는, 모종의 정교화를 필요로 한다는 사실을 의식하게 되었다. 현재 학교 교과서에서 사용되는 형태는 1795년에 플레이페어(J. Playfair)가 제안한 것이다(Kline, 1980, p. 79).

매우 잘 알려져 있듯이, 이 시도 중 어느 것도 성공하지 못했고 그리고 비유클리드 기하학은 현대적인 수학적 사고의 일부가 되었다.

내가 강조하고자 노력하는 것은 유클리드의 제5공준의 직관적 수용은 너무 강력해서 틀린 방향으로 2000년 동안의 연구를 고무했다. 수학자들이 감히 직관적으로 신뢰할 수 없는 대안을 생각하기까지 2000년간의 성공하지 못한 수고가 있었다!

위의 논의에 따르는 결론은 주어진 문제의 자료가 우리가 예상적 직관이라고 부른 계시의 순간을 모호하지 않게 그리고 명확히 명령하지 않는다는 것이다. 이것은 중요한 정도로 개인 나름의 강건하고 안정적인 직관적 태도에 좌우된다. 다르게 말하자면, 문제의 해결에서 개인의 전략, 가정, 그의 검증 방법을 예측하기 위하여, 각각의 분야에서 그의 형식적 지식이 무엇인지를 그리고 주어진 문제의 자료를 아는 것으로는 충분하지 않다. 사람들은 그의 직관적, 단정적 집합체의 '역선(力線)'에 관한 얼마간의 믿음직한 정보를 가져야 한다.

결론적 직관은 이전에 정교화된 문제에 대한 풀이의 기본적 아이디어를 전체적, 구조화된 시각으로 요약한다. 아다마르가 다음과 같이 적고 있듯이,

> "… 아무리 복잡한 수학적 주장이라고 해도 내게는 유일한 것으로 나타나야 한다. 나는 그

26 (역자 주) 범자연수는 whole number를 번역한 것이다. 이것은 0과 자연수를 한꺼번에 일컫는 용어이다.

것을 하나의 전체적 아이디어로 파악하지 못하는 한 내가 그것을 이해했다고 느끼지 않는다. …"(Hadamard, 1949, p. 65). 나중에 그는 다음과 같이 언급했다. "… 그 종합에 안내하는 실이 주어지는 바, 그것이 없다면 우리는 걸을 수 있지만 가는 방향을 결코 볼 수 없는 맹인과 같을 것이다."(Hadamard, 1949, p. 105)

이 첫째 분류는 다음과 같이 도식화될 수 있다.

기초적(기본적, 공통) ↘ 단정적 ↗ 의미론적
개별적 ↗ 단정적 → 관계적
단정적 ↘ 추리적
추측적 ↗ 문외한
추측적 ↘ 전문가
문제해결 ↗ 예상적
문제해결 ↘ 결론적

기원에 근거한 분류

둘째 기본적 분류는 직관의 기원에 관련된 것으로 주로 단정적 직관과 관계가 있다. 이 준거에 따르면 사람들은 **일차적 직관**과 **이차적 직관**을 구별할 수 있다. 일차적 직관은 전조작적일 수 있거나 조작적일 수 있다.

일차적 직관은 개인들에게서 어떠한 체계적 지도와 무관하게 그들의 개인적 경험의 효과로서 발달하는 인지적 신념에 관련된다. 그래서 일차적 직관은 기초적(일반적, 공통) 직관과 (특정하지만 자연스러운, 정상적 정황에서 만들어지는) 개별적 직관을 모두 포함한다.

기초적 직관에 관하여 위에서 언급한 모든 예는 일반적으로 일차적 직관이다. 게다가 아동은 자신의 보통의 삶과 활동의 방식에 따라, 예를 들어 색깔을 구별하기 위한 직관, 거리나 무게를 어림하기 위한 직관, 공간에서 자신의 방향을 위한 직관 등과 같은, 특별한 직관을 개발할 수 있다.

일차적 직관은 전조작적일 수 있거나 조작적일 수 있다. 전조작적 직관의 몇몇 예를 생각하자. 다섯 살짜리 아동은 찰흙의 일부 모양을 바꾸면 그것의 양이나 무게도 바뀔 것이라고 직관적으로 생각한다. 아동은 우리가 걸으면 구름을 움직이게 할 수 있다고 직관적으로 생각한다(인과율의 마법적 단계 — Piaget, 1930 참조). 다섯 살짜리 아동은 한

줄로 놓인 원소의 수를 전단사(bijection) 준거에 따라서가 아니라, 행의 길이에 따라서 직관적으로 각지한다. 피아제와 제민스카(A. Szeminska)가 제시한 예는 다음과 같다.

> Boq(4년 7개월): 거기 있는 것과 똑같은 양의 사탕을 여기에 놓아라. 이것(6개의 사탕)은 로저의 것이다. 자, 너 자신을 위해 똑같은 양을 집어라. (아동은 12개의 사탕을 일렬로 놓는 데, 사탕끼리의 간격이 너무 가까워서 행의 길이가 앞의 것보다 더 짧아졌다.) 이제 똑같니? **아직 아니에요.** (아동은 사탕을 더 놓는다.) 지금은? **예.** 왜 그렇지? **이것이 같기 때문이에요.** (아동은 행의 길이를 가리킨다.) … 면담이 끝나갈 때 Boq에게 두 행으로 놓은 사탕을 제시했다. 한 행에 3개의 사탕이 놓여 있고, 다른 한 행에는 4개의 사탕이 첫 행보다 더 가까이 놓여 있어서 3개가 놓인 행이 더 길었다. 어느 쪽이 더 많지? 여기요. (3개가 놓인 행) 왜? **이 줄이 더 길어요.** (Piaget & Szeminska, 1964, p. 99)

이것들이 전조작적 직관의 예이다. 그 식별은 직관적이고, 전체적이며, 주저함이 없고, 조작적 준거보다는 형상에 근거한다. 길이 준거는 오직 요구에 응해서 명시적이 된다.

6-7세 이후에는 지적 조작의 합성가능성과 가역성에 근거한 새로운 직관이 발달한다. 이 직관은 보존 능력, 수와 기수 관념, 초등적인 논리적 및 산술적 연산과 관계가 있다. 구체적 조작기의 아동은 부류(class) 관계, 전단사, 대응, (예를 들어, 순서 관계의 추이성 같은) 순서나 계열과 관계가 있는 관념과 조작을 직관적으로 이해하고 사용한다.[27] 아동의 인과율 아이디어는 기계적 유형이 된다. 실재에 대한 그의 해석은 자기중심적인 관점으로부터 그것들을 자유롭게 한다. 예를 들어, Gut(9세 6개월)은 "구름은 왜 대체로 빠르게 움직이지?"라는 질문에, **바람 때문이에요. 구름은 바람을 따라 움직이니까요** (Piaget, 1930, p. 72)라고 대답한다.

이것들이 조작적 직관의 예이다. 이것들은 더 이상 형상이 아닌, (피아제식의 의미에서) 조작에 근거한다. 많은 상황에서 아동의 반응은, 그럼에도 불구하고, 전체적이고, 직접적이다. 비록 조작적 구조가 이 반응의 본질적 바탕(texture)이 되었을지라도, 아동의 해석은 자신에게는 자명한 것으로 나타난다. 어떤 답은 조작적 스키마에 근거하지만, 이것에도 불구하고, 직관적 인지의 속성을 드러낸다. 그것은 주관적으로 명시적이지 않게 정당화되는 것 같고, 그리고 **선험적으로** 분명한 것 같다.

27 (역자 주) class를 '류(類)', '집합'으로 번역하기도 하나, 여기서는 '부류'라고 하였다.

이미 언급했듯이 피아제의 용어로 '직관적'이라는 단어는 형식적이지 않은 모든 것을 의미한다. 결과적으로 피아제는 인지를 직관적인 것으로 생각하는 것과 동시에 그것을 조작적인 것으로 분류하는 것 사이의 어떠한 모순도 보지 않는다. 우리는 그 태도에 완전히 동의한다. 그러나 피아제는 구체적 조작 수준에서 직관적 인지와 직관적이지 않은 조작적 인지를 명시적으로 구별하지 않는다.

여덟 살짜리 아동에게 8+5의 덧셈을 하도록 요구했다. 이 아동은 직관적인, 기성의 답을 가지고 있지 않다. 그는 (예를 들어, 8+1+1+1+1+1과 같이 세거나, 8+2=10, 10+3=13 등과 같이) 계산해야 한다. 비록 이 아동이 덧셈 연산을 직관적으로 이해한다고 하더라도, 이것은 자명성에 근거한 직관적, 전체적 풀이가 아니라 분석적 풀이이다. 그 대신 2+2를 해결하도록 요구한다면, 그 아동은 아마도 즉시 4라고 대답할 것이다.

이 답은 학습된 관계를 표현하지만, 그러나 또한 아마도 두 이어진 집합 $\{\cdots\}\bigcup\{\cdots\}$에 대한 직관적이고 전체적인 표상을 표현한다.

우리는 조작적인 근거가 있는 동시에 직관적으로 받아들여지고 표현되는 답과, 조작적인 스키마에 근거하면서, 또한 분석적으로, 명시적으로 정당화되는 답 사이의 구별이 심리적으로나 교수학적으로 중요하다고 생각한다. 여기서 빈번히 강조하고 있는, 직관적으로 받아들여진 풀이는, 직관적 기초 없는 분석적 풀이보다 더 직접적인, 더 깊은 개인의 개재를 나타낸다. 문제에 관한 학생의 태도의 직관적 기초를 탐지하는 것은 교수학적으로 중요하다. 직관적 표상이 과학적으로 적절하다면, 우리는 그 이상의 발전된 개념적 구조를 그 위에 결실이 풍부하도록 세울 수 있다. 직관적 기초가 적절하지 않다면, 갈등 상황이 생겨날 수 있다.

피아제의 연구에서 다른 예를 들어보자. 다음 질문은 천칭에서의 평형에 관한 것이다.

> Rol(10세 10개월): **"자루의 위치를 바꾸어야 해요. 왜냐하면 끝에서는 더 무거워지기 때문이에요. …"**(Inhelder & Piaget, 1958, p. 171). 이 아동은 무게와 지레의 받침점에서의 거리 사이의 관계성을 직관적이고 전체적으로 이해한다.
> Fis(10세 7개월)는 P가 F와 평형을 이루지 못함을 안다. **"왜냐하면 그것이 무겁기 때문이에요. 저거는{F} 너무 가벼워요."** 어떻게 해야 하지? **"그것을 앞으로 옮겨요."** 이 아동은 P를 축 쪽으로 이동하여 평형을 이루었다.(Inhelder & Piaget, 1958, p. 171).

이 아동들은 **천칭의 똑같은 쪽에서** 무게와 거리는 반비례한다는 것을 **직관적으로** 이해한다. 이 아동들의 풀이는 조작적 추론의 특징인 조작의 합성가능성과 가역성을 함의한다. 그러나 아동에 의한 그 상황의 어떠한 양적, 명시적인 형식적 분석도 없다. 이 모든 것은 조작적인 직관적 반응의 예이다.

직관은 형식적 조작기에서도 사라지지 않는다. 형식적으로 제시되고 정당화된 풀이는 관련된 풀이에 대한 직관적 수용을 함의할 수도 있고 함의하지 않을 수도 있다. 청년이나 성인에게 1리터에 0.9달러인 주스 3리터의 가격에 관해 질문하면, 그는 곱셈을 해야 한다는 것을 안다. 그는 직관적으로 그렇게 느끼며 그것을 정당화할 수 있고, 수치적으로 계산할 수 있다. 만약 문제가 1리터에 3달러인 와인 0.9리터에 대한 것이라면, 문제는 더 복잡한 것 같고, 대부분의 학생들은 (연산자가 소수인) 이 유형의 문제에 실패한다. 어떤 학생들은 전혀 대답하지 못하고, 또 어떤 학생들은 나눗셈을 제안한다. 비록 사람들은 곱셈이 정답이라는 것을 알더라도, 이 문제에 대한 풀이에는 보통 직관적, 교감적 수용이 부족하다(Fischbein 외, 1985를 보라). 두 문제 모두에서 산술적 풀이는 0.9에 3을 곱하는 것으로 이루어짐에 주목해야 한다. 차이는 소수의 역할에 있다. 둘째 문제에서 소수는 연산자의 기능을 한다. 곱셈의 직관적 모델은 여전히 동수 누가이고, 결과적으로 소수가 연산자인 곱셈은 직관적 의미를 갖지 못한다.

피아제에 의하면 다음과 같다.

> 또한 '직관적'이라고 부르는 일단의 자연스러운 능력이 있는 데, 그것의 초기 단계는 살아남은 경험에 대응하는 것으로 생각될 수 있고, 그리고 이후 단계는 ('반영적 추상화'에 의한) 물질적 행동으로부터 점점 더 '추상화된' 조작에 의해 특징지어진다. 그러나 그것은 점점 더 어떠한 형태의 표상과도 독립적이다. 그것들은 이산적인 대상들과 관계가 있는 조작적 직관이다. 우리는 예로, 푸앵카레가 수치적 반복의 소위 원시적 특성을 정당화하기 위해 들여온 '$n+1$의 직관', 결합 조작을 전제로 하는 다대일이라는 브로우베르의 직관, 덴조이(A. Denjoy)의 의미에서 초한적인 것의 직관(급수 $1+\frac{1}{2}+\frac{1}{4}+\cdots$에서 극한의 수렴), 그리고 일반적인 방식으로 우리가 불연속적인 원소와 관계가 있는 부류, 관계, 수의 초등적 취급에서 직관적이라 부르는 모든 것을 인용할 수 있다(Beth & Piaget, 1966, pp. 219–220).

마지막 예를 제외하고는 위에 제시된 예는 우리가 사용하는 어의로는 일차적 직관이다. 비록 얼마간의 지식이 요구되지만, 이 직관은 자연스러운 근원을 지니고 있다. 적절한 지식(이 경우에서는 초등적인 산술적 관념)이 획득되면 학생들은 기대된 풀이를 제시하는 것을 자연스럽고 자명한 것으로 생각한다. 칸트는 그러한 풀이가 종합적인 **선험적** 판단에 근거한다고 단언한다. 위의 예가 자명해 보이는 이유가 바로 이것이다. 피아제의 목록에서 유일한 예외는 마지막 예이다. 우리의 연구 결과에 따르면, 사람들은 $1+\frac{1}{2}+\frac{1}{4}+\cdots$ 가 2와 같다는 것을 자연스럽게 받아들이지 못한다. 두 가지 서로 다른 직관적인 답이 있다. 하나는 "합은 2보다 더 작다."는 것이며, 다른 하나는 "그것은 무한으로 향한다."는 것이다(Fischbein, Tirosh & Melamed, 1981, p. 499).

12세 이상(형식적 조작기)의 피험자들은 다음과 같은 확률적 개념에 대하여 옳고, 자연스럽고, 직관적인 이해를 한다는 것이 밝혀졌다. 우연 개념 및 일어날 가능성이 같은 모든 시행 결과의 수와 그 사건이 일어날 시행 결과의 수의 관계성으로서의 우연의 양화 개념, 기대되는 사건에 강요된 조건의 수를 늘이면 (확률의 곱셈에 대응하여) 그것의 기회가 줄어든다는 사실. 대조적으로 몇몇 범주의 사건에 대한 복합적 특성이나 똑같은 사건을 만들 수 있는 서로 다른 상황의 목록을 만들 필연성에 대한 어떠한 자연스런 이해도 없다. (예를 들어, 한 쌍의 주사위를 던질 때 5-5의 쌍이 나올 확률과 5-6의 쌍이 나올 확률 사이에 차이가 있다는 사실에 대한 어떠한 직관적 이해도 없다.) (Fischbein, 1975, pp. 138-155). (심지어 뛰어난 수학자들도 이 종류의 오류를 범할 수 있다. 피도(D. Pedoe, 1958)에 따르면, 달랑베르(J. L. R. D'Alembert)는 동전을 두 번 던질 때 앞면이 0번, 1번, 2번 나오는 세 가지 시행 결과 각각이 같은 가능성을 갖는다고 믿었다.)

이차적 직관의 범주는 **어떠한 자연스러운 근원도 갖지 않는** 새로운 직관이 개발될 수 있다는 가정을 함의한다. 그러한 직관은 개인의 자연스러운 정상적 경험에 의하여 생겨나지 않는다. 더욱이 그것들이 그 똑같은 의문을 향한 자연스러운 태도와 모순되는 일도 매우 흔하다. 우리의 일차적 직관에 따르면, 우리는 움직이는 물체의 속도를 일정하게 유지하기 위하여 힘이 필요하다고 생각하는 경향이 있다.[28] 그 표상에 따르면 물체가 발사될 때, 그것은 어떤 임페투스, 투자된 힘을 획득한다. 그 물체는 이 임페투스가 소진될 때까지 계속 움직인다. 뉴턴 물리학에 따르면 도리어 물체는 어떠한 힘도 개입하지 않으면 정지 상태 또는 등속직선운동 상태를 유지한다. 이것이 관성의 원리이다.

직관적으로 그러한 해석을 받아들이는 것은 어렵다. 그 해석이 학습된 개념작용으로부터 신념으로 변환될 수 있으면, 그때 우리는 그것을 이차적 직관이라고 부른다. 그러한

28 (역자 주) '속도(速度)'는 velocity를 번역한 것이다.

신념은 우리의 정상적인 지구적 삶에서는 결코 자연스럽게 획득되지 않을 것이다.

수학자에게 무한집합과 그것의 진부분집합 사이의 상등이 신념 즉, 자기설명력 있는 개념작용이 된다면 새로운 이차적 직관이 나타난 것이다.

"삼각형의 세 각의 크기의 합은 180°이다."라는 명제는 자명하지 않다. 사람들은 그것을 증명을 통해 받아들인다. 무엇보다도, 삼각형의 모양이 어찌되었든, 그것의 각의 크기의 합이 항상 일정하다는 것을 학습하는 것은 놀라운 것이다. 만약 어떤 수단을 통해, 우리가 그 합이 **반드시** 상수**이어야 한다**는 것을 (내부 보정 때문에) **직접** 볼 수 있게 된다면, 우리는 새로운 직관적 이해 즉, 이차적 직관을 획득한 것이다. (그러한 도구는 LOGO에 기반을 둔 페이퍼트의 거북 기하학에서 제공될 수 있다.)

펠러(W. Feller)는 자신의 책 ≪**확률 입문**≫에서 다음과 같이 말한다.

> 체스와 대비하여 기하학과 역학의 공리는 현존하는 직관적 배경에 관련된다. 사실상 기하학적 직관은 너무 강력해서 논리적 추론에 앞서 달리는 경향이 있다. 어느 논리, 어느 직관, 그리고 어느 물리적 경험이 독립적인지에 대한 범위(extent)는 우리가 논의할 필요가 없는 문제이다. 확실히 직관은 훈련되고 개발될 수 있다. 체스에 익숙하지 않은 초보자는 개별적 규칙을 상기하면서 주의 깊게 말을 움직이는 반면에, 경험 많은 선수는 한 눈에 복잡한 상황을 흡수하지만, 자신의 직관을 합리적으로 설명할 수는 없다. 수학적 직관이 경험과 함께 성장하는 것과 같은 방식으로, 4차원 공간과 같은 개념에 대하여 자연스러운 느낌을 개발하는 것이 가능하다(Feller, 1957, p. 2).

펠러가 마지막 줄에서 언급하는 직관은 우리의 용어로는 **이차적 직관**을 나타낸다. 수학자가 그것들의 존재를 순전한 형식적 획득물이 아니라 **직관**으로 설명한다는 사실은 그것의 진짜 존재를 뒷받침하는 논거이다.

클라인(1898)은 '정련된 직관'이라는 용어를 사용했고, 세베리(F. Severy)는 '이계 직관'에 관하여 썼다(1951). 주페스(P. Suppes)는 수학적 증명을 찾고 제시하기 위해 직관을 개발달하는 것의 중요성에 관해 다음과 같이 쓴다.

> 다른 표현을 쓴다면, 내가 주장하고자 하는 것은 기하학 또는 실수계에 대한 직관적 지식을 가르치는 만큼 수학적 증명을 찾고 쓰기 위하여 직관을 훈련시키는 것이 필연적이라고 생각한다는 것이다.(Suppes, 1966, p. 70)

수학에서 직관의 사용을 날카롭게 비판했던 한은 다음과 같이 말한다.

> 우리 경험의 정렬을 위하여 다차원 기하학과 비유클리드 기하학의 사용이, 우리가 이 논리적 구성물을 취급하는 데 점점 더 익숙해지도록, 계속해서 그 자체를 증명한다면, 그것들이 학교의 교육과정에 스며든다면, 그리고 지금 우리가 3차원 유클리드 기하학을 학습하는 것처럼, 말하자면 우리가 어머니의 무릎에서 그것들을 학습한다면, 그러면 누구도 이 기하학이 직관에 반한다고 말하는 것을 생각하지 않을 것이다. 그것들은 오늘날 3차원 유클리드 기하학이 그러하듯이, 직관적 지위를 가질 가치가 있다고 생각할 것이다 (Hahn, 1956, p. 1976).

한은 위의 인용문에서 직관은 바뀔 수 있고, 고차 직관은 적당한 지도에 의해 형성될 수 있고, 그리고 마지막으로, 옳고, 과학적으로 타당화된 직관은 과학교육과 수학교육에서 개념적인 틀에 대한 본질적 보완물이라는 것을 암시적으로 인정한다.

또한 주페스가 '공리적 방법의 교수'에 관해서가 아니라, 오히려 '수학적 증명 등을 찾고 쓰기 위한 직관의 훈련'에 관해 썼다는 것에 주목하는 것이 중요하다. 그래서 그는 (형식적, 비직관적, 그리고 때로는 반직관적인) 공리적 이론을 세우기 위해서, **우리에게 첫째로 필요한 것은 적당한, 효율적 직관**이라는 것을 암시적으로 인정한 것이다.

피아제는 어떠한 실제적 경험과도 완전히 분리된, 고차적인 추론 형태의 산물인 인지에 대해 '순수 직관'이라는 용어를 사용한다. 그는 2차원에서 3차원으로의 이행과의 유비 및 이중 적분에서 삼중 적분으로의 일반화에 의하여, 사람들이 3차원에서 4차원 또는 n차원으로의 이행을 확립하는 방식을 서술하기 위하여 '연장된 직관'이라는 용어를 사용하는 프랑스 수학자 불리강(Bouligand)을 언급한다(Beth & Piaget, 1966, p. 223). 피아제는 또한 똑같은 의미로 칸토어식의 초한집합 구성을 언급한다.

이것들 역시 우리의 용어로는 이차적 직관이다. 이 예들은 이차적 직관이 다양한 정도의 추상화, 세련화, 복잡성을 제시할 수 있다는 것을 가리키는 것 같다.

우리의 용어 '일차적 직관'은 이 직관이 타고났거나 **선험적**이라는 것을 함의하지 않는다. 일차적 직관과 이차적 직관 모두, 직관은 그것이 어떤 활동의 분야에서의 충분하고 영속적인 실천의 산물이라는 의미에서, 사실상 학습된 인지적 능력이다.

일차적 직관과 이차적 직관 사이의 구별은 절대적인 것이 아니다. 사람들은 오히려 (예를 들어 물체의 영속성, 또는 양의 보존과 같은) 매우 초등적, 자연스럽게 획득된, 직관적 인지부터 (n차원 공간 또는 동시성에 대한 상대론적 해석처럼) 매우 복잡한, 진정으로 반직관적인 개념에 이르는 연속체를 고려할 수 있다. 이 극단 사이에, 다소 자연스럽게 또는 우리의 직관적 경향에 다소 반하여 획득된 무한한 뉘앙스의 인지가 존재한다. 예를 들어, 오늘날에는 공간과 시간에 대한 상대론적인 해석의 이해보다, 원래는 반직관적이었던 뉴턴식의 관성 이해에 익숙해지는 것이 더 쉽다.

일차적 직관과 이차적 직관 사이의 구별의 상대성은 또한 그것이 개인의 문화적 환경에 좌우된다는 사실에 관련된다.

예를 들어, 우리의 일차적 공간 직관은 다른 문화에 속한 사람들의 것과 다르다. 이 점에 대하여, 비숍은 자신의 논문 〈전-과학기술적 문화에서의 시각화와 수학〉(1978)에서 몇몇 현저한 예를 인용한다. 예를 들어, 그는 (파푸아뉴기니의 고원에 사는) 파이에라 족에게는 "공간은 물체를 내용물로 하는 그릇이 아니다. 그것은 물체 그 자체의 필연적 차원이다."라고 말한다. 다른 집단인 동부 고원 지역의 카마노-카페 족의 길이 단위는 '길다', '긴 것 같다', '짧은 것 같다', '짧다'의 네 가지이다. 비숍은, "객관적인 측정 항목을 갖는 공간에 대한 우리의 개념작용은 보편적이지도 않고, '자연스럽거나', '명백하거나', '직관적이지' 않다. 우리의 문화가 그것을 형성한다. 그것은 가르쳐지고 학습된다."는 결론을 내리고 있다(Bishop, 1979). 우리는 공간 개념작용이 문화적 환경에 의해 형성되고, 가르쳐지고, 학습된다는 비숍의 단언에 완전히 동의한다. 그러나 우리는 (공간 표상은 '명백'하지 않고, '직관적'이지 않다는) 그의 명제의 첫 부분에는 동의하지 않는다. 사실상 어떤 문화의 맥락에서 이 '공간 개념작용'은 **정말** '자연스럽고', '명백하고', '직관적인' 것으로 나타난다. 교육적 과정에서 이 직관의 '명백성'을 고려해야 한다. 우리는 그러한 직관이 **절대적 방식으로** 자연스럽지 않다는 것 때문에 그것의 존재를 무시할 수 있다고 말할 수 없다. 내가 500그램의 치즈를 산다면, 무게는 단지 상대적이라는 사실에도 불구하고, 치즈의 무게는 내게는 실재이다. 그 똑같은 치즈는 인공위성에서는 무게를 가지지 않는다. 물론 인식론적인 입장에서, 직관은 **선험적**, 발생적으로 붙박이 진리가 아니라는 것은 근본적으로 중요한 사실이다. **그러나 심리적, 교육적인 관점에서, 자명하고 명령적인 것으로 보이는 해석의 범주를 (옳던 또는 옳지 않던) 확인하는 것은** (그것이 오직 어떤 문화의 영역에서만 그렇다는 사실에도 불구하고) **또한 근본적으로 중요하다.**

요약

직관적 인지라는 복잡한 영역을 명확히 하기 위하여 두 가지 분류가 제안되었다. 첫째는 다른 인지 활동에 관하여 서로 다른 유형의 직관이 수행하는 역할에 근거한다. 이 준거에 기초하여 다음의 네 유형이 구별되었다.

1. **단정적 직관.** 이것은 (a) 의미론적 직관, 관계적 직관, 추리적 직관으로, 그리고 (b) 기초적 직관, 개별적 직관으로 더 범주화될 수 있다.
2. **추측적 직관.** 이것에 관해서는, 특유한 영역 내에서 초보자의 직관과 전문가의 직관으로 더 구별될 수 있다.
3. **예상적 직관.** 이것은 문제해결에 관련된다.
4. **결론적 직관.** (또한 ??쪽의 도식적 다이어그램을 보라.)

분류의 둘째 기초는 직관의 원천과 관계가 있다. **일차적 직관**은 (물론 문화적 변용에 종속되지만) 정상적인 일상의 경험에 기초하여 발달된다. 대조적으로 **이차적 직관**은 자연스러운 경험을 통해서가 아니라 어떤 교육적 개입을 통하여 획득되는 것이다. 종종 이것들은 똑같은 개념과 관계가 있는, 대응하는 일차적 직관과 모순된다.

6

추리적 직관과 논리적 추론

이 장에서는 앞 장에서 확인한 직관의 범주 중의 하나인 추리적 직관에 대하여 상세히 논의한다. 톰(R. Thom, 1971)은 추리적 직관의 한 가지 예를 다음과 같이 제시한다.

> 여우는 암탉이 닭장 속에 있고 닭장이 마당에 있다면, 암탉이 마당에 있다는 것을 안다. 여우는 집합론을 배우느라 고생한 적이 없다. 마치 몰리에르의 《평민 귀족》에서 쥬르댕이 산문체를 알지 못한 채, 그것을 사용하는 것처럼, 누구나 그가 존재하는 그 순간부터 집합론을 사용한다.

추리적 (또는 논리적) 직관은 논리적 조작에 동반되는 타당성 느낌을 표현하는 것이다. 그것은 내재적으로 추론과 관련되어 있고, 일차적 직관 아니면 이차적 직관일 수 있다. 추리적 직관은 과학적 사고와 수학적 사고에서, 그리고 결과적으로 과학교육과 수학교육에서 근본적 역할을 한다.

삼단논법에서 결론은 전제에 의하여 결정된다. **그러나 이전에 받아들여진 전제로부터 진리를 연역하는 방법으로서의 삼단논법의 타당성은 증명될 수 없다.** 캐럴(L. Carroll, 1895)은 긍정법 규칙 내에서 작용하는 것과 똑같은 논리에 따라 긍정법 규칙을 논리적으로 정당화하려는 시도가 무한소급을 어떻게 창조하는지 보여 주었다(Hofstadter, 1979). 우리는 삼단논법을 직관에 의해 받아들여야 한다(Ewing, 1941, Westcott, 1968, pp. 17-19). 이것은 추리적 직관의 예이다.

우리가 귀납적 추리의 보편성을 받아들이는 것은 바로 직관에 의해서이다. 만약 수많은 시행 후에 쇠는 전기 전도성이 있다는 것을 발견했다면, 이 발견 결과를 일반화하고 쇠는 **일반적으로** 전기 전도성이 있다는 결론을 내리기 쉽다. 그러한 일반화의 기초는 무엇인가? 이 조작의 타당성을 위한 어떠한 명시적 명증도 찾을 수 없다. 말할 수 있는 유일한 것은 유한 번의 발견 결과로부터 보편적 명제로의 일반화는 사실과 모순되지 않았다는 것이다. (그러나 이 주장 자체는 귀납에 호소하는 것이다.)

경험적 사실과 관련된 논리적 추리에 대하여 말할 수 있는 모든 것은 또한 수학적 추론에 대해서도 역시 타당하다. 예를 들어, '수학적 귀납법'이라고 부르는 것은 몇 가지 수학적 이유에 따라 외삽이 합법적이라는, 직관적으로 받아들여진 확신에 근거한다.

논리적 조작의 직관적 이해의 발달에 관하여 몇 가지 쓸모 있는 정보가 있다. 구체적 조작기의 아동들은 (AAA나 EAE 형태의) 정언 삼단논법에서 주어진 전제로부터 나오는 결론을 확인할 수 있다. 아동들이 이 결론을 스스로 공식화하는 것이 더 어렵다. 예를 들어, 아동 앞에 놓인 탁자 위에 (모두 플라스틱 소재로 된) 네 개의 빨간 정사각형, 한 개의 노란 삼각형, 한 개의 파란 삼각형, 한 개의 노란 직사각형, 그리고 한 개의 파란 원이 놓여 있다. 실험자는 "빨간 도형의 모양은 무엇이지?"라고 묻는다. 물론 정상적 답은 "빨간 도형은 모두 정사각형이에요."라는 것이다. (첫째 전제) 실험자는 피험자가 볼 수 없도록 도형을 숨긴 다음, 빨간색이 아닌 도형을 제거하고 남은 (빨간색) 도형을 격자 뚜껑으로 덮는다. 격자 뚜껑을 통해서는 더 이상 도형의 모양을 볼 수 없지만 색깔은 확인할 수 있다. 실험자는 "아래에 있는 도형은 무슨 색이지?"라고 묻는다. 정상적 답은 "격자 뚜껑 아래 있는 도형은 모두 빨간색이에요."라는 것이다. 이것이 삼단논법의 둘째 전제이다. 그런 다음 실험자는 "격자 뚜껑 아래에 있는 도형의 모양은 무엇이지?"라고 묻는다. 피험자가 다음의 서로 다른 두 가지 방식으로 대답하게 한다. (a) 어문적으로 결론을 말로 공식화하는 것. (b) 문제에 제시된 네 개의 필기된 명제 중에서 옳은 것 하나를 선택하는 것. (즉, 격자 뚜껑 아래에 있는 도형은 정사각형) 이 예는 첫째 삼단논법 격(格)인 논식 AAA를 구체화한 것이다. 똑같은 방식으로 첫째와 둘째 삼단논법 격의 네 가지 논식 모두를 조사했다. 피험자는 2, 3, 4, 6, 8학년 학생 각각 20명씩이었다(Fischbein, Barbat & Minzat, 1975).

7–8세 아동들(2학년)의 80%가 AAA 유형에서 옳은 결론을 확인할 수 있다는 것이 밝혀졌다. EAE와 AII 유형의 삼단논법에서는 65%의 정답이 있었으나, 반면에 논식 EIO에서는 첫째와 둘째 격 모두에서 오직 하나의 정답(5%)이 있었다. (우연히 그렇게 대답했을지도 모른다.) 이 자료로부터 **구체적 조작기의 아동들에게는 AAA 유형의 정언 삼단논법에 관한 자연스러운 논리적 적성이 있다**는 결론을 내릴 수도 있다. 아동은 격자 뚜껑 밑에 있는 것을 보지 못하지만, 그 밑에 정사각형이 있다는 결론을 내린다. 이 종류의 신념이 추리적 직관을 대표한다.

요점은 다른 논리적 추리뿐만 아니라 삼단논법도 순수한 개념적 구조가 아니라는 것이다. **그것은 항상 추리의 타당성에 대한 신념인 더 기본적인 특별한 논리외적 태도를 나타낸다.**

다음과 같은 가설적 추론의 일부를 생각하자. (1) 만약 물체 A가 금속이라면 전기를 전도할 것이다. (2) 물체 A는 금속이다. (예를 들어, 그것은 나트륨임이 확인되었다.) 그러면 (3) 물체 A는 전기를 전도한다. **여기서 추리의 타당성 외에는 직관적으로 분명한 것은 아무 것도 없다.** 이것이 오직 정신적 습관을 나타낸다고 주장할 수 있다. 사실 그것은 정신 습관이 아닐 뿐만 아니라, **내재적인 확신의 느낌을 동반하는 인지 유형의 하나이다.** 수를 곱하거나 나누는 알고리즘 또한 학습될 수 있고, 마침내 정신적 습관이 될 수도 있다. 그러나 이것은 직관이라고 하는 내재적 명증을 갖지는 못한다.

일반적으로 말해서, 논리적 사고의 공리는 그러한 근본적 신념에 근거한다고 말하면 무난할 것이다. 이것은 논리적 직관이라는 영역을 구성한다. 수학교육은 (그리고 일반적으로 지적 교육은) 논리적 사고의 형식적 법칙에 대응하는 맹목적이고 자동적인 지적 기능을 훈련시키는 것에 만족해서는 안 된다. 그러한 맹목적 규칙은 실제적 문제해결 과정에서 저절로 작동하지는 않는다. 이것은 맹목적인 연습 문제의 해결에서 작동할 수 있다. 우리는 학생에게 함의의 진리표를 지도할 수 있지만, 이에 대응하는 직관이 발달되지 않는다면 사고 과정에서 이것을 자연스럽게 사용하게 되지는 않는다. 예를 들어보자. (1) 사각형 A가 정사각형이면 대각선의 길이는 같다. (2) A는 정사각형이 아니다. 아동들은 자연스럽게 A가 길이가 같은 대각선을 갖지 않는다고 결론을 내리는 경향이 있다. 한편 "도형 A의 대각선의 길이는 같다는 것이 증명되었다."는 명제로부터 아동들은 A가 정사각형이라는 결론을 내리는 경향이 있다. 함의 $p \rightarrow q$를 사용할 때 12–13세의 아동들은 q

를 단언함으로써 나올 수 있는 **불확실한** 결론과 q의 부정에서 나오는 **확실한** p의 기각을 자연스럽게 구별하지 못한다.

교육적 문제는 오직 논리적 사고를 위한 정신적 기능의 집합을 만드는 것이 아니다. 새로운 지적 신념 즉, 직관이 형성되어야 한다. 직관의 역할은 추리를 제안하거나 확인하는 것만이 아니다. 직관의 기능은 그 외에도 "내 추론으로는 무엇인가 틀렸다고 느낀다."는 것과 같이, 어떤 주장의 완비성 또는 역으로 불완비성을 주관적일 뿐만 아니라 논리적으로 측정하는 것이다. 그러한 느낌은 건전하고 활동적인 추리적 직관이 형성되었을 때에만 가능하다.

피아제의 연구를 포함하여 논리적 구조의 발달에 관해서는 상대적으로 풍부한 참고문헌을 찾아볼 수 있다. 우리는 이미 피아제가 밝혀낸 조작적 직관 개념에 대하여 언급했다. 그러나 피아제는, 이미 말했듯이, 조작기 아동들의 논리적 추론과 관련된 특유한 직관적 면, 직관적 제약과 한계를 체계적으로 확인하지 않았다.

아동들의 삼단논법적 추론에 관련해서는 발견 결과가 뚜렷하지 않다. 힐(S. Hill, 1961)은 구체적 조작기의 아동들은 삼단논법적 추론을 보일 수 있다고 주장했다. 로베르지와 파울러스(J. Roberge & D. Paulus, 1971)같은 연구자들은 일반적으로 아동들은 삼단논법적 추론을 사용할 수 없다고 생각한다. 대부분의 연구자들은 아동들이 때때로 삼단논법적 추론으로 옳은 결론에 이를 수 있지만, 아동들이 모순 없이 옳은 것은 아니라고 제안한다(Ennis et al., 1969; O'Brien & Shapiro, 1968; Peel, 1967; Taplin et al., 1974). 특수하게 조건적 추론을 언급하는 니퐁(J. Knifong, 1974)은, 사실상 아동들은 **전도(trnasduction)**에 의해 옳은 풀이를 발견할 수 있을 때 그때에만 옳게 대답할 수 있고, 그것은 **긍정법**과 **부정법**이라 불리는 추론 유형과 더불어 일어난다고 주장한다.

> 예를 들어: "이 물체가 설탕이라면 그것은 달다."
> **긍정법**: "이 물체는 설탕이다. 따라서 그것은 달다."
> **부정법**: "이 물체는 달지 않다. 따라서 그것은 설탕이 아니다."

니퐁은 위의 경우에서 옳은 결론에 도달한 아동은 암시적 추론이 아니라 오히려 전도적 추론을 보인다고 주장한다. 아동의 마음에서 원소들이 (일종의 양면적 관계성을 통해) 비방향적 병렬로 연결되어 있다. 이 단언을 증명하기 위해서는 조건적 추론의 다른 두 가지 유형 즉, 전건(前件)의 부정(이 물체는 설탕이 아니다)과 후건(後件)의 긍정(이 물체는 달다)을 점검해야 한다. 아동이 함의의 관계를 진짜로 이해한다면 그는 이 두 가지 사례에서 어떠한 명쾌한 결론도 도출되지 않는다는 것을 이해해야 한다. 만약 아동의 추론이 전도적이라면 전건이 부정되었을 때는 부정적 결론을 도출했을 것이며, 후건이 긍정되었을 때는 긍정적 결론을 도출했을 것이다. 니퐁이 인용한 연구 결과는 이 예측과 모순되지 않는 것 같다.

사실은 상황이 훨씬 더 복잡하다. 적어도 세 가지 유형의 실험을 생각해 볼 수 있다. (a) 질문이 기호적 형태로 제시된다. "p이면 q이다. p이다. q는 어떠한가?" (b) 질문이 구체적이고 친숙한 자료를 언급한다. (이것이 설탕이라면 이것은 달다. 등등.) (c) 질문이 구체적이지만 순수하게 규약적인 관계성을 언급한다. (나의 정원에서 곤충이 크다면 그 곤충에는 줄무늬가 있다.)

우리가 말한 대로 우리의 가설은 다양한 유형의 논리적 추리의 타당성이 직접적 각지에 의해 직관적으로 받아들여질 수 있다는 것이다.

그러한 가설을 점검하고자 노력하면서 연구자는 큰 어려움에 직면했다. 질문이 순수하게 기호적 형태로 표현된다는 것을 생각하자. (예를 들어, "p이면 q이다. 우리는 p가 참임을 알고 있다. q에 대한 결론은 무엇이겠는가?") 피험자가 논리적 스키마를 갖고 있지 않기 때문이 아니라, 오직 명제의 추상적 형태가 논리적 스키마를 이끌어내는 것을 막을 수 있다는 것 때문에 피험자들이 옳은 결론을 도출하지 못할 것이라는 것이 가능하다.

다른 한편, 기호에 구체적 의미를 부여한다면 피험자는 순수한 논리적 수단을 통해서가 아니라 구체적 상황을, 예를 들어, "이 액체가 물이라면 당신은 그것을 마실 수 있다. 그러나 이 액체는 물이 아니다. 결론은 무엇인가?"를 직접적으로 고려함으로써 결론을 도출할 수도 있다. 피험자는 어떠한 명확한 결론도 도출될 수 없다고 옳게 대답할 수 있다. 이것은 그가 함의 $p \rightarrow q$에서 p를 부정해도 q에 대한 확실한 결론을 도출할 **수 없다**는 것을 알기 때문이거나, 아니면 그가 솔직히 그 액체가 물이 아니더라도 마실 수 있는 다른 어떤 액체일 수 있다는 것을 알기 때문이다.

이 방법적 어려움으로 인하여 다양한 논리적 추리를 옳게 사용하는 아동들의 능력에 관하여 외관상 모순된 결론에 이르게 되었다. 이 어려움을 극복하기 위하여 쿤(T. Kuhn, 1977)은 조건적 추론에 관하여 세 유형의 실험을 사용했다. 첫째 연구에서 삼단논법은 친숙한 관념을 언급한다. (예를 들어, "턴도르에 사는 모든 소년들은 구슬놀이를 한다. 크리스는 턴도르에 산다. 크리스는 구슬놀이를 하는가?")

둘째 연구에서 구체적 측면을 다시 사용했지만 그 사이의 관계는 완전히 규약적인 것이었다. 특유한 생활 경험 어느 것도 아동들에게 정답을 암시하지 않는다.

셋째 연구에서 피험자에게 다음 이야기를 제시했다. 정원에 세 종류의 곤충이 있는데, 하나는 크고 줄무늬가 있고, 하나는 작고 줄무늬가 있고, 하나는 작고 검은색이다.

피험자들에게 8개의 문장을 주고, 그 곤충에 대한 이전의 서술에 따라 옳은 문장이 어느 것인지 결정하게 했다. 사실 위의 서술은 함의 "'크다'는 '줄무늬가 있다'를 함의한다."를 표현한다. 참인 문장은 "나의 정원에서 어떤 곤충이 크다면 그것에는 줄무늬가 있다."는 것과 "나의 정원에서 곤충이 검은색이면 그것은 작다."라는 것이었다. 피험자는 제시된 8개의 문장 중에서 이 두 개의 옳은 문장을 찾아내어야 했다. (틀린 문장의 예는 "곤충이 크다면 그것은 검은색이다.")

위의 연구에서 얻어진 결과를 비교함으로써 논리적 스키마를 사용하는 아동들의 자발적 능력을 꿰뚫어 보는 희망을 가질 수 있다.

쿤의 총체적 결론은, 전통적인 삼단논법의 해결에 요구되는 논리적 조작은 중간 아동기 에 획득된다는 것이다. 아동들이나 어른들이 전통적인 삼단논법 검사에서 성취가 낮은 것은 검사의 구조에 기인하는 것이며 논리적 조작에서의 적성이 부족하기 때문이 아니다(Kuhn, 1977).

쿤의 논문에서 예를 하나 더 인용하자. 몇몇 피험자들은 "턴도르에 사는 모든 사람들은 금발이라는 것을 가정했을 때, 금발인 데이브는 턴도르에 사는지"를 결정할 때, 처음에는 "예"라고 대답했지만, 예를 들어 "아니요, 잠시만, 나는 금발이지만 턴도르에 살지 않아요."라고 말하면서 즉각적으로 스스로 답을 고쳤다. 쿤은 다음과 같은 결론을 내렸다. "이 명제의 실생활 의미는 이 경우에 아동이 q와 협력하여 $\bar{p}$의 가능성을 알아볼 수 있게 하는 데 분명하게 필요하다."(Kuhn, 1977, pp. 348-349)

쿤의 논평은 본질적인 방법론적 그리고 이론적인 문제를 제기한다. 위의 예에서 그 아동이 함의의 진리표를 암시적으로 알기 때문에 옳게 결론을 내렸다고 주장할 만한가? 사실상 그의 진짜 원천은 논리외적인 것 같다. (그는 턴도르에 살고 있지 않지만 자신이 금발을 가지고 있었다.) (2학년과 3학년 학생들에게서조차) 임계적 (비종결적) (전건을 부정하고 후건을 긍정하는) 문항에 대한 정답의 상대적으로 높은 백분율은 그 아동이 의지할 수 있는 정보의 논리외적 원천에 기인할 수도 있다. 또한, 베라이터 등(C. Bereiter et al., 1979)은 논리적 추론을 수행하는 아동의 능력을 평가할 때, 엄격한 논리적 추리와 논리외적 자료를 사용하여 이루어진 추리를 구별해야 한다는 사실을 강조했다.

위에서 언급한 쿤의 두 연구도 똑같은 결론을 뒷받침한다. 쿤은 피험자들이 (논리적 제약의 경계를 넘는) 어떤 실제적 정보에 의지하는 것을 허용하지 않는 검사로, 아동들이 몇몇 임계적 문항에서 성취가 매우 낮다는 것을 발견했다. 예를 들어, 쿤은 둘째 연구에서 $p \to q$ 문항에 대하여 3-5학년 학생들의 답 중에서 옳은 것을 전혀 찾지 못했고, 7학년 학생들에서는 10%의 정답을 찾았다. 오브라이언 등(T. C. O'Brien et al., 1971), 베라이터 등(1979), 아디(H. Adi et al, 1980) 등이 유사한 결론을 도출했다.

간단히 말해서, 구체적 조작기의 아동들에게서 어떤 안정적이고 기본적인 논리적 구조가 발달한다고 결론을 내릴 수 있다. 가장 먼저 발달하는 것은 논식 AAA형의 정언 삼단논법과 **긍정법** 유형의 조건적 삼단논법으로 표현되는 것으로, 둘 다 부류의 포함 관계에 관련된다. 다른 유형의 추리는 더 늦게 발달한다. 그러나 ($\bar{p} \to q$와 같은) 어떤 유형의 추리는 결코 완전히 동화되지는 않는 것 같다.

중요한 그리고 이론적이고 실제적인 시사점을 가진 다른 문제가 여전히 있다.

논리적 스키마와 이에 대응하는 실제적 능력 사이의 관계성은 무엇인가? 어떤 문제를 해결하는 데 요구되는 논리적 규칙을 안다는 사실은 그 문제를 해결하기 위한 충분조건인가? 피아제식의 개념작용은 다음의 본질적 제한과 함께 이 문제에 대한 긍정적 풀이를 함의하는 것 같다. 무엇보다도 나이의 자연스러운 효과로서 사실상 형식적 조작 단계에서 일어나는 것과 같은 조합론적 방식으로 논리적 조작을 사용할 수 있어야 한다(Inhelder & Piaget, 1958).

피아제식 견해에 대하여 상당한 비판이 있었다(예를 들어, Johnson-Laird, 1983; Parsons, 1960; Wason, 1977). 존슨-레어드(Johnson-Laird, p. 24)는 자신이 "정신적 논리의 교리"라고 명명한 것에 대한 비판에서, 이 교리의 극단적 형태로서 "추론은 명제 계산법일 뿐이다."라는 인헬더와 피아제(1958, p. 305)의 진술을 인용한다. 나중에 그는 (웨이슨(p. Wason, 1977)이 그랬던 것처럼) "피험자는 체계적이고 철저한 방식으로 조합론적 가능성을 자발적으로 조사하지는 않는다."(p. 46)는 자신의 주장을 뒷받침하기 위하여 명증을 인용한다.

이 책에서 표현된 관점은 피아제의 관점과는 다른 것이다. 진정한 실제적 능력은 다양한 요인에 좌우되며, 그 중 두 가지는 이 연구와 직접 관련된다. 하나는 실천의 영향이다. 다른 하나는 각각의 환경에서 작용하는 직관적 제약으로 표현된다.

함의의 진리표를 안다는 사실이 저절로 모든 상황에서 그것의 옳은 사용을 결정하지 않는다.

어떤 논리적 규칙을 **형식적으로** 안다는 사실은 그것이 직관적으로 동화되었다는 것을 함의하지 않는다. 드모르간의 법칙 $\overline{p \cdot q} = \bar{p} \vee \bar{q}$, $\overline{p \vee q} = \bar{p} \cdot \bar{q}$를 안다는 사실이 이 법칙을 분명한 것으로 여긴다는 것을 의미하는 것은 아니다. 대조적으로 $A = B$와 $B = C$가 주어지면 분명하고 필연적인 추리로서 직접 $A = C$임을 본다.

피아제와 벌링거(Piaget, 1980)가 수행한 흥미로운 실험은 어떤 특정 연령에서 시작해서 동치의 추이성이 분명한 속성으로 파악된다는 것을 보였다.

5세에서 12세까지의 아동들에게 지름의 길이가 0.2mm씩 증가하는 7장의 원판을 비교하게 했다. 이것은 실제적으로는 분간하기 어려운 차이이다. 피험자들이 오직 쌍으로만 원판을 비교하는 것이 허용되었다. 아동들은 추이성에 근거하여 첫째 원판과 마지막 원판이 같아야 한다는 결론을 내렸다. 피험자들은 양쪽 끝의 두 원판의 지름의 길이가 사실상 다르다는 것을 알고는 놀라워했다. 오직 11세 된 아동들만이 갈등을 해결할 수 있었는데, 그들은 실제로 주어진 모든 원판이 같지 않으며, 연속하여 순서대로 정렬되어 있다고 했다. 우리가 강조하고 싶은 것은 아동들이 양쪽 끝의 두 원판의 부등성에 **놀라워했다**는 사실이다. 이것은 어떤 표상의 직관적 본성의 지표(indicator)로 간주될 수 있는 그 표상에 모순될 때 놀라게 되는 그런 종류의 놀라움이다.

다른 예를 말하자. 자연수 집합과 짝수 집합이 상등이라는 것을 학습할 때 충격을 받는다. 집합은 그 진부분집합 중의 하나와 논리적으로 상등일 수 없다. 전체가 그것의 부분 각각보다 더 크다는 것은 직관적이고 논리적인 규칙이다. 명제가 이 규칙에 모순되는 것 같을 때 명증 그 자체에 모순된다고 느낀다.

이미 말한 바와 같이 다양한 논리적 규칙의 직관성에 관하여 쓸모 있는 체계적 실험자료는 없다. 지금까지는 연구자들이 이 문제에 관심을 두지 않았던 것 같다.

이미 얻어진 풀이를 점검할 때만 논리적 절차를 사용한다면 논리적 스키마의 직관성은 중요하지 않다고 간주될 수 있다.

그러나 논리적 추리는 매우 흔히 암시적이기는 하지만, 모든 지적이고 창조적인 노력에서 근본적 역할을 해야 한다. 이것은 어떤 논리적 조작의 속성의 내재적 명증 또는 명증의 결핍이 추론 과정의 바로 그 코스에 직접적 즉, 통제되지 않은 영향을 미칠 수 있음을 의미한다.

한 예로 유명한 네 장의 카드 문제를 생각해보자. 이 문제가 소개된 이래로 상당히 많은 문헌에서 이 문제를 다루었다(예를 들어 Evans(1982), Johnson-Laird(1983, p. 30ff)를 보라). 이 문제의 한 가지 형태에서는 다음의 규칙을 진술한다. "카드의 한 면에 모음이 있으면 반대 면에는 짝수가 있다." 카드를 E, 4, K, 7이 보이도록 제시한다. 피험자들에게 이 규칙이 참인지 또는 거짓인지를 알아내기 위하여 주어진 각각의 카드의 반대 면에 있는 것이 무엇인지 알아야 할 필요가 있는지에 대하여, '예' 또는 '아니요'로 대답하도록 요구했다. 웨이슨과 에반스(1975)가 수행한 실험의 반복 실험에서, 질문을 받은 24명의 대학생 중에서 아무도 정확한 카드를 선택할 수 없었다는 것이 확인되었다. 아디 등(1980)은 더 최근에 수행한 실험에서 제시된 네 장의 카드에 대하여 14.9%의 대학생들이 (E와 7을 뒤집어 보아야 하며, 4와 K는 관련이 없다)는 정확한 답을 했다는 것을 확인했다.

위의 예에서는 함의를 취급하고 있다. p(카드의 한 면에 모음이 있다)이면 q(카드의 반대 면에 짝수가 있다)이다. 어떠한 논리외적인 것의 고려도 도움이 되지 않는다. 형식적으로 $p \rightarrow q$는 p를 긍정하면 암시적으로 q를 긍정한다는 것과 q를 부정하면 암시적으로 p를 부정한다는 것을 의미한다. p를 부정하거나 q를 긍정해서는 확실한 결론에 이르지 못한다. 결과적으로 네 장의 카드로 돌아오면, 다음의 두 가지 카드를 점검해야 한다. (p의 긍정에 대응하는) 카드 E 그리고 (q의 부정인) 카드 7. 일반적으로 함의의 진리표를 아는 사람들조차도 옳은 풀이를 전부 찾아내지는 못한다. 우리의 가설적 설명은, 이 사람들이 함의의 완전한 구조를 **직관적으로** 동화하지 못했다는 것이다. 우리의 개념작용에 따르면, 직관적으로 동화한다는 것은 그 각각의 개념을 내재적으로 명백하고 행동적으로 유의미하고 효과적인 인지로 바꾸게 하는 것을 의미한다. 함의의 긍정법 성분만이 자연스럽게 직관적 해석을 획득한다고 그럴듯하게 가정할 수 있고, 그리고 이것은 함의가 (소거되거나 또는 동치 관계로 전환되는 조건적 구조를 가진) 정언적 AAA 삼단논법으로 직관적으로 전환하는 것을 의미할 것이다.

예를 들어, 아디 등의 실험에서 몇몇 피험자는 다음과 같은 방식으로 대답했다. "반대 면에 짝수가 있을 것이기 때문에 E 카드를 뒤집을 필요가 없다." 또는 "반대 면에 모음이 있을 것이기 때문에 4 카드를 뒤집을 필요는 없다." 다음과 같이 대답한 학생도 있었다.

"반대 면에 모음이 있는지 알기 위하여 나는 4 카드를 뒤집고 싶다." (이것은 동치에는 적절한 점검이지만 함의에는 그렇지 않다.)

청년기에서의 완전한 조합론적 체계를 표현하기 위하여 가정되는 추론의 형식적 구조는(Inhelder & Piaget, 1958) 오직 실제적 능력이라는 관점에서 고려된 잠재력이다. 솔직히 그 중 어떤 것은 학습되어야 한다. 그것은 형식적 조작기에 자발적으로 발달하지 않는다. 그 중 어떤 것은, 심지어 학습되고 형식적으로 알게 된 후에도 자발적으로 지금의 정신 행동의 빠뜨릴 수 없는 부분이 되지 않는다. 그것이 암묵적이고 암시적으로 생산적인 정신적 도구로서 진짜로 영향을 미치지 못하고 개념적으로 알게 될 수 있다. 그것은 원시적인 논리적 구조와도 갈등을 일으킬 수 있다.

논리적 스키마의 직관성의 정도에 대한 정확한 자료를 얻는 데 있어서의 방법론적 어려움은 확실히 이 스키마가 어떤 내용을 참조할 때만 그 직관성의 존재나 부재를 드러낼 수 있다는 사실에 의하여 커진다. 이 직관성의 정도가 절대적이지 (즉, 논리적 스키마 그 자체의 본질과 절대적으로 관련되지) 않는다는 것 또한 역시 그럴듯하다. 그것은 또한 (비록 피험자가 정답을 얻기 위하여 자신의 개인적 경험을 참조할 가능성을 가지고 있지 않다고 하더라도) 내용에 좌우된다. 네 장의 카드 문제를 변형한 문제를 사용한 많은 연구에서는 내용과 관련된 강력한, 그러나 완전히 무모순은 아닌 효과를 보여 주고 있다. (그러한 연구의 요약으로 그리그스(R. A. Griggs, 1983)와 웨이슨(1983)을 보라). 그러나 어떤 내용을 참조하는 문항을 만들고 그리고 동시에, 이 내용이 어떠한 논리외적 귀결도 암시할 수 없는 정도로 이 내용이 규약적임을 확인하는 것이 가능한가?

이 모든 것은 열린 문제이다. 우리는 체계적인 실험적 증거를 가지고 있지 않다. 그러나 다양한 논리적 연결사의 직관성 문제는 수학교육 및 과학교육에서 근본적으로 중요하다. 수차례 강조했던 대로, 논리적 조작의 진리표를 안다는 사실이 실제적 문제해결 상황에서 그것의 자동적 사용을 보증하지는 않는다. 이 단언은 특히 어떤 추리의 타당성에 대한 결정이 **논리외적인 고려 사항을 사용할 가능성 없이** 매우 흔히 이루어져야 하는 수학적 사고와 상당한 관련이 있다. 그러한 검증은 결론에 도달한 후에 어떤 가설적 명제의 귀결을 경험적으로 점검함으로써 수행될 수 있다. 그러나 해결을 위해 노력하는 동안에, 그러한 점검을 수행할 수 있는 가능성(또는 심지어 그 아이디어)을 전혀 갖지 못하는 경우가 매우 흔하다.

몇몇 예를 더 생각하자. 갤브레이스(p. L. Galbraith, 1981)가 수행한 연구에서, 학생들은 각 자리수의 합이 7로 나누어떨어지는 수에 관한 질문을 받았다. 예를 들면, 34에서 $3+4=7$이며, 185에서 $1+8+5=14$이다. 질문은 다음과 같이 계속된다. "70보다 작은 수 중 그러한 수 모두의 목록 L을 만든다면, 처음 몇 개의 수는 7, 16, 25, 34이다." 이 목록에서 다음으로 가장 큰 수를 적어보아라. 개리는 "7로 시작하여 9를 계속 더해 나가면 항상 목록 L에 있는 수를 얻을 것이다."

(1) 개리는 옳은가?

브렌다는 "목록에 있는 모든 수는 앞의 수에 9를 더하여 찾을 수 있다. 당신은 7로 시작한다."라고 말한다.

(2) 브렌다는 옳은가?"(Galbraith, 1981, pp. 9–10).

개리와 브렌다의 진술에 대하여 정답을 구하기 위해서는 대응하는 증명을 찾거나, 아니면 목록에 있는 모든 수를 경험적으로 점검해야 한다. 사실 많은 아동들은(12–15세) 이 문제를 해결하는 데 필요한 논리적 구조를 정확하게 사용할 수 없다.

갤브레이스는 다음과 같은 답을 인용한다. "규칙이 한 경우에 성립하면 그것은 다른 경우에도 성립할 것이다." 또는 "그것이 세 경우에 성립하면 그것은 성립해야 한다." "브렌다는 어느 정도까지는 옳다." "한 가지 예로 그것을 반증하기에 충분하지 않다." "100만 번의 기회에서 한 번의 별난 사건이 있을 수 있다." 이 학생들은 함의를 하나의 충실한 논리적 도구로 전혀 사용하지 않고 있다. 브렌다와 함께, 목록 L에 있는 모든 수(즉, 7로 나누어떨어지는 수)는 7에서 시작하여 9를 계속 더하여 얻을 수 있다는 것을 단언하기 위해서는, 사람들은 형식적 증명이 없을 때는, 함의의 **긍정법** 성분에 호소함으로써 반례를 점검해 보아야 한다. 그리고 많은 피험자들이 자발적으로 이것을 하지는 못했다. 그러나 심지어 각 자리수의 합이 7로 나누어떨어지지만 9를 계속 더해서는 얻을 수 없는 수(59와 68)를 목록에서 찾은 후에도 많은 피험자들은 그것 때문에 브렌다의 명제가 부정된다는 것(즉, $\bar{q}\rightarrow\bar{p}$)을 받아들이지 않았다. 학생들의 접근 방법은 오히려 경험적인 것으로, 그것에 따르면 예외는 법칙을 반박하지 않을 수도 있다. (왜냐하면, 잠재적으로 어떤 통제되지 않은 요인이 방해했을 수 있기 때문이다.)

오브라이언 등(1971)은 10학년 학생들 중 20%만이 몇몇 함의 검사에서 옳게 대답할 수 있음을 발견했다. 그들은 이것이 많은 학생들이 수학적 증명을 구성하거나 그 타당성의 점검에서의 성공 부족을 설명할 수 있다고 결론을 내렸다.

피아제의 이론에 따르면, 형식적 조작 단계의 주요 특징은 기본적인 논리 조작의 조합적 체계의 존재이다. 다시 말해, 청소년이 예를 들어 속성 p와 속성 q가 함께 나타남을 알아낸다면, 그는 함의($pq \vee \bar{p}q \vee \bar{p}\bar{q}$)나 동치($pq \vee \bar{p}\bar{q}$), 이접($pq \vee \bar{p}q \vee p\bar{q}$), 합접 등을 다루어야 하는지 어떤지를 정상적으로, 그리고 자발적으로 질문할 것이다. 확실히 그는 논리적 용어를 명시적으로 언급하지는 않을 것이다. 그러나 피아제의 개념작용으로는, 그는 자신이 옳은 선택을 할 수 있게 해 줄 실험 조건을 만들고자 노력할 것이다. (이미 말한 것처럼 이 견해는 상당히 많은 비판을 받고 있다.)

대부분의 현존 명증은 적어도 청년기의 수학적 사고에 관해서는 다른 결론을 뒷받침한다. 경험적 정보의 직접적 중재 없이는 많은 피험자들이 옳은 형식적 결론을 도출하기 위하여 자발적으로 오직 자신의 논리적 스키마에 의지할 수는 없는 것 같다. 이 단언은 특히 조건적 추론에서 성립한다.

우리의 설명은, 많은 경우에서 피험자가 논리적 스키마를 무시하기 때문이 아니라, 그것이 직관적으로 동화되지 않았기 때문에 각각의 논리적 스키마 비효과적이라는 것이다.

전체적 문제는 훨씬 더 많은 조사를 필요로 하지만 한 가지 결론은 명확한 것 같다. 논리적 능력의 훈련은 수학교육과 과학교육에서 성공을 위한 기본적 조건이다. 형식적 알고리즘적 훈련만을 말하는 것은 아니다. 주요 관심은 이 정신적 스키마의 직관적이고 효율적인 도구로의 즉, 개인의 정신적-행동적 능력에서 유기적으로 통합된 메커니즘으로의 전환이어야 한다.

Part 02

직관을 형성하는 요인

7

직관과 경험

직관적 표상의 행동적 근원

경험은 직관의 형성에서 근본적 요인이다. 그 견해를 뒷받침하는 이용 가능한 체계적 명증 즉, 실천이 새로운 직관을 형성할 수 있음을 설명하는 명증은 거의 없다. 그러나 **직관적 인지의 기본적 원천은 상대적으로 일정한 조건에서 개인이 축척한 경험**이라는 견해를 뒷받침하는 내관적 서술 그리고 다른 일반적인 경험적 서술, 그리고 또한 이론적 분석이 있다.

직관과 관련된 다음 세 가지 주요 실험적 측면을 확인할 수 있다.

(a) 인간 경험의 일반적이고 공통인 요소
(b) 개인이 살고 있는 특정한 지리적 그리고 문화적 환경에 관련된 경험의 측면
(c) 개인의 삶의 다양한 영역에 관련된 특정한 실천(예를 들어 전문적 직관)

첫째 범주에 일반적인 공간 직관이 속하는 바, 이것은 모든 사람들에게서 나이와 함께 발달된다. 실천 그리고 생물학적 성숙의 효과로서 아동은 태어난 첫 해에 처음에는 이질적인 다양한 '공간' 즉, 구강적인 것, 촉각-운동감각적인 것, 자세에 관련된 것, 시각적인 것, 그리고 청각적인 것을 조정하는 것을 학습한다. 그래서 그는 공간의 표상을 얻는 바, 물체의 영속성과 유일한 틀에서의 변위와 위치의 조정이 그것을 특징짓는다(Piaget, 1967; Beth & Piaget, 1966, pp. 213-214). 이 감각-운동적 획득을 기초로 지각적인 공간 능력의 발달이 일어나며, 아동은 형태, 차원, 위치, 거리를 구성하고 평가하는 것을 학습한다. 확실히 공간 표상의 조직화에 기여하는 몇 가지 본유적 요인이 있지만, 행동과 경험이 근본적 역할을 한다. 피아제는 쾰러(W. Köhler)의 유명한 실험을 상기하게 한다. 피험자들에게 렌즈를 사용하여 물체의 상을 뒤집도록 요구했다. 며칠 후 피험자들은 적응을 통하여 환경에 대한 정상적 상을 회복했다.

공간은 주관적으로 3차원적 틀 즉, 예상적이고 행동적으로 유의미한 반응의 구조를 가진다. 그러나 이 자연스럽게 형성된 표상은 뉴턴적인 절대적 공간 해석이 아니다. 우리의 자연스러운 공간 표상은 비동질적이고 이방적(異方的)이다.[29] 사람들은 주목 중인 구역을 넓히는 경향이 있는 반면에, 주변은 좁혀진다. 사람들은 빈 방과 비교하여 가구가 갖추어진 방을 지각적으로 증폭하는 경향이 있다. 등등. 사람들은 공간에 절대적으로 특권적 방향 즉, 수평과 수직, 위와 아래가 있다고 생각하는 경향이 있다. 사람들은 공간을 (유클리드적-뉴턴적 의미에서) '평평한' 것으로 즉, 모든 방향에서 똑바로 퍼져 나가는 빛처럼 표현하는 경향이 있다.

자연스럽게 발달된 공간 표상의 이 모든 속성은 우리의 지구상의 삶과 우리의 행동적인 적응 제약과 관계가 있다.

동시에 공간적 차원은 시간과는 대조적으로 절대적으로 가역적인 것으로 자연스럽게 간주된다. 원칙적으로 B에서 A까지 여행하는 것은 A에서 B까지 여행하는 것과 같다. 차이가 있다면 그것들은 순수한 공간 속성에 돌릴 수 없는 요인에 기인한다는 것이다. 이 공간 표상은 거리, 형태, 위치와 같이 가능하고, 객관적이며, 불변인 속성과 고정된 판단 기준이라는 암묵적 가정을 포함한다. 외적 실재의 기본적 존재 모드는 주관적으로 고체의 기본적 존재 모드인 바, 공간은 본질적으로 기체나 액체의 틀이 아닌 고체의 틀이다.

29 (역자 주) 이방(異方)적이라 함은 어떤 물체 안에서 방향에 따라 물체의 속성이 다르다는 것을 의미한다.

공간과 고체는 어쩐지 직관적으로 합동인 바, 공간은 안정적이고 가역적이며 비교가능하고, 측정 가능한 것으로 본질적으로 나타내어지기 때문이다. 휘발하는 존재물이 아닌 조밀한 직선과 곡면이 직관적으로 받아들일 수 있고 조종 가능한 참조 체계를 나타낸다.

우리의 직관적 공간 표상은 사실상 모순된 속성의 혼합물이다. 그것은 유클리드적-뉴턴적 속성과 원시적 신념의 혼합물이다. 우리는 공간을 직관적으로, 평행선을 그릴 수 있고 (객관적이고 불변인 거리라는 아이디어를 포함하여) 측정할 수 있으며, 닮음과 합동을 확립하고, 직선이나 최소 거리와 같은 관념이 의미를 갖는, 환경(milieu)으로 언급한다. 동시에 '위', '아래', '수평', '수직'과 같은 몇몇 방향이 주관적으로, 암묵적으로, 비가역적으로 보인다. 공간 틀은 주관적으로, 암묵적으로 몇몇 특별한 방향과 위치에 독립적이지 **않다.** 공간은 주요 주관적 장소 기준(location reference)을 나타내는 우리의 영속적 집, 우리 마을, 우리나라에 중심을 둔다. 공간은 사람들이 중심화 구역에 접근할 때는 거리가 점점 늘어나고, 역으로 그것에서 멀어질 때는 거리가 줄어드는 효과와 더불어, 사람들이 그것에 접근할수록 밀도가 점점 더 증가하는 듯한 인상을 주는 것 같다.

무엇이 직관 개념과 이 모든 것이 관계가 있게 하는가? 우리는 공간의 속성을 논의하고 있는 중이고, 그리고 이것은 본질적으로 지각의 영역에 속한다. 여기서 공간을 언급한 이유는 그것이 감각적 이미지의 집성체로 환원할 수 **없다는** 것 때문이다.

사실상 공간 표상과 평가는 **개념작용**의 복잡한 체계를 이루는 바, 비록 그것이 반드시 명시적으로 공식화되는 것은 아니긴 하지만, 일반적으로 가까이에 있는 자료와 지각의 영역을 넘는다.

주관적 공간은 실재의 **재생**이 아니라 실재의 **해석**이다. 경험이 그것을 형성하지만 그것은 경험을 능가한다. 그것은 경험의 산물일 뿐만 아니라 또한 경험의 조건 즉, 유기적으로 연결되고, 예상되는 개조된 반응을 위한 조건이다.

공간 직관이 일반적으로 경험과 직관 사이의 관계성의 다양한 측면을 분석하기 위한 좋은 패러다임이기 때문에, 우리는 여기서 공간 직관에 초점을 맞추었다.

첫째로, 아동의 적응 발달의 일부로 발달하는 다양한 감각-운동 스키마가 있다. 아동은 자신의 눈 움직임과 잡기 반사를 조화시키는 것을 학습하고, 따라서 행동적으로 유의미한 주위 실재의 이미지를 획득하는 것을 학습한다. 아동은 정보의 다양한 범주 즉, 시각적인 것, 촉각적인 것, 운동 감각적인 것, 자세에 관한 것을 **표상적인** 그리고 동시에 **행동적으로** 유의미한 이미지로 구조화할 수 있게 된다. 이 이미지는 세 겹의 특성을 처리하는 바, 그 이미지들은 자극 장치이고, 예상 장치이며, 피드백 목적을 위한 도구이다.

아동이 공을 보고, 공을 원하고, 공의 위치에 따라 공을 쫓아 달리며, 공의 움직임에 자신의 반응을 적응시킨다. 첫째 설명에서 아동은 공을 지각하며 그것의 움직이는 이미지가 아동의 운동을 안내한다고 말할 수 있다.

위의 정황에서 실재에 대한 아동의 표상에는 주어진 실재의 순전한 비추기보다 훨씬 더 많은 것이 있다. **그것은 틀로서 그리고 속성들의 앙상블로서 복잡한 (물론 암묵적인) 공간 이론인 바, 그것은 아동의 태도의 원인이 된다.** 공을 쫓아 달릴 때 아동은 공의 궤도를 예상적으로 평가한다. 공을 향하여 똑바로 달리는 것은 어떤 특권화된 궤도의 관념 즉, 직선을 함의하는 바, 그것은 (공에 도달하는) 최소 거리, 그리고 마찬가지로 최소 시간과 수고에 대응한다.

아동은 공이 움직이는 것을 **볼**뿐만 아니라, 공이 계속하여 움직일 것으로 **기대한다.** 아동은 공을 **볼**뿐만 아니라, 그 공이 계속해서 존재할 것이고, 그 형태나 크기, 다른 여러 속성을 계속해서 보존하는 것으로 **기대한다.** 만약 그 공이 형태나 크기에서 심한 변형을 겪었다면 아동은 매우 놀랐을 것이다. 만약 아동이 공을 처음 지점으로 되돌려 놓고자 할 때 공에 도달하는 데 필요한 거리보다 훨씬 더 긴 거리를 가야 하거나 달려야 했다면 놀랐을 것이다. (명백히 우리는 나이와 경험의 효과로 이미 이 직관을 획득한 아동에 대하여 말하고 있는 것이다.)

만약 그 공이 처음에 경사면을 따라 내려갔다가 갑자기 저절로 위로 올라가기 시작했다면 아동은 극도로 놀랐을 것이다.

아동의 공간 표상은 객관적으로 주어진 공간 속성의 반사에 불과한 것이 아니다. 이미 말한 대로 오히려 그것은 행동을 위한 안내로서 그리고 피드백 메커니즘을 경유하여 통제 체계로서 동시에 이바지할 수 있는 그러한 방식으로 구조화된 복잡하고 상대적으로 일관된 **기대**의 모임(set)이다. 공간의 직관을 구성하는 것은 바로 **우리의 신체와 신체 일부의 움직임과 관계가 있는 이 고도로 복잡한 기대 체계 및 행동 프로그램이다.**

사실 우리는 여기서 **한 무리의 직관** 즉, 거리의 평가와 비교, 예상된 궤도, 상대적 위치의 모체, 그리고 이 모든 상징화, 사실상 잠재적 효과를 가진 잠재적 이동을 취급하고 있는 것이다.

둘째로, '공간의 직관'이 감각 운동적이고 지적인 기능의 집합체에 저장된다는 것은 명확하다. 계속적으로 축적된 경험의 효과로 다양한 이미지가 어떤 적응된 반응을 이끌어

낸다. 이 이미지의 적응 의미 자체는 아동의 개인적 실천에 의하여 형성된다.

그러나 기능은 직관이 아니다. 산술 연산 활동에 대한 특별한 직관 어느 것도 드러내지 않고 산술 연산의 수행에서 매우 숙련될 수 있다. 좋은 사수는 목표물을 정확히 맞힌다. 즉, 그는 고도로 숙련되어 있다. 이것은 완전히 조정된 시각적 정보와 적응된 반응의 효과이지만. 그 자체로 직관은 아니다.

직관은 자동화된 반응 체계 이상이고, 기능 또는 기능 체계 이상의 것인 바, 그것은 이론이고, 신념의 체계, 외관상 자율적인 기대의 신념 체계이다.

경험은 어떤 정황에서 안정적 기대를 형성하기 때문에 직관의 형성에서 근본적 역할을 한다.

그러한 기대는 아주 안정적이고, 어떤 정황에 굳게 부착되어, 그들의 경험적 기원은 외관상 피험자의 자각으로부터 사라질 수 있다.

사실상 이것은 인과율 원리의 기원에 관한 흄(D. Hume)의 이론이다. 사람들은 똑같은 집단의 사건은 똑같은 효과가 있을 것이라고 기대한다. 왜냐하면 '관습 또는 습관'은 반복된 연상의 효과로 창조되기 때문이다.

우리의 의견으로는 흄의 해석에서 많은 것이 사실이다. 그러나 흄의 견해를 받아들임으로써 그의 철학적 입장도 또한 받아들이는 것은 아니다. 다양한 범주의 안정적 기대가 심리적으로 경험적 기원을 갖는다는 아이디어는 이 기대가 객관적으로 존재하는 속성과 관계성에 대응하지 않는다는 것을 함의하는 것은 아니다. 솔직히 이것은 다른 문제이다. 우리가 주장하는 것은, 직관은 신념으로서 조직된 안정적이고 자기모순이 없는 기대에 근거하며, 그것은 특정한 경험적 정황에 관해서는 외관상 자율적이지만, 사실상 오랜 경험에 의하여 생성되고 형성되는 경우가 매우 흔하다.

다시 말해, **경험은 안정적 반응 패턴뿐만 아니라, 조직화되고, 외관상 자율적인 신념 체계를 생성함으로써 직관을 생성한다.**

아동이 직선을 그릴 때, 그 아동은 기능을 드러낸다. 아동이 직선은 언제까지나 연장할 수 있다고 단언할 때 그는 직관을 표현한다. 이 직관은 그의 경험과 관계가 있다. 그는 아동이 원하는 만큼 직선을 연장할 수 있다는 것을 학습하여 왔다. 어떠한 절대적 장애물도 이 아동이 그 조작을 계속하는 것을 막지 못한다. 아동이 필요로 하는 것은 충분한 종이이며, (적어도 정신적으로) 여러 장의 종이가 항상 추가될 수 있다.

아동은 곱셈이 의미하는 것을, 그리고 두 수를 곱하면 얻어진 결과는 각각의 승수보다

커진다는 것을 학습했다. 아동은 곱셈의 연산과 관계가 있는 기능 패턴을 획득했다. 동시에 자신의 경험의 효과로서 **신념** 즉, **곱셈은 (반드시) 더 큰 것을 만든다**는 신념이 생성되어져 왔다. 이것은 더 이상 기능이 아니다. 이것은 곱셈에 관한 이론이다.

공을 따라 달리는 아동은 자신이 획득한 수많은 반사 작용에 기초하여 이 행동을 수행할 수 있지만, 이 잘 조직된 움직임을 넘어, 공은 사라질 수 없다는 것, 사람들이 똑바로 달림으로써 공에 도달하는 수고와 시간을 최소화할 수 있다는 것, 공에 도달하기 위하여 자신으로부터 공까지의 거리를 가는 것 이외에 다른 방법은 없다는 것과 같은 암시적 신념이 있다.

이 모든 것은 경험을 통하여 획득되는 암시적 확신이다. 그들은 어찌되었든 '이론적 배경' 즉, 의식 있는 사람이 주어진 정황에서 자신의 기능 패턴의 일관된 연습을 가능하게 해 주는 암묵적이고 전체적이고 인지적인 장면을 나타낸다.

경험과 직관적 편견

경험이 상당한 정도로 직관을 형성한다는 사실은 우리의 활동을 조직하고 방향 짓는 데 있어서 왜 직관이 매우 흔히 도움이 되는지를 설명한다.

다른 한편, 빈번히 강조해 온 대로, 직관은 때때로 실재의 왜곡되거나 잘못된 표상으로 구성될 수 있다. 직관이 기본적으로 행동적인 적응 기능을 갖는다는 것을 받아들인다면, 이것은 첫 눈에 역설적인 것 같을 수 있다.

사실상 직관의 경험적 기원과 역할은 부분적으로는 직관적 편견의 존재**도 또한** 설명할 수 있다.

지구상에서의 인간 경험의 한계

무엇보다도 인간의 경험은 반드시 시간, 공간, 그리고 가능성의 범위에서 제한된다. 확실히 사람들은 직관에 의하여 **외삽하는** 바, 이것은 직관적 인지의 근본적 장점의 하나이다. 그러나 그럼에도 불구하고, 외삽의 방향과 본성은 개인의 경험이 근거하는 조건과 그것이 제공하는 자료에 좌우된다.

기본적으로 지구상의 삶이 우리의 일차적인 공간 표상을 형성한다. 우리는 공간을 무한한 것으로 또는 절대적으로 제한된 것의 어느 하나로 상상할 수 없다. 두 가지 해석 모두 전적으로 우리의 인간적 경험의 범위 밖에 있다. 결과적으로 우리의 공간 직관, 그리고 일반적으로 우리의 직관은 그 본성상 본질적으로 가장 유한하다. 무한(또는 **실**무한)의 관념은 외관상 논리적 모순에 이른다.

우리는 '위'와 '아래'가 존재하지 않는 세계, 심지어 물체가 전적으로 지탱되고 있지 않음에도 '떨어지지' 않고 '그대로 머물러 있는' 세계를 거의 상상할 수 없다.

'지구상의 공간'이라는 특징을 절대화함으로써 사람들은 일차적 공간 직관을 얻는 바, 그것은 지구상의 삶이라는 영역에서 '옳다.'

만약 어떠한 '임페투스'도 물체를 '밀기 위해' 개입하지 않는다면, 그 물체가 언제까지나 계속해서 움직일 수 있다는 것을 거의 상상할 수 없다. 왜냐하면 그러한 '자유' 운동이 지구상이라는 조건에서는 불가능하기 때문이다.

정지와 등속운동이 단지 상대적 개념이라는 아이디어를 직관적으로 파악하기는 어렵다. 왜냐하면 실제로 지구상에서 무제한적으로 많은 수의 외관상 고정된 랜드마크 즉, 지면에 단단히 부착된 물체를 찾을 수 있기 때문이다. 부동성이라는 근본적이고 절대적인 이미지처럼 보이는 것은 무엇보다도 바로 지면 그 자체이다. 개념적으로뿐만 아니라 직관적으로 이 견해를 포기하는 것은 훈련되지 않은 사람들에게는 거의 불가능한 과제이다.

절대적 참조 틀의 존재라는 직관적 아이디어는 인간의 공간 개념작용에 매우 깊이 뿌리박혀 있어서, 과학의 역사에서 그것이 (갈릴레이(G. Galilei)와 뉴턴으로) 대체될 때까지 2000년이 걸렸다. 그러나 심지어 뉴턴의 혁명 **이후**에도 운동의 절대성이라는 원시적 아이디어는 과학 공동체의 개념작용에 계속해서 영향을 미쳤다.

비록 뉴턴은 우주에서 어떠한 절대적 참조 틀의 존재도 부인했지만, 뉴턴 자신도 그러한 틀에 대한 근본적인 직관적 필요로부터 자유로울 수는 없었다. 뉴턴이 절대성이라는 특질을 부착한 것은 공간 그 자체이다. 뉴턴에게 절대적 공간은 항상 '유사하고 움직이지 않은 채' 남아 있는 무한한 용기로 보였다. 사실 어떠한 것으로도 표시되지 않는 완전히 비어 있는 틀이라는 아이디어는 순전히 개념적 허구이지만, 우리의 지구상의 삶이 형성하는 (외적인, 고정된) 절대적 참조 틀에 대한 근본적 필요를 만족시킨다.

더욱 더 흥미로운 것은, 갈릴레이와 뉴턴이 정지와 등속운동의 상태의 상대성을 확립한 후에도, 똑같은 직관적 편향이 수백 년 동안 실재에 대한 과학적 개념작용에 영향을 미쳤다는 사실이다. 사실상 과학 공동체가 관성 원리의 논리적 귀결이었음에 틀림없었을 동시성의 상대성을 이해하지 못하게 한 것은 바로 이 장애이었다.

그래서 경험은 우리의 직관의 형성에서 근본적 역할을 하는 바, 이것은 내가 말한 대로 적어도 부분적으로는, 생산적, 이론적 또는 실제적 노력에 미치는 임의의 영향을 설명한다. 다른 한편, 경험은 항상 정황이라는 한정된 체계에 의해 제한되며 이것이 직관의 신뢰성과 효과성의 영역을 한정하는 데 기여한다. **그럼에도 불구하고, 직관은 그 본성상 그리고 행동적 기능으로 인하여 주관적으로 확실하고, 자기모순이 없고 보편적으로 타당한 표상으로 나타나는 경향이 있다.**

직관적 의미의 실제성

우리는 우리의 직관에 심각한 제한을 강요하는 경험의 필연적으로 **한정된** 본성을 언급한다.

언급할 둘째 측면은 **실제성**이다.[30] 나는 이 용어로 사람들이 관념과 정신 조작에, 정확히 말하면, 오직 구체적이고 물질적인 실재에 속하는 속성을 직관적으로 부여하고자 하는 경향이 있다는 사실을 이해한다.

실제성과 관련이 있는 세 가지 속성 즉, (a) 구체성, (b) 유한성, (c) '복제' 장애에 대해 논의할 것이다. 구체성의 예로서, 입자를 작은 구슬 이외에 다른 것으로, 그리고 입자의 운동을 구슬의 운동 이외의 다른 것으로 상상하는 것은 직관적으로 불가능하다. 심지어 엄밀한 수학적 맥락에서도, 점 또는 선을 구체적 구현물 이외에 다른 것으로 간주하는 것은 불가능하다. (유클리드 기하학에서) 사람들이 점을 0차원적인 것으로, 또는 선을 1차원적인 것으로 서술한다는 사실이 수학적 추론에 관한, 그러한 실제적 표현의 잠재적 영향을 완전히 제거하지는 못한다. 우리는 이미 이 종류의 다양한 효과에 대하여 언급했다. 예를 들어 길이가 다른 두 선분의 점의 집합, 또는 한 선분과 한 정사각형(또는 한 정육면체)의 점의 집합이 상등이라는 것을 받아들이는 것의 **직관적** 불가능성을 상기하자. **직관적으로** 두 선분이 똑같은 수의 점을 갖는다는 것을 받아들이는 것은 불가능하다. 왜냐하면 '직관적으로'는 '실제적' 점을 다루는 것을 의미하기 때문이다. 사실 이

30 (역자 주) 이 장에서 실제성(實際性)은 practicality를 번역한 것으로, 직관적 의미가 실제적임을 표현하기 위한 용어이다.

방식으로 제기되는 문제는 어떠한 직관적 답도 갖지 **않는다**. 왜냐하면 '점'은 어떠한 진짜 대응물도 없는 개념이고, 단지 구성물이고 정의에 불과한 것이기 때문이다. 칸토어의 동시대 사람들은 수학적 존재물의 추상적 본성을 완전히 의식하고 있었다. 그럼에도 불구하고, 칸토어가 한 선분의 점의 집합과 한 정사각형의 점의 집합 사이의 가능한 상등의 문제를 제기했을 때 그들은 충격을 받았다! 사실 그들은 점을 계속해서 진짜 매우 작은 반점으로 생각했던 것이다. (비록 그들이 그 대체물을 결코 기꺼이 자백하려고 하지 않았을 것이지만, 그것은 위선 때문이 아니라 그들이 그 대체물을 전혀 의식하지 못했기 때문이다.)

다른 한편, 사람들은 또한 모든 무한집합은 상등이라고 (그리고, 결과적으로 무한집합 사이의 순서 관계는 어떠한 직관적 의미도 갖지 않는다고) 간주하고 싶어 한다.

이 예는 (이미 앞에서 언급한) 실제성의 둘째 측면을 가져온다. 사람들은 유한한, 아니면 언제까지나 확장 가능한, 그러나 **정말로** 무한하지는 않은 물체, 집합, 또는 사건을 직관적으로 파악할 수 있다. 직관적 수용이라는 그 특수성은 확실히 직관적 신념의 경험적 기원에 기인한다. 우리의 논리적 스키마는 사실상 실제적이고 사회적인 우리의 경험을 조정하는 장치를 나타내는 바, 따라서 그것은 경험의 일반적 특징에 대응해야 한다. 이 특징 중의 하나가 명확히 유한성이다.

우리가 실제적으로 다루는 물체는 공간에서 제한된다. 비록 사실상 그 과정이 언제까지나 확장 가능한 것으로 상상될 수 있지만, 그 과정은 시간에서도 제한된다. '언제까지나 확장 가능하다'는 **가무한**이라 부르는 것과 동치이다. 사람들은 직선이 언제까지나 연장될 수 있음을 직관적으로 받아들일 수 있지만, 사실상 이것은 매 순간에 이 과정이 시작된 후 아무리 오랜 시간이 지났어도, 우리가 실제적으로 얻는 것은 유한한 선분이라는 것을 함의한다.

논의를 계속 하기에 앞서 논평이 필요하다. 사람들은 일반적으로 인지의 직관적 형태와 논리적 (분석적, 연역적) 추론을 구별한다. 그러면 직관적 인지에 관해 논의할 때 논리적 스키마의 특징을 언급하는 것은 부적절해 보일 것이다.

사실상, 우리가 빈번히 강조해 온 대로, 우리의 논리적 스키마는 주관적으로 직관적 토대에 근거하고, 그것은 우리의 적응 경험이라는 제약에 의해 형성된다.

실무한 즉, 무한집합을 다룰 때 우리는 직관적으로 받아들일 수 없는 것으로 보이는 상황에 직면하고 있는 것이다. 고전적 예는 집합이 무한이면 그것은 자신의 진부분집합과 상등이라는 명제이다. 예를 들어, 자연수의 집합과 짝수의 집합은 상등이다. 유리수의 집합과 정수의 집합은 상등이다. (즉, 똑같은 '수'의 원소를 포함한다.) 집합과 그것의 부분이 똑같은 수의 원소를 포함할 수 있다(상등일 수 있다)는 것을 단언하는, 그러한 명제는 직관적으로 받아들일 수 없다.

실무한 집합을 다루기에는 우리는 직관적으로 준비되어 있지 않다. **그것의** 논리는 우리의 실제적 경험에 뿌리박혀 있는 **우리의** 논리가 아니다.

우리 직관의 실제성과 관계가 있는 셋째 측면은 사실상 실제적 용어로는 무의미한 정신 조작을 수행하는 것이 어렵다는 사실이다.

한 물체가 실제적으로 동시에 서로 다른 두 장소에 있을 수 없다. 존이 10개의 구슬을 갖고 있고 리처드가 7개의 구슬을 갖고 있다면, 누가 더 많이 갖고 있는가? 이 비교는 실제적으로, 그리고 물론 직관적으로 유의미하다. 그러나 다음의 고전적인 피아제의 문제를 기억하자. 상자 안에 20개의 나무 구슬이 있는데, 대부분은 갈색이고 몇 개는 흰색이다. 6세 아동에게 나무 구슬이 더 많은지 갈색 구슬이 더 많은지 질문한다. 아동은 일반적으로 '흰 구슬은 오직 몇 개 밖에 없기 때문에' 갈색 구슬이 더 많다고 대답한다. 위의 비교에서 갈색 구슬은 동시에 **서로 다른 두 물체의 집단**에 속하고, 그리고 이것은 **실제적으로** 불가능하다는 것이 아동의 어려움을 설명한다.

피아제에 따르면, (7–8세 이후의) 구체적 조작 수준에서 아동들은 문제가 구체적 용어로 제시될 때에만 (즉, 아동이 그 구슬을 **보고** 그리고 전체가 그것의 부분보다 더 크다는 것을 결정할 때에만) 그 문제를 해결할 수 있게 된다. 형식적 용어로 제시된 유사한 문제는 형식적 조작 단계의 출현까지 해결되지 않은 채로 남아 있다.

정말로, 비교를 위해 집합의 원소의 수를 정신적으로 복제하는 것의 어려움은 어떤 범주의 문제에는 영향을 미치지 않을 수도 있지만, 다른 것에 관해서는 계속해서 유효할 수 있다. 그 결과는 몇몇 범주의 문제의 해결에서의 이상한 직관적 장애이다. 알려진 사례 하나는 확률을 계산하는 것에 관한 것이다. 확률 문항 중 하나는 5학년, 6학년, 7학년 아동들이 다음 문제를 해결하는 것이다. "상자 안에 3개의 빨간 구슬과 4개의 검은 구슬이 있다. 무작위로 (상자 속을 보지 않고) 구슬을 하나씩 꺼내면서, 빨간 구슬을 꺼낼 확률, 검은 구슬을 꺼낼 확률, 검은 구슬을 꺼낸 후에 빨간 구슬을 꺼낼 확률을 계산해야 한다." 다음에서는 오직 5학년 아동들의 경우만 언급한다. 첫째 문제는 6.7%의 아동들이 해결했고, 둘째 문제는 30.9%의 아동들이 해결했으며, 마지막 문제는 21.2%의 아동들이 해결했다. 이 모든 피험자들은 초등 확률 코스를 이수했다. 처음 두 문제에 관해서, 가장 빈번한 오류는 '기대된' 집합을 가능한 시행 결과의 전체집합과 관련시키는 대신 두 개의 부분집합을 비교하는 것에서 나타난다. 둘째 전형적 오류는 다음과 같다. 꺼낸 구슬을 다시 넣지 않는 문제에서 아동은 기대된 시행 결과의 수와 가능한 시행 결과의 수 **모두** 1씩 줄여야 한다는 것을 잊는다(Fischbein & Gazit, 1984).

간단히 말해서 이 경우에 장애는 '부분'을 '전체'와 비교하는 직관적 어려움 즉, 원소의 일부를 두 번 고려하는 행동을 요구하는 조작에 있다. 매우 간단한 구체적 상황에서 검사할 때 7세 아동에게서 나타나는 '복제' 조작을 수행하는 능력은, 더 복잡하고 형식적으로 제시된 조건에서 요구했을 때, 10세 아동에게도 여전히 없었다.

듀발(1983)은 다른 유형의 예를 분석한다. 그는 12-13세의 나이 많은 피험자들이 여러 문제 중에서 자연수 집합을 짝수의 집합과 비교하게 했다.

듀발에 따르면 많은 피험자들이 대답하고자 노력할 때 진정한 어려움에 직면하고 있었다. 왜냐하면 그들은 짝수의 집합에 속하는 수가 자연수의 집합에도 또한 속한다는 것을 발견했기 때문이었다. "6은 N의 원소 - 5의 바로 뒤의 원소 - 이고 동시에 짝수이다." 몇몇 피험자들은 이 상황에 당황했으며, 결과적으로 비교를 수행할 수 없었다. 프로토콜 중 하나를 인용하자.

> 필립: 범자연수가 더 많이 있나요? … 확실히, 명백하지요. 아, 아니에요! 범자연수가 홀수를 포함하는지 안하는지에 달려 있어요.
> R: 그렇지. 범자연수는 짝수는 물론 홀수를 포함하지. 맞았어.
> 필립: 그러나 이건 바보 같아요. 짝수가 없는 것처럼 범자연수도 없어요. 왜냐하면 사람들이 더 이상 사용할 권리를 갖지 않은 짝수를 들어내면 오직 홀수만 남잖아요.(Duval, 1983, p. 406)

듀발에 따르면, 피험자들은 자연수의 집합과 짝수의 집합 사이의 전단사를 받아들일 수 없다. 왜냐하면 그러한 비교를 수행하기 위해서는 똑같은 원소가 이중으로 존재한다는 것을 인정해야 하기 때문이다.

듀발이 서술한 현상인 **복제 장애**는 추론의 몇몇 형식적 유형에 대한 진짜 직관적 장애를 나타낸다. 이것은 또한 수학의 다른 영역에서도 확인되었다. 기하학 문제를 해결해야 할 때 때때로 사람들은 똑같은 원소—변, 각, 꼭짓점—를, 마치 그 각각의 원소가 이중 또는 삼중으로 존재하는 것처럼 두 번 이상 고려해야 한다. 이것의 좋은 예는 삼각형의 두 각의 크기가 같으면 두 변의 길이도 같다는 정리의 우아한 증명(파포스에게 알려진)이다. 이 증명은 다음과 같다.

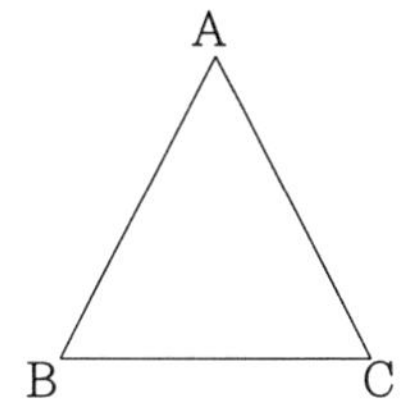

삼각형 ABC와 ACB를 생각하자.

$\angle ABC = \angle ACB$

$\angle ACB = \angle ABC$

$BC = CB$

$\therefore$ 삼각형 ABC와 ACB는 합동이다.

$\therefore AB = AC$

이 증명은 '단 하나의' 삼각형을 두 개의 '서로 다른' 삼각형으로 보는 것에 좌우된다. **똑같은** 원소가 서로 다른 도형적 구조에서 동시에 **서로 다른** 역할을 할 때 아동들이 어려움에 직면할 수 있다는 것은 잘 알려져 있다.

그러나 특히 무한집합과 그것의 진부분집합 중 하나의 비교에 관해서는, 나는 듀발이 복제 장애 때문이라고 한 것보다, 그 '복제 장애'가 덜 중요한 역할을 한다고 생각한다. 나는, 비교의 수행에서 두 번 개입하는 원소가 있다는 사실이 피험자를 방해할 수 있다는 것을 부인하지는 않는다. 그러나 내게는 한 집합과 그것의 진부분집합 중의 하나와의 상등이 저절로 매우 교란시키는 상황을 나타내는 것 같다. 위에서 인용된 프로토콜에서 필립은 처음에는 범자연수의 집합이 짝수의 집합보다 분명히 더 크다고 단언한다. 그러나 범자연수의 집합은 범자연수의 제곱의 집합("각각의 수는 그 제곱을 갖는다.")과 상등이라는 아이디어에 이르게 되었던 이전의 논의가 그를 힘들게 했다. **그는 모순을 느끼고 그리고 그것을 극복할 수 없다.** 전체 이야기가 그를 당황스럽게 하는 오직 이 순간에, 그는 아무래도 '복제 장애'라는 더 원시적 어려움으로 복귀한다.

나는 구간(11-29)에 있는 범자연수들의 수와 똑같은 구간에 있는 짝수들의 수를 비교하라는 요구를 받은 12세 아동이 그 비교를 할 수 없으리라는 것을 상상할 수 없다. 나는 그가 이것은 바보 같은 질문이라고 말할 것으로 기대한다.

복제 장애는 특히 전조작기와 초기 구체적 조작기의 아동들에게서 진짜 직관적 어려움을 나타낸다. 똑같은 유형의 장애가 몇몇 형식적인 복잡한 과제와 관련하여 나이가 더 많은 피험자들에게 다시 나타날 수 있다. 그러나 무한 기수에 관해서는, 나는 그것이 오직 이차적 역할을 한다고 생각한다.

아무튼 듀발이 서술한 복제 장애는 어려움의 진짜 원천이다. 그것은 직관적 표상의 실제성의 특정한 표현이다. 때때로 그것은, 원칙적으로 형식적 수준에서의 추론을 가능하게 해야 하는 정신적 전제 조건을 획득한 피험자들에게조차도 나타난다.

요약

경험은 직관의 형성에서 근본적 역할을 한다. 경험은 상대적으로 일정한 조건에서는 결국 구조화된 행동과 기대 프로그램을 함의하는 안정된 표상 체계를 산출한다. 동시에 경험은 우리의 일차적인 직관적 해석을 편향되게 하는 경향이 있다. 이것은 지구상이라는 (일반적이고 특유한) 조건, 그리고 모든 행동적으로 유의미한 활동의 실제적이고 구체적인 본성(유한성, 구체성, 편재의 불가능성) 등과 같은, 그것의 내재적 제약 때문이다.

우리의 의견으로는 새로운 직관적 태도는 결코 순전한 어문적 학습으로 생성될 수는 없다. 어문적 설명은 아동의 아이디어 즉, 어떤 확실한 실재에 관한 아동의 정보를 풍부하게 할 수 있다. 그것이 그가 학교 수업에서 학습한 명제를 이해하고 논리적으로 정당화하는 데 도움이 될 수 있다. 그러나 직관을 특징짓는 이 종류의 특유한 신념 즉, 내재적으로 타당한 것으로서의 아이디어와 표상의 주관적 수용은 오직 실제적 또는 정신 활동에의 피험자의 직접적이고 경험적 관련의 효과로서만 달성될 수 있다. 이 요구가 과학교육과 수학교육에서 항상 성취 가능한 것은 아니다. 많은 명제가 형식적 제약에 의하여 강요된 것으로서 형식적으로 받아들여져야 한다. 예를 들어 대부분의 칸토어식 명제는 그 범주에 있다. 그러나 또한 (상대성 이론, 양자 역학 등과 같은) 현대 물리학에서 많은 아이디어는 적절한 직관적인 지지물 없이 수학적 기호를 경유하여 받아들여져야 한다. 그러나 유사한 상황을 초등 수학이나 고전 물리학에서 또한 접할 수 있다.

$$a^0 = 1 \text{이나 } (-a)\cdot(-b) = ab,\ \left(-\frac{a}{b}\right)\cdot\left(-\frac{c}{d}\right) = \left(\frac{ac}{bd}\right)$$

와 같은 관계 또는 물체는 어떠한 힘도 개입하지 않으면 언제까지나 움직일 것이라는 명제에 대한 어떠한 직관적 정당화도 없다. 그러한 명제를 직접 뒷받침하는 행동적 또는 경험적 조건을 상상하는 것은 불가능하다.

그래서 일반적인 교수학적 권고는 다음과 같다.

1. 다양한 개념과 명제에 대한 학생들의 직관적 이해를 심화하는 것이 중요하다. 이것은 오직 각각의 영역에서 학생들의 정신적인 생산 활동의 개인적, 경험적 관련을 요구하는 교수학적 상황을 창조하는 것에 의해서 이루어질 수 있다. 예를 들어, 우리는 통계와 확률의 성공적인 지도는 정리와 풀이 절차를 지도하는 것만으로는 달성될 수 없다고 생각한다. 학생들은 시행 결과의 서로 다른 집합을 관찰하고, 기록하고, 요약하기 위해 우선 주사위나 동전, 구슬을 다루는 조작을 실제적으로 (그리고 물론 정신적으로) 경험해야 한다. 학생들은 어떤 상황의 매혹적 경험을 **겪어**야 하는 바, 그 상황에서는 개별적으로는 예측할 수 없는 시행 결과가 대량 현상으로 고려될 때는 어떤 구조를 산출하고 어떤 규칙성을 드러내는 경향이 있다. 그러한 경험을 처음에 겪지 못한 학생은 결코 통계와 확률 명제를 **겪지**(이해하지도 직관적으로 조종하지도) 못할 것이다. 그 학생은 표준적 질문의 한계에 한정된 채로 있을 것이다. 나는 이 영역을 패러다임으로 선택했다. 그 주요 이유는 비록 통계와 확률에서는 **불확실성**이 우위를 점하며 공간 직관에서는 **확실성**이 우위를 점하지만, 확률과 통계는 매우 흥미 있고 놀라운 방식으로 공간 직관의 영역에 평행하기 때문이다. 두 가지 모두에서 경험은 직관에서 조직되는 행동 프로그램과 기대 체계를 형성하는 데 근본적 역할을 한다.
2. 도리어 때때로 과학적 또는 수학적 관념에 관해서는, 그러한 실제적이고 행동적으로 유의미한 상황을 자연스럽고 직접적인 방식으로 생성할 수 없다. 그러한 경우에 사람들은 학생들에게 인위적이고 복잡한 예를 강요하는 것을 그만두어야 한다. 학

생은 과학과 수학에서 모든 것이 직관적으로 이해 가능한 것은 아니고, 시각적 또는 행동적으로 표현 가능한 것이 아니라는 것을, 그리고 많은 명제는 우리의 지구상의 삶의 경험적이고 공통적인 조건이 제공하는 한정된 가능성을 벗어나서 가는 일반화의 논리적 함의를 표현한다는 것을 학습해야 한다. 만약 여기서 창조되는 직관이 있다면 그것은 **비직관적인** 것 즉, 많은 개념작용이 비록 합리적으로 타당하기는 하지만 그 본성상 우리의 직관적 능력을 벗어난다는 사실의 직관적 이해의 직관이다. 그러한 직관적 이해는 또한 경험 즉, 지적으로 조종 가능하지만 표현 가능하지 않은 관념의 경험에 의하여 달성가능하다. 사람들은 갈등과 불만의 생활을 하고, 갈등을 극복하려고 수고하는 생활을 하고, 마침내는 명확한 것으로 그리고 특정한 명제나 관념에 모순이 없는 것으로 받아들이는 생활을 한다. **논리적 토대에서 비직관적인 것을 유의미한 것으로 받아들일 때 표현되는, 그러한 직관은 과학교육과 수학교육의 근본적 획득물을 나타낸다.**

8

직관적 의미의 실제성, 예의 분석: 음수의 분석[31]

수학자들이 유향수 즉, 음수의 '부호 규칙'에 익숙해지기까지는 1500년이 걸렸다(Glaeser, 1981, p. 303).

주요 장애는 음수 개념이 수 개념 자체에 모순된다는 사실에 있다. 왜냐하면 음수는 원래 수학적 추론의 역사에서 발달되어 왔기 때문이다. 존재를 실제적 의미를 갖는 것으로 간주한다면, 음수는 외관상 존재 그 자체의 관념에 모순되기 때문에 반직관적 개념이다. 그러나 실제성은 직관적으로 받아들일 수 있는 관념의 근본적 속성의 하나인 것 같다. 확실히 사람들은 규약적으로 다음과 같이 생각할 수 있다. 빚은 소유의 반대, 왼쪽으로 움직이는 것은 오른쪽으로 움직이는 것의 반대 등. 그러나 이 모든 사례에서 사람들은 사실상 진짜 크기를 참조하는 바, 그것과 똑같은 실제적 의미를 가진 수가 그것을 '양'인 것으로 표현할 수 있다. 음수는 수학의 역사에서 일종의 인공물로, 잘못 설계된 수학 문제의 부산물로 나타났다.

알렉산드리아의 디오판토스(Diophantus, 기원후 3세기 말)는 산술에 관한 그의 책 4권에

31 이 장에서 사용된 대부분의 역사적 내용은 글레저(G. Glaeser, 1981)의 논문에서 가져온 것이다.

서 유향수의 부호 규칙을 언급한다. 그러나 디오판토스에게 이 규칙은 오직 '받아들일 수 있는' 수 즉, 양수를 얻기 위한 과도적 절차로 보인다.

글레저가 말한 대로, 유향수의 '그 은밀한' 사용이 1600년 동안이나 그것의 **이해**에 선행하여 왔다(Glaeser, 1981, p. 314).

스테빈(S. Stevin, 1540-1620)에 의하면, 수는 사물의 양을 표현한다. 그는 계산에서 오직 일시적 방편으로 빈번히 음수를 사용한다. 페르마(1601-1665)는 '거짓인'(음의) 근이 나타날 때, '받아들일 수 있는' 근을 얻기 위한 다양한 절차를 언급한다. 오자논(J. Ozanon, 1691)이 출판한 《**수학 사전**》에서 '근'이라는 표제 아래 다음의 범주를 찾을 수 있다. 진정한 수, 거짓인 수, 상상의 수. "거짓인 근은 무효가 된 미지 문자의 값이다."(Glaeser, 1981, p. 316)

우리의 논의에 심리적으로 중대하게 관련된 것은 음수를 받아들이는 것에서 보이는 저항이 오직 비전문가들에게만 나타나지는 않는다는 것이다. 다른 수학적 추상물, 예를 들어 (점 또는 선과 같은) '비물질적' 존재물의 사용에 이의가 없던 수학자들도 음수에 형식적인 수학적 지위를 부여하는 것에는 반대했다. 음수는 고대 이래로 언급되고 사용되어 왔지만, 저절로 개념적인 유의미한 존재물이 되는 것으로 받아들여지지 않았다. 음수의 합법성 문제를 해결하기 위해서 수 세기 동안 모종의 실제적이고 행동적인 타당성을 음수에 귀착시키기 위한 시도가 행해졌다.

데카르트 자신은 (원점을 바꾸어) 방정식의 음근을 제거하는 절차를 찾는 것에 관심이 있었다.

스코틀랜드의 수학자 매클로린(C. Maclaurin, 1698-1746)은 명확히 수학적 존재물의 형식적 본성을 이해했던 것 같다. 그는 1742년에 "우리 이론의 대상을 정말로 서술하거나 그들이 정말로 존재해야 하는 것은 필요하지 않다. 그러나 그들의 관계성을 명확하게 생각해 내고 명백하게 추론해야 한다는 것은 본질적이다."라고 말했다(Glaeser, 1981, p. 318).

그럼에도 불구하고, 바로 그 매클로린은 나중에 자신의 《*Treatise of Algebra*》(1748)에서 "**고립된 양은 음으로 생각될 수 없다.** 그것은 오직 비교에 의해서 그렇게 될 수 있다. 엄밀하게 말하면 음의 양은 무(無)보다 더 적지 않다. 반대의 의미로 생각한다면, 그것은 양(陽)의 양(量)보다 덜 진짜가 아니다."라고 말하게 된다(Glaeser, 1981, p. 117).

비록 매클로린이 일반적 원리로서 수학은 형식적 관계성의 과학이며, 실제로 존재하는 대상의 과학이 아니라고 명시적으로 진술했지만, 그는 특유한 유형의 수학적 존재물을 생각할 때 그것에 실제적이고 행동적인 의미를 부여할 필요로부터 자신을 해방할 수는 없었다. 그의 모델은 경험적으로 존재하는 양의 실제적 연산의 모델이었다. 매클로린은 "… 예를 들어, 누군가 받을 것으로 기대하는 금액과 빚지고 있는 금액, 오른쪽에 그린 선과 왼쪽에 그린 선, 수평선 위의 높이와 수평선 아래의 깊이"라고 말한다(Glaser, 1981, p. 317).

매클로린에게는 이 모두가 단순히 교수학적 예는 아니다. **그 예들은 음의 크기라는 개념의 사용을 정당화하기 위해 의도된 것이다.** 그는 자신이 선언할 수 있었던 것 즉, 음수는 수학의 구조에서 공리적으로 정당화되고 정의되는 형식적 존재성을 **가진다**는 것으로부터 요점에 이르지는 못했다. 도리어 오직 무(無)보다 더 작은 진짜 현상을 확인할 수 없다는 것 때문에, **그는** 음수의 '절대적' 존재성을 **부정했다.** 프랑스 용어에서 사용되는 대로, 사람들은 '상대적 수'라는 용어조차, 음수는 사실상 '스스로'가 아닌, 오직 진짜 양의 일종의 대칭적이고 가상적인 거울 비추기로서 존재한다는, 이 오래된 개념의 잔존물이라는 것을 가정할 수 있다.

유향수의 연산에 주목할 때 어려움은 더욱 가중된다. 특히 곱셈에 주목하자. 곱셈에서의 어려움은 아무래도 소수에서 접하는 어려움과 비슷하다.

사람들은 문제에 따라서 오직 연산자가 양수로 나타내어질 때만 양수와 음수를 곱하는 상황을 직관적으로 생각할 수 있다. (−4)의 3배는 직관적으로 지각될 수 있거나 또는 $(-4)+(-4)+(-4)=-12$이다. 이것은 직관적으로, 예를 들어 4달러를 3번 빌리면 결국 12달러의 빚이 있다는 것을 의미한다. 대조적으로 4의 (−3)배는 어떠한 직관적 의미도 갖지 않는다.

소수도 똑같다. 0.65의 3배는 직관적으로 $0.65+0.65+0.65$를 의미하는 반면에, (0.65를 연산자로 하는) 3의 0.65배는 어떠한 직관적 의미도 갖지 않는다.

(어떤 것이 연산자이고 어떤 것이 피연산자인가에 상관없이) $(+a)\times(-b)$를 **항상** $-ab$와 같은 것으로 받아들이는 것은 교환법칙에 근거를 두고 있다. 즉, 형식적 수준으로의 이동 덕분이다.

그러나 $(-a)\times(-b)$의 문제는 훨씬 더 어렵다. 이것은 형식적으로 그것이 특별한 어려움을 제공하기 때문이 아니라, **오직 매우 뛰어난 수학적인 사람들조차도 매우 오랫동안 암시적인 직관적 모델의 영향을 완전히 제거할 수 없었기 때문이다.**

예를 들어, 《백과전서》에서 '음'이라는 용어를 언급하고 있는 달랑베르(1717–1783)

는 "$(-a)\times(-b)$ 문제의 간단하고 자연스러운 언명은 $(+a)\times(+b)$를 계산하고 그래서 $+ab$를 얻는 것이어야 한다."라고 말한다(Glaeser, 1981, p. 324).[32] 그의 시대에 잘 알려진 수학자인 카르노(L. Carnot, 1753-1823)는 음수의 연산을 언급하면서 "다수의 역설과 상대적 불합리함이 바로 그 관념에 기인한다. 예를 들어 -3은 2보다 더 작음에도 $(-3)^2$은 2^2보다 더 크게 된다. 말하자면 같지 않은 두 양을 생각할 때, 더 큰 것의 제곱이 더 작은 것의 제곱보다 더 작게 된다. 이것은 양의 관념에 주목할 때 사람들이 가질 수 있는 모든 명확한 아이디어에 충격을 준다."라고 말한다(Glaeser, 1981, p. 326).

카르노에게 수의 관념은 구체적 크기의 관념과 연결된 채 암묵적으로 남아 있는 것은 명백한 것 같다. 그에게 수의 연산은 사실상 **구체적 크기의 실제적 조종**이다.

글레저가 말한 대로 "카르노가 과학원의 회원이었다는 것을 기억하자. 그는 시험에 실패한 어린애가 아니었다."

성공적이지 못한, 또는 부분적으로 성공적인 수백 년 동안의 시도(매클로린, 오일러, 라플라스, 코시 등)후에, 마침내 독일의 수학자 한켈(H. Hankel)이 그 문제를 해결했다. 한켈은 자신의 ≪**복소수론**≫(1867)에서 관점의 완벽한 변화를 보였다. 그는 음수를 정당화하기 위한 구체적 모델을 찾으려고 더 이상 어떠한 시도도 하지 않았다. 그에게 음수는 주어진 실재의 상징이 아니라, 오히려 형식적 구성물이다. 한켈은 실수 집합의 덧셈 속성과 양의 실수 집합의 곱셈 속성을 생각했다. 한켈은 형식불역의 원리를 지킴으로써 R^+에서의 곱셈을 R에서의 곱셈으로 확장할 것을 제안한다. 즉, 얻어진 구조는 대수적으로 모순이 없어야 한다. 그는 다음의 정리를 진술한다. R에서의 유일한 곱셈은, 왼쪽으로의 그리고 오른쪽으로의 **분배법칙을 지킴으로써** R^+에서의 통상적 곱셈의 확장으로 간주될 수 있는, 부호 규칙을 따르는 것이다. 한켈의 증명은 매우 간단해서 매클로린의 증명을 생각나게 한다(Glaeser, 1981, pp. 337-338). 그리고 글레저는 다음과 같이 결론을 내린다. "한켈이 완수한 혁명은 **좋은 모델 찾기를 거부한 것**이다."

글레저에 의하면, 음수의 경우는 구체적인 경험적 제약에의 노예 상태로부터 벗어나기

32 (역자 주) ≪백과전서≫는 1751년부터 1780년에 걸쳐서 프랑스의 달랑베르와 디드로(D. Diderot)가 감수하여 간행한 대백과사전이다. 당시의 계몽적이고 진보적인 집필자들이 완성했으며, 프랑스 혁명의 사상적 준비에 큰 영향을 미쳤다. (이 내용은 ≪표준국어대사전(인터넷판)≫에서 인용한 것임.)

위한 수학적 추론의 많은 다른 투쟁 사례 중의 하나이다.

> 과학의 역사의 과정에서, 형식적 게임이나 경험이 자연스런 사고방식으로는 받아들일 수 없는 어떤 지적 대상을 드러낼 때, 사람들은 각각의 시대에서 친숙한 것으로 보일 수 있었던 좋은 모델을 찾기 시작했다. 그래서 비유클리드 기하학의 발견은 벨트라미(E. Beltrami), 가우스(J. C. F. Gauss), 그리고 푸앵카레가 지적으로 조종할 수 있는 어떤 표상을 제안했을 때에야 받아들일 수 있었다(Glaeser, 1981, p. 340).

글레저는 음수를 유의미한 수학적 존재물로 받아들이는 것의 어려움은, 이 수들의 **모든** 대수적 속성을 모순 없이 만족하게 하는 직관적이고 친숙한 모델을 확인하는 어려움에서 비롯된다고 말했다. 사실 그러한 모델은 존재하지 않는다. 누군가 오직 인위적 규약 체계를 사용함으로써만 몇몇 모델을 만들어 낼 수 있다.

예를 들어, 수직선에서 관찰자의 위치를 점 0으로 상징화하여, 양의 존재물은 오른쪽의 거리로, 음의 존재물은 왼쪽의 거리로 나타낼 수 있다. 유추하여 시간에 관해서도 미래의 시간은 양으로, 과거의 시간은 음으로, 0은 현재의 순간을 나타낸다. 속력의 의미를 나타내는 데도 유사한 상징화가 사용된다. 만약 차가 오른쪽으로 움직이면, 어떤 (양의) 간격 후에, 차는 어떤 규약적으로 양인 거리를 지날 것이다.

그러나 왼쪽으로 (즉, (−)로 표시되는 운동의 방향으로) 나아가는 물체를 상상할 수 있다. 그때 차가 **과거에**(음의 시간) 있었던 점 0으로부터 측정한 거리는 어떤가? 과거에 그 자동차가 관찰자에 대해 **오른쪽에** 있었다면, 이것은 위의 규약에 따르면 양의 거리를 의미한다. 따라서 두 음수(즉, 음의 시간과 음의 속력)를 곱하면 양수, 말하자면 오른쪽으로의 거리를 얻는다.

그러한 모델은 매우 흥미롭기는 하지만 여전히 중요한 결점을 가지고 있다. 그것은 음수 개념 또는 유향수의 '부호 규칙' 어느 것도 직관적으로 더 받아들일 수 있게 하지 못한다. 도리어 그것은 오직 음수 개념과 유향수의 부호 규칙을 더 모호하게 하는 바, 사람들이 유향수의 '부호 규칙'에 잘 들어맞는 모델을 인위적 규약 체계를 통해 작실히 만들었기 때문이다.

모델의 주요 인지적 과제는, 개념의 직관적 수용 또는 문제해결 과정 동안에서의 직관적 비약에 필요한, 그러한 종류의 명백성과 자기무모순성을 만들어내는 것이다. 위의 모델은 그렇지 못하다. 그것은 너무 복잡하고, 인위적으로 연결된 너무 많은 규약을 요구한다. 그것의 진짜 과제는 사람들이 부호 규칙을 모순되지 않는 방식으로 적용할 수 있는 상황을 확인할 수 있음을 증명하는 것이다.

우리의 의견으로는 음수에 관한 두 가지 본질적인 직관적 장애가 있다. 하나는 개념 그 자체인데, 내가 말했듯이, 그것은 직관적으로 모순적이다. 양의 관념은 자연스럽게 실제적 내포를 갖는 데, 그것은 내재적으로 무(無) 이상의 어떤 것이다. 수 개념은 양의 이 실제적 의미와 자연스럽게 관계가 있다. 그러면 음수의 관념은 실제로 상상할 수도 없는 바, 이 사실은 수학의 역사에서 몇 번이고 재발했다. 더욱이 음수를 발명해야 할 어떠한 **실제적** 요구도 없다. 상징화하여 음수로 사용해야 할 실제로 유의미한 어떠한 크기도 없다. 도리어 오직 비유향수를 사용할 때 훨씬 더 알기 쉬운 상황이 나타난다. 누군가 5달러의 빚이 있다고 말할 수 있는 데도 왜 −5달러를 소유한다고 말하는가? 왜 온도가 −5도라고 말해야 하고, 절대온도 268도 또는 간단히 영하 5도, 또는 5도 춥다고 말하면 안 되는가? 음수는 허수와 마찬가지로 수학적 창조물인 바, 그것은 수학적 계산의 부산물이지 **현존하는 속성**의 상징적 표현이 아니다. 사람들은 식 $a/f(x)$를 접하게 되면, 그것이 $f(x)=0$일 때는 어떠한 의미도 갖지 않는다는 것을 서둘러 상기한다. 원칙적으로 똑같은 일이 음수에서도 발생할 수 있었을 것이다. 음수가 방정식의 근으로 나타나면 그것을 무의미한 것(즉, **실제로** 무의미한 것)으로 버릴 수 있다.

음수를 받아들이기 위해서는 근본적으로 다른 견해를 취해야 한다. 존재물을 수학적으로 타당한 것으로 받아들이는 데 있어서 실제성이 준거가 **아니라는** 것을 인정해야 한다. 개념의 수학적 타당성은 어떤 공리적 구조의 영역에서 그것을 정의하고 모순 없이 그것으로 연산하는 가능성에 근거한다.

수에 '+'와 '−'부호를 지정함으로써 유향수로 불려온 것을 얻는다. 형식적으로 그 새롭고 확장된 집합으로 모순 없이 연산할 수 있다. 더욱이 예를 들어, 0을 단위원으로 하고 덧셈의 결합법칙이 성립하는 유향수 집합의 군 구조와 같은 새롭고 흥미로운 속성이 출현한다. 수 세기 동안의 이론적 논쟁으로 준비된, 그러한 근본적 변환은 19세기에 정말로 일어났고 음수의 합법성을 명확히 확립했다.

오늘날에는 학생들이 꽤 일찍 유향수 개념에 익숙해지며, 따라서 직관적 어려움은 아무래도 약해진다. 게다가 학생들은 유향수의 덧셈 속성이 모순 없이 적용될 수 있는 몇몇 간단한 모델에 익숙해진다. 예를 들어 수직선에 익숙해지는 바, 수직선에서는 두 반대되는 부호가 각각 원점에서 오른쪽으로의 크기 및 왼쪽으로의 크기 또는 원점의 오른쪽에 있는 점의 변위 및 왼쪽에 있는 점의 변위의 어느 하나로 나타내어진다.

둘째 어려움은 곱셈과 나눗셈 문제를 생각할 때 나타난다. 음수가 연산자의 역할을 하는 상황을 보자. 양수와 음수의 곱셈을 다루어야 하는 한, 그것은 연산자의 역할을 하는 양수의 동수 누가 즉,

$$(-2)\times(+3)=(-2)+(-2)+(+2)=-6$$

로 해석될 수 있다. 그러나 두 음수의 곱셈에 대해 언급한다면 동수 누가 모델은 쓸모없다. 음의 연산자는 어떠한 직관적 의미도 갖지 않는다.

$$(+3)\times(-2)=(-2)+(-2)+(+2)$$

를 생각할 수 있지만, (−2)배로 생각되는 크기에 따른 직관적 해석을 찾을 수 없다. 이것을 위한 새로운 규약이 필요하고 그리고 그것이 전체 이야기를 직관적으로 받아들이기 어렵게 한다.

그래서 나는 음수를 처음부터 형식적으로 다루어야 한다고 주장하는 프로이덴탈(H. Freudenthal)에 동의한다. 그의 견해로는 이것이 학생들이 형식적이고 연역적인 관점에서 수학적 개념을 숙고할 수 있게 하는 첫째 기회이다. 그는 "나는 직관성을 넘는 합리화에 대한 필요를 음수에서 처음으로 느낀다고 생각한다."라고 말한다(Freudenthal, 1973, p. 280). 그는 심지어 수직선이라는 지지물도 포기해야 하고, 그가 '귀납적-외삽법'이라고 부른 것을 사용해야 한다고 제안한다. 그는 학습자들이 무모순성을 위하여 부호 규칙을 받아들이도록 강요하는 다양한 연습을 제안했다(Freudenthal, 1973, p. 281). 그는 "이 토픽의 형식적 취급은 더 높은 수준에서 엄밀한 증명이 되는 것의 전조가 된다."라고 말한다(Freudenthal, 1973, p. 282).

9

즉각성의 요인

이 장에서는 직관적 인지에 특징적으로 결합된 즉각성의 다양한 측면 즉, (a) 시각화, (b) 이용가능성, (c) 정박(碇泊)하기, (d) 대표성에 대해 살펴본다.[33]

시각화

시각화는 즉각성이라는 효과를 생기게 하는 데 기여하는 주요 요인이다. 그것의 역할은 매우 중요해서, 직관적 지식은 시각적 표상과 동일시되는 경우가 매우 흔하다. 사람들은 자연스럽게 시각적 이미지로 생각하는 경향이 있고, 시각적으로 상상할 수 없는 것을 정

33 (역자 주) '이용가능성'은 availability를 번역한 것이다. 또, available은 '이용가능한'이라고 번역한다. '이용가능'은 이용하고자 하는 것이 가까이에 있어 쉽게 입수해서 당장 이용하는 것이 가능하다는 것을 의미한다. availability를 '유용성'이라고 번역하기도 하나, '유용'은 '쓸모가 있음'이므로 availability의 본래의 의미를 다소 변질시키고 있는 것으로 보인다. 한편, '정박하기'는 anchoring을 번역한 것으로, '배가 정박하다'라고 할 때의 그 '정박'을 의미한다. anchoring을 '고착화'라고 번역하기도 한다.

신적으로 깨닫는 것이 어렵다는 것은 뻔 한 단언이다. 푸앵카레는 직관적 수학자들의 부류에 대해 말했는데, 그는 그들을 '기하학자들'이라고 불렀다. 힐베르트는 수학자가 사고하는 방식의 서술에서 우리에게 이미지의 근본적 역할을 상기시켜준다. 그러한 예는 잘 알려져 있다. 게슈탈트 심리학에서 서술한 대로, 시각적 표상을 구조화하는 과정이 그 자체의 법칙(회임의 법칙, 유사성의 법칙, 근접성의 법칙, 폐쇄성의 법칙, 연속성의 법칙)에 지배된다는 것은 명확하다.[34] 이 법칙들은 직관화의 과정 그 자체에 영향을 줄 수 있다. 직관의 이론을 위한 그 법칙들의 중요성이 지각적 지식에 대한 직접적 함의를 능가한다는 것을 가정할 수 있다. 그러나 실험적 증거가 없으므로 여기서 그 문제를 더 이상 논의하지 않을 것이다.

직관을 구조화하는 것에서 이미지의 역할을 파악할 때, 시각적 표상이 그것만으로 직관적 지식은 **아니라는** 것을 염두에 둘만한 가치가 있다. 시각적 이미지가 즉각성에서 중요한 요인이기는 하지만, 즉각성이 직관적 인지의 특유한 구조를 생산하는 충분조건은 아니다. (특별히 훈련을 받지 않았다면) 단순히 전기 장치의 도해(schema)를 지각한다고 해서 그것이 어떻게 작동되는지를 깊이 직접 이해하는 것은 아니다. 또한 학생이 피타고라스 정리의 유명한 '도형적 증명'을 본다고 해도, 이 사실이 저절로 그 정리와 증명의 직관적 이해를 도와주지는 않는다.

더욱이 모델로서의 이미지는 개념적 구조에 온당하게 속하지 않는 속성과 관계성(반점으로서의 점, 끈으로서의 선 등)을 관련된 개념적 과정에 주입할 수 있고, 이것이 추론 과정 자체를 방해할 수 있다.

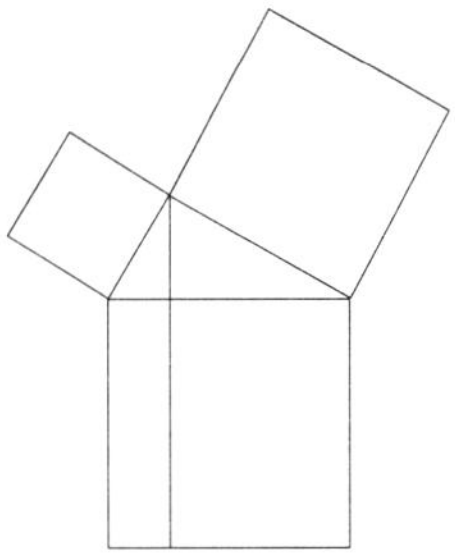

[그림 2]

그럼에도 불구하고, **적절한 인지 활동에** 개재된 시각화는 직관적 이해에 기여하는 본

34 (역자 주) '회임의 법칙'은 law of Pragnanz를 번역한 것이다. Pragnanz는 독일어로 '회임, 임신'이라는 뜻이다. 이것을 '함축성의 법칙'이라고 번역하기도 한다.

질적 요인으로 남아 있다.

이 점에 대해서는 셰퍼드(R. Shepard)를 인용하기로 하자.

> 심상과 공간적 시각화라는 비어문적 과정의 효과성은 … 적어도 부분적으로는 그러한 과정의 다음과 같은 상호 관계가 있는 측면을 참조하여 설명할 수 있다. 개인적인 그래서 사회적으로나 규약적으로나 제도적으로 통제되지 않는 본성, 충분히 구체적이고 동형적인 구조, 공간 직관의 고도로 발달된 본유적 메커니즘, 직접적인 감정적 영향 등과 같은 상호 관련된 과정들에 의해 설명될 수 있다(Shepard, 1978, p. 156).

시각적 표상은 개요적 표상으로 정보의 조직화에 기여하며, 따라서 전체화의 중요한 요인이 된다. 다른 한편, 시각적 이미지의 구체성은 자명함과 즉각성의 창출을 위한 본질적 요인이다. 시각적 이미지는 가까이 있는 자료를 유의미한 구조로 조직할 뿐만 아니라, 풀이의 **분석적** 개발을 안내하는 중요한 요인이다. 시각적 표상은 본질적인 예상적 장치이다.

셰퍼드는 또한 직관적 인지와 관계가 있을 수 있는 시각적 이미지의 또 따른 근본적 기여 즉, 그것이 심상의 비규약적, 개인적, 주관적, 심지어 감정적 근원임을 강조했다. 따라서 즉각성이라는 용어는 새로운 차원을 얻는다. 즉각성은 주어진 실재를 직접 지각함을 의미할 뿐만 아니라 개인이 주어진 실재에 직접, 개인적으로, 어쩐지 감정적으로 개재된다는 것을 의미한다.

빈번히 강조해 온대로, 직관은 일종의 감정이입 즉, 현상과의 직접적이고 내적인 동일시를 통한 일종의 인지를 함의한다. 풍부하고 구체적인 세목을 가진 시각적 표상은 그러한 개인적 개재를 중재하는 바, 그것은 일반적으로 개념 또는 형식적 서술 보다 훨씬 더 낫다.

더욱이 셰퍼드가 강조해 온대로, 시각적 표상 그리고 일반적으로 심상은 과학, 수학, 예술 등과 같은 창조적 활동에서 상당한 역할을 한다.

셰퍼드가 사용한 풍부한 참고문헌으로부터 하나의 예 즉, 벤젠 분자의 육각형 구조를 발견했고 그리고 이것으로 유기화학에 혁명을 일으켰던 남자 케쿨레(F. Kekule)의 예를 상기하자. 그는 수년 동안 연구했던 문제에 전념하고자 노력하면서 1865년의 어느 날 오후에 다음과 같이 행동하고 있는 원자를 상상했다.

> … 내 눈 앞에서 요술을 부리고 있고 … 유사한 종류의 반복된 광경으로 예리해진 내 마음의 눈은 막 서로 다른 형태로 된, 그리고 긴 사슬에서 그들 중 많은 것이 함께 모여 있는 더 큰 구조를 구별할 수 있었다. 모든 것이 뱀같이 꾸불꾸불한 방식으로 움직이고 있었다. 갑자기 이것이 무엇인가? 뱀 중 한 마리가 자기 꼬리를 물었고 그리고 전체 구조가 내 눈 앞에서 조롱하듯이 몸을 뒤틀고 있었다. 마치 벼락에 맞은 것처럼 나는 깨어났다(Shepard, p. 147에서 인용).

이것이 벤젠 분자에서 원자 배열의 고리처럼 생기고 닫힌 구조라고 하는 그 아이디어이다!

이것을 예상적 직관이라고 부르는 데, 이것은 완전한 분석적 풀이를 예상했기 때문이다.

시각화가 오직 정신적으로 '보는' 것만을 의미하는 것은 아니다. 이미지는 동적이고 구성적인 표상인 바, 위의 예에서 과학자는 이미지로 즉, 원자들의 사슬로 연구하고 있었다.

푸앵카레가 인용한 예(이번에는 수학에서의 예)를 상기하자. 푸앵카레는 자신의 책 《과학의 가치》에서 '수학에서의 직관과 논리'에 한 장을 할애했다. 그는 수학자를 두 집단 즉, 주로 이미지로 생각하는 수학자(기하학자)와 자신이 해석학자라고 부른 순수한 개념적 사고자로 분류했다. 푸앵카레는 기하학자와 해석학자 몇 명의 예를 언급했으며, 기하학자에 속하는 사람으로 독일의 유명한 수학자 클라인을 인용했다.

> 다른 한편 클라인 교수를 보자. 그는 함수론의 가장 추상적 질문 중 하나 즉, 주어진 리만 곡면에서 주어진 특이점을 인정하는 함수가 항상 존재하는가를 결정하는 문제를 연구한다. 그 저명한 독일 기하학자가 무엇을 하는가? 그는 리만 곡면을 어떤 법칙에 따라서 전기 전도성이 바뀌는 금속 곡면으로 대체한다. 그는 리만 곡면의 두 점을 전지의 두 극과 연결한다. 클라인은, 전류가 흐르면 곡면 위에서의 이 전류의 분포가 함수를 정의하는 바, 그 함수의 특이점은 정확히 언명(言明)이 요구한 것이 될 것이라고 말한다.
>
> 의심의 여지없이(푸앵카레는 계속한다) 클라인 교수는 여기서 자신이 오직 윤곽만 제시했다는 것을 잘 알고 있다. 그럼에도 불구하고 그는 그것을 발표하는 데 망설이지 않았다. 그리고 아마도 그는 그 안에서, 비록 엄밀한 논증은 아니지만, 적어도 일종의 강한 확실성을 찾았다고 믿을 것이다(Poincarè, 1920, p. 16).

클라인의 이미지에는 주어진 실재의 수용적 표상이 전혀 없다. 케쿨레의 예에서와 같이,

그 독일 수학자는 자신이 상상했던 표상을 사용하여 실험하고 있었다. 두 경우 모두에서, 예비적이고 도형적이고 전체적인 풀이가 **아직 완전히 개발된 것은 아니지만, 내재적인 확실성**의 느낌과 결합되어 있었다. 시각적 표상은 이미지 이상의 것인 바, 그것은 감각-정신적 구조가 본질적 역할을 하는 문제의 직관적 풀이이었다.

사실상, 비록 시각적 이미지가 확실히 가장 공통적인 형태의 이미지적 지지물이기는 하지만, 오직 시각적 이미지만이 직관을 구조화하는 것에 도움을 주는 것은 아니다. 음악가의 경우에는 음이, 조각가의 경우에는 근육 표상, 운동 표상, 촉각 표상 등이 예술적인 창조적 활동에서 본질적 역할을 한다.

이전에 아인슈타인(A. Einstein)은 게슈탈트 심리학의 창시자 중의 한 사람인 베르타이머(M. Wertheimer)와의 토론에서, 상대성 이론의 창안에 대해 말하면서, "이 사고는 어떠한 어문적 공식화로도 오지 않는다. 나는 좀처럼 말만으로 사고하지 않는다. 사고가 오고, 그리고 나는 그 후에 말로 표현하고자 노력할 수 있다."고 단언했다(Wertheimer, 1961, p. 228).

심상은 사실상 나중에 자세하게 논의할 더 복잡한 심리학 영역 즉, 정신 모델의 영역의 일부이다.

이용가능성

시각화 외에 즉각성의 효과를 생산하는 다른 요인들이 있다. 티버스키(A. Tversky)와 카너먼(D. Kahneman)이 여러 논문에서 그들 중 몇 가지 즉, 이용가능성, 정박하기, 대표성을 서술해 오고 있다. 수학적 사고에 관해서 이 관념은 주로 확률 추정과 관계가 있지만, 사실상 이 현상은 훨씬 더 넓은 범위의 시사점을 가진다.

티버스키와 카너먼이 언급한 이용가능성에 관한 예는 영어 교과서에서 단어의 첫째 자리와 셋째 자리에 놓여 있는 문자들의 상대도수의 추정에 관련된다. 다음이 전형적 문제이었다.

> 문자 r을 생각해 하자. r은 첫째 자리에서 더 잘 나타날 것 같은가, 셋째 자리에서 더 잘 나타날 것 같은가? 이 두 값의 비에 대한 나의 추정은…(Tversky & Kahneman, 1982, p. 167)

다섯 개의 서로 다른 문자를 사용했다. 이 다섯 문자 각각에 대해 대다수의 피험자는 셋째 자리보다는 첫째 자리에서 더 빈번히 나타난다고 판단했다. 사실상 이 모든 문자들은 첫째 자리보다 셋째 자리에서 더 빈번히 나타났다는 사실에도 불구하고 이 결과가 얻어졌다.

이 조사 결과가 설명하는 것은 어떤 문자로 시작하는 단어의 사례를 찾는 것이 그 문자가 셋째 자리에서 나타나는 단어의 사례를 찾는 것보다 **더 쉽다**고 하는 것이다. 도수는 직관적으로 추정되었으며, 사실상 **즉각적으로 이용가능하지 않은** 진짜 분포가 아니라, 오히려 이용가능성에 의해 편향된 그 분포의 왜곡된 버전을 고려한 것이다.

위의 예에서 고려한 조사 결과는 그 자체로는 매우 흥미롭지 않다. 명백히 사람들에게 단어의 다른 자리에 위치한 문자의 상대도수를 **직관적으로** 추정하도록 요구하면, 그들은 쉽게 이용가능한 여러 사례들을 근거로 하여 추정할 것이다.

정말로 흥미로운 것은 **사람들이 자신들의 추정을 당연한 것으로 생각하는 것 같다**는 것이다. 사람들은 자신들의 판단이 객관적인 대표적 표본이 아니라 몇몇 통제되지 않은 요인에 의해 왜곡되었을지도 모르는 표본에 근거한다는 사실을 걱정하지 않는다. 다시 말해 **여기서 중요한 발견 결과는 직관적 풀이를 구하기 위한 메커니즘으로서의 이용가능성 그 자체의 영향이다.** 이 경우에 그 선택을 결정하는 어떠한 객관적 자료도 없지만, 주요 역할이 즉각성과 **풀이의 즉각적 수용**을 보장하는 주관적 요인이 있다. 즉각성에 대한 필요가 객관적 신뢰성에 대한 필요보다 더 강력한 요인인 것 같다.

또 다른 예를 들어보자. 10~15세의 피험자들에게 3, 4, 5개의 문자 집합으로 만들 수 있는 치환의 수를 추정하도록 요구했다. 고려된 집합의 원소의 수가 증가함에 따라, 가능한 치환의 수의 과소추정이 많아졌다. 5개 문자에 대한 평균 추정은 약 16이었지만, 정답은 사실상 120이다. 이와 같은 간결화 현상은 적어도 부분적으로는 다수의 서로 다른 치환을 만드는 것의 어려움으로 설명할 수 있다. 주어진 원소의 수의 효과로서, 치환의 수가 오히려 커질 때, 원소의 수가 증가함에 따라 이용가능한, 효과적으로 생산된 치환의 상대도수는 (가능한 치환의 전체 수와 비교해서) 줄어든다(Fischbein 외, 1970, pp. 263-264).

다른 유형의 상황을 인용하자. 누군가에게 두 개의 주어진 원의 공통접선을 작도하도록 요구한다. 이 문제를 처음 읽을 때, 그 문제는 어려운 것 같지 않지만, 사실상 그 문제는 보기보다 더 어렵다. 이 문제를 언급한 폴리아(G. Polya)는 독자들이 우선 쉽게 접근할 수 있는 특정한 사례를 고려해야 한다고 제안했다(Polya, 1954, p. 24). 정상적으로는 사람들은 즉각적으로 이용가능한 예, 예를 들어, 길이가 같은 반지름을 가진 두 원 또는 접하는 두 원을 사용해 본다. 그러나 이 방식으로는 어떠한 해결 직관도 고무되지 않는다. 사실상 먼저 원을 점으로 축소한 극단적 경우를 생각해야 한다. 그러면 풀이로 가는 길이 '보이게' 된다. 이 문제의 어려움은 출발점이 되는 특정한 사례(점으로 축소시킨 원)가 티버스키와 카너먼의 의미로는 '이용가능하지' 않다는 것이다. 원의 관념이 자연스럽게 점의 관념을 제안하지 않는다. 그러므로 폴리야의 지시는 이 경우에 별로 도움이 되지 않는다. 도리어 그것이 차단 효과를 가져올 수 있다. 사람들은 특정한 쌍의 원을 찾는 것을 고집하지만, 확실히 이것이 풀이에 이르지는 않는다.

이용가능성이 반드시 오도하는 발견술은 아니다. 테일러(S. Taylor)가 지적한 대로, 어떤 정황 아래서는 이용가능성 발견술이 완전히 적절한 결론에 이른다(Taylor, 1982, p. 199). 이용가능한 정보에 관해서 편견이 있는 다른 상황에서는 그릇된 결론이 도출될 수 있다. 테일러는 두드러짐에서의 편견, 검색에서의 편견, 그리고 스키마, 신념, 가치와 같은 인지 구조에 기인하는 편견과 같은 요인을 인용했다.

정박하기

양을 전체적이고 직관적으로 추정하도록 요구받은 피험자들은 추정에서 몇몇 '정박하기' 사실에 의해 편견을 품을 수 있다.

두 집단의 고등학교 학생들에게 5초 동안 곱셈의 결과를 추정하도록 요구했다.

한 집단은 곱 $8\times7\times6\times5\times4\times3\times2\times1$을 추정하고 다른 집단은 곱 $1\times2\times3\times4\times5\times6\times7\times8$을 추정하도록 요구했다. 수가 증가하는 경우에 대한 추정의 중앙값은 512인 반면에, 수가 감소하는 경우에 대한 추정의 중앙값은 2250이었다. 정답은 40320이다(Tversky & Kahneman, 1982, p. 15). 일반적인 과소 추정과는 별도로, 시간적 제약이 강요되면 마주친 앞의 수 몇 개가 추정에 영향을 미친다는 것은 명확하다.

이 예는 직관적이고 전체적인 추정이 자료의 특정한 성분의 두드러진 측면(또는 역할, 또는 자리)에 의해 때때로 어떻게 편향되는지를 예증하는 바, 이것은 즉각성에 대한 필요가 피험자들로 하여금 주어진 모든 정보를 사용하는 것을 방해하기 때문이다.

이 연구 결과의 중요성은 피험자가 어떤 두드러진 요인에 의해 오도할 수 있다는 사실이 아니다. 이것은 확실히 뻔한 것이다. 놀라운 것은, 피험자가 어떤 정황에서는 즉각성을 위하여 기꺼이 관련 정보의 중요한 부분을 완전히 무시한다는 사실이다. 선택은 자동적이기 때문에, 피험자는 정보의 일부를 사용하지 않을 뿐만 아니라, 심지어 판단의 타당성을 위한 그것의 중요성조차 무시한다. 그 효과는 과신인 바, 이것은 직관적 접근의 특징이다.

대표성

대표성 효과는 또한 즉각성의 요인으로 간주될 수 있다. 티버스키와 카너먼은 대표성을 특히 확률 추정에 관련시킨다. 그들은 이 편향되게 하는 요인을 다음과 같이 서술한다.

> 이 발견술을 따르는 사람은, (1) 본질적 속성이 모집단과 유사하며, 그리고 (2) 그것을 생성한 과정의 두드러진 특성을 반영하는 정도에 의거하여, 불확실한 사건 또는 표본의 확률을 평가한다. … 많은 상황에서 사건 A가 사건 B보다 더 대표적으로 보일 때에는 언제나 사건 A가 사건 B보다 더 있음직한 것으로 판단한다(Kahneman & Tversky, 1982, p. 33).

예를 인용하자.

> 어떤 게임의 매 판마다 20개의 구슬을 알란, 벤, 칼, 댄, 에드, 다섯 명에게 무작위로 나누어준다. 다음 분포를 생각하자.

I	II
알란 4	알란 4
벤 4	벤 4
칼 5	칼 4
댄 4	댄 4
에드 3	에드 4

> 이 게임에서 많은 판에서 유형 I과 유형 II형의 어느 쪽의 결과가 더 많겠는가?(Kahneman & Tversky, 1982, p. 33).

분포 II가 분포 I보다 객관적으로 더 있음직하다. 그럼에도 불구하고 대다수의 피험자들(52명 중 36명)은 분포 I이 더 있음직하다고 생각한다는 것이 발견되어 있다.

이 결과는 분포 I이 다른 것보다 무작위 할당에서 주관적으로 더 대표적으로 보인다는 것을 설명한다. 분포 II는 너무 준법적이어서 확률 과정의 결과가 될 수 없는 것으로 보인다.

카너먼과 티버스키가 말하듯이, "피험자는 마치 두 분포의 개별적 본성을 무시하고, 그 대신 두 분포 각각의 부류를 비교하는 것처럼 그 문제에 대답했다."(Kahneman & Tversky, 1982, p. 36). 대표성 편견은 피험자의 추정에서 다른 요인의 영향을 무효화하기에 충분할 정도로 강력하다. 둘째 예를 생각하자.

> 어떤 도시에 두 개의 병원이 있다. 두 병원 중 큰 병원에서는 매일 약 45명의 아기가 태어나고, 작은 병원에서는 매일 약 15명의 아기가 태어난다. 여러분도 알다시피 아들일 확률은 약 50%이다. 그러나 아기가 아들일 정확한 백분율은 날마다 달라진다. 어떤 날은 50%가 넘기도 하고, 어떤 날은 50% 미만이기도 한다.
> 일년간의 기간 동안에, 각 병원에서는 아기의 60% 이상이 아들인 날을 기록했다. 어느 병원이 그러한 날을 더 많이 기록했다고 생각하는가?
> – 큰 병원?
> – 작은 병원?
> – 거의 똑같다. (즉, 5% 이내의 차이로)

95명 중에서 21명은 큰 병원이라고, 21명은 작은 병원이라고, 53명은 거의 똑같다고 대답했다. 사실상 60% 이상으로 기대되는 날의 수는 작은 병원에서 훨씬 더 많다. 왜냐하면 더 큰 표본이 실질적으로는 이론적으로 기대된 값 즉, 50%를 덜 벗어날 것 같기 때문이다.

그러나 두 표본이 **똑같이 대표적**이라는 것을 고려하여 피험자들은 어떤 사건의 우도(likelihood)를 판단하기 위한 표본의 크기의 역할을 경시하는 경향이 있다.

요약

반복해서 강조했듯이 직관적 인지의 특징적 속성 중의 하나가 즉각성이다. 시각화는 외적 표상에 의해 중재되던 아니던 매우 빈번히 포함된다. 즉, 앞에서 진술했듯이 시각적으로 상상할 수 없는 것을 정신적으로 깨닫는 것은 어렵다. 이것은 영국 언어에도 남아 있는바, '보는 것'의 의미 중에는 '정신적으로 분별하는 것'이 있다. 실제로 '보는 것'은 '시각 기관으로 지각하는 것'이라는 의미보다는 그러한 의미로 더 자주 사용된다는 것이 지적되었다.

티버스키와 카너먼은 확률적 판단에서의 체계적 편견을 설명할 수 있는 다수의 '발견술'—그들이 명명한—을 분석했다. 특히 그들은 사례의 관련 모집단 전체는 편견의 무시 또는 편견을 무시하기와 결부되는 것에 비해, 즉각적으로 접근가능한 사례의 표본에서는 직관적 판단이 편견의 영향을 받는다는 것을 보였다. 그들은 주로 확률적 판단을 다루었지만, 모든 유형의 직관적 판단에서 똑같은 현상이 분리가능하다.

10

전체성의 요인

분석적이고 논증적인 논리적 추론과는 대조적으로 직관적 판단은 전체적 견해로 표현된다. 전체화는 성분 중 몇몇을 단순히 무시하거나 (그리고 외관상 일관된 구조를 빠르게 파악할 수 있는 오직 몇 개에만 의지함으로써), 아니면 (주로 계층화의 과정을 통해서) 이용가능한 대부분의 성분을 일종의 종합화하는, 유의미한, 일원적 구조로 조직화함으로써 달성된다.

앞장에서 언급한 정박하기 효과는 때때로 자료의 일부만을 처리하고 나머지 자료는 배제함으로써 전체화의 효과가 어떻게 획득되는가를 설명한다. 양, 길이, 수 등과 관련된 피아제식 보존 문제에 관한 학생들의 반응을 이 방식으로 설명할 수 있다.

피아제는 이 현상을 '중심화'라고 불렀다. 아동에게 똑같은 크기의 진흙 공 두 개의 질량을 비교하라고 요구한다. 두 개가 똑같다는 결론을 내린 후에 둘 중 하나의 공을 소시지 모양으로 늘여보라고 한다. 그러고 나서 실험자는 아동에게 그 두 개 즉, 공과 소시지에서 진흙의 양이 똑같은지를 질문한다. 일반적으로 5세 아동은 소시지에 더 많은 진흙이 들어 있다고 대답한다. 이것이 전형적인 직관적, 전체적 반응인데, 이는 아동이, 옳은 평가를 위해 필요한 모든 정보를 통합하기 위한 지적인 선행지식을 아직 소유하지 못했기 때문이다. 아동은 오직 가장 두드러진 측면에만 의지한다. 위의 경우는 물체의 길이가 가장 두드러지는 측면이다 (Piaget & Inhelder, 1941).

물론, 이런 식으로 대답하는 전조작기의 아동들은 오직 한 차원으로부터 대상 전체로의 자신들의 전체적 평가를 외삽한다는 사실을 깨닫지 못한다.

이제 오직 어떤 성분에만 근거한 전체적 추정의 다른 예를 살펴보자.

일련의 실험을 통해 시글러(Siegler, 1979)는 아동들이 천칭 문제를 풀 때, 무게와 거리를 동시에 고려할 수 있게 되기 전까지는 유사한 방법으로 진행해간다는 것을 보였다. 피험자들에게 지레 받침으로부터 다른 거리에 놓여 있고 다른 무게가 달려 있는 천칭을 제공한다. 천칭을 기계적 수단으로 고정했지만, 아동은 천칭이 자유롭게 움직이도록 내버려두었을 때 그 천칭이 평형을 유지할지 아니면 어느 한쪽으로 기울지를 예측해야 한다.

시글러는 일반적으로 아동들이 서로 다른 상황에서 천칭의 행동을 예측하기 위해 어떤 암묵적 규칙을 모순 없이 적용한다고 단언했다. 〈규칙 1〉 피험자는 오직 무게 영역만을 고려한다. 〈규칙 2〉 피험자는 무게가 같은 경우에만 거리 영역을 고려한다. 아동은 거리가 먼 접시 쪽이 내려갈 것이라고 옳게 예측한다. 피험자는 무게가 다르고 거리가 다른 상황에서는 〈규칙 1〉에 따라 예측한다. 〈규칙 3〉 피험자가 한쪽은 거리가 멀고 다른 한쪽은 무게가 큰 대립된 상황을 제외하고는, 거리와 무게를 모두 고려한다. 이 경우에 피험자는 어떤 정의되지 않은 전략에 의지한다. 〈규칙 4〉 양 접시 쪽에 대한 모멘트가 비교된다.

시글러는 4~6세의 아동들에게 〈규칙 1〉이 우세하게 나타났고 8~17세의 학생들에게는 〈규칙 2〉가 우세하게 나타남을 발견했다. 〈규칙 3〉은 13세 이상의 학생들에게서 우세하게 나타났고, 〈규칙 4〉는 소수의 어른들에게서만 확인되었다.

이 연구의 주요 결과는 대다수의 어린 피험자들과 약간 나이가 더 든 피험자들이 **전체 상황에 대해 전체적이고 확신적으로 결론을 내리는 반면에,** 그들의 직관적 평가는 주어진 정보, 즉, 무게나 거리 중에서 오직 한 성분에만 의지한다는 것이다.

윌케닝과 앤더슨(1982)은 시글러의 결론에 이의를 제기했다. 그들에 의하면, 피험자는 보통 덧셈과 곱셈 같은 어떤 암묵적이고 간단한 대수적 규칙을 사용하여 이미 확보된 정보를 통합하는 경향이 있다는 것이다.

몇 개의 예를 더 살펴보자. 윌케닝과 앤더슨은 천칭과 연관된 연구 결과를 점검하기 위하여 위와 똑같은 문제를 다른 방법으로 연구했다. 피험자에게 주어진 상황의 효과를 예측하게 하는 대신 천칭이 균형을 이루도록 무게와 거리를 조정하게 했다.

6세 아동들은 오직 한 차원에 의해 예측한다는 것이 밝혀졌다. 7세 이상의 아동은 통합적 규칙을 사용했다. 9세 아동들은 덧셈 패턴이나 곱셈 패턴을 사용했다. 그러나 더 나이든 학생들은 주로 곱셈 패턴을 사용했다.

직사각형의 넓이 계산과 관련된 실험에서는 다음의 조사 결과가 나왔다. 5세 아동은 넓이를 계산하기 위해서 덧셈 규칙(직사각형의 가로 길이와 세로 길이의 덧셈)을 사용한 반면에, 어른들은 곱셈 규칙을 계속 사용했다. 8세와 11세 아동들의 일부는 덧셈 규칙을 사용했으며, 다른 일부 아동들은 곱셈 규칙을 사용했다. 모든 피험자는 자신의 전략을 일관되게 사용하는 것으로 나타났다(Wilkening, 1980, pp. 54-58).

직사각형의 넓이에 관해서 피험자들은 넓이 계산을 일차원적 평가 척도를 사용해서 표현했다.

윌케닝과 앤더슨은 확률을 사용한 유사 연구를 했다.

피아제의 고전적 확률 선택 실험과 유사하게, 양자 선택 실험에서 파란색과 노란색 구슬이 담긴 접시 두 개를 피험자에게 제공했다. 그리고 눈을 감고 구슬 하나를 집었을 때 집은 구슬이 파란색이 될 확률이 큰 접시를 택하라고 피험자에게 요구했다.

수치적 판단 과제에서는 피험자에게 파란색과 노란색이 모두 들어 있는 접시 하나만을 제공했다. '행복자'(한쪽에는 슬픈 표정이 있고 다른 쪽에는 기쁜 표정이 있는 눈금자)를 사용해서 파란 구슬을 뽑을 가능성을 평가하게 했다(Wilkening & Andreson, 1984, pp. 21-26).

첫째 테크닉에서는(두 개의 접시) 피험자 중 적어도 과반수가 한 차원에 의해 계산하는 것, 예를 들어, 오직 파란 구슬이 몇 개 있는가를 세는 것으로 밝혀졌다. 둘째 테크닉에서는 이와 반대로 모든 피험자들이 두 범주의 정보, 즉 파란색 구슬 수와 노란 색 구슬의 수 모두를 통합하는 것으로 나타났다.

윌케닝과 앤더슨은 자료 처리를 위해 재치 있는 통계 절차를 활용했다는 것을 언급할 가치가 있다. 분산분석이 적용되었다. 피험자들이 사용한 모든 범주의 정보(예를 들어 기대된 시행 결과의 수와 가능한 시행 결과의 총수)는 그 설계 모형에서 주요 처치 효과를 대표했다. 만약 한 피험자가 어떤 유형의 정보를 사용했다면, 그와 관련된 주요 처리법이 통계적으로 유의하게 나타날 것이다. 상호작용을 고려해 봄으로써 흥미로운 정보를 얻을 수 있다. 만약 통합 절차가 덧셈이라면 전체 상호작용 항과 그 모든 성분은 0에 근접해야 한다. 통합 규칙이 곱셈이라면 상호작용 항의 겹선형 성분이 0이 아니어야 하고, 그 나머지 상호작용이 0에 근접해야 한다(Wilkening & Andreson, 1982, p. 228)

덧셈 모델에 상응하는 자료의 기하학적 표현은 평행선으로 되어 있다. 반면에 곱셈 규칙은 평행하지 않고 발산하는 직선들의 '부채' 모양이다.

윌케닝과 앤더슨은 위에서 설명한 모든 예에서 피험자들에게 여러 크기를 직관적으로 계산하거나 또는 어떤 상황의 시행 결과를 직관적으로 예측할 것을 요구했다.

그들이 내린 일반적 결론은, 피험자들이 심지어 전조작기에서조차도 주어진 상황에 대한 오직 하나의 성분에만 의지하여 평가하는 것이 아니라, (시글러의 설명이 시사하는 바와 같이) 기본적 성분의 혼합물을 자신의 표현으로 통합하려는 경향이 있다는 것이다. 덧셈 모델이 일차적이며 전조작기, 그리고 젊은 조작기 나이의 아동들에게 주로 작용하는 반면에, 곱셈 모델은 좀 더 나중에 작용하게 된다.

나는 위에서 가정한 계산이 오직 통계적 결과에서 추론되었다는 사실을 다시 한번 강조하고자 한다. 계산은 암묵적으로 발생된 것으로 가정된다. **피험자의 반응은 오직 전체적인 직관적 반응이다.** 시글러, 윌케닝, 앤더슨 연구의 중요한 공헌은, 본질적으로 직접적이고 전체적인, 즉 비분석적인 직관적 반응을 분석적으로 연구하는 방법을 발견했다는 것이다. 위의 연구 결과를 해석하기 위해서 우선 고전적인 피아제식 보존 실험으로 돌아가 보자. 소시지 모양과 공 모양의 진흙을 비교하는 아동들은 소시지가 더 많은 진흙을 포함한다고 단언한다. 이것은, 피아제에 의하면, 그 아동들은 지각적으로 우세하게 보이는 한 차원만을 고려하기 때문이다. 윌케닝과 앤더슨은, 그 아동이 자신의 평가에서 사실상 두 차원 모두를 통합할 수 있으나, 이들 차원의 영향을 드러내기 위해서는 특별한 테크닉이 필요하다고 주장했다.

이제 5세 아동들이 지름이 다르고 길이는 같은 소시지 모양의 진흙 두 덩어리를 비교하게 하는 상황을 생각하자. 아이가 그 둘을 '같은 양'이라고 계속 주장한다면 이는 매우 놀랄 일이다. 그 아동은 진흙 덩어리의 길이 차원에서 두께 차원으로 관심을 확실히 옮길 것이다.

나의 관점은 비통합과 중심화의 차이를 구별해야 한다는 것이다. 피아제 학파도 윌케닝과 앤더슨도 이 차이에 대해 옳게 해석하지는 못한 것으로 파악된다.

어떤 과제를 수행하는 데에 있어 어떤 성분이 피험자와 관련되지 않으면, 이 성분의 효과는 그 연구 방법으로는 밝혀지지 못할 것이다. 만약 과제가 바뀌면 바로 그 성분은 활성화되지 않을 것이라는 것을 함의하는 것은 아니다(예를 들어 천칭 문제에 대한 시글러의 연구 방법과 윌케닝과 앤더슨의 연구 방법을 비교해 볼 수 있다). 더욱이, 외관상 비활성 요인은, 예를 들어 평형화에 의해 중립화된, 오직 중립적 정보로 최종적인 인지 결정을 한다. 아동이 한 차원에 초점을 둔다는 사실(중심화)이 반드시 그 아이에게 다른 차원이 모조리 사라진 것을 함의하는 것은 아니다.

6세의 아동에게 흰 구슬과 검은 구슬이 섞여 있는 상자 두 개를 주고, 그 중 흰 구슬을 뽑을 확률이 높은 상자를 택하라고 한다.

> 과제 A에서는 (3개의 흰 구슬, 5개의 검은 구슬)과 (4개의 흰 구슬, 5개의 검은 구슬) 중 선택하는 것이다.
> 과제 B는 (3개의 흰 구슬, 5개의 검은 구슬)과 (4개의 흰 구슬, 7개의 검은 구슬) 중 선택하는 것이다.
> 아동은 첫째 과제는 쉽게 해결하지만 일반적으로 둘째 과제는 해결하지 못한다.

이것이 과제 A에서는 아동이 검은 구슬을 중요시하지 않으며 오직 흰 구슬만을 비교한다는 것을 함의하는가? 그렇지는 않다. 검은 구슬이 중립화된 요인이라는 사실을 암묵적으로 고려하기 때문에 옳은 선택을 할 수 있다.

어떤 정황에서는, 전체 상황의 어느 한 차원으로부터의 외삽은 (평형화를 거쳐) 다른 차원의 중립성에 의해 객관적으로 정당화될 수도 있다. 그러나 피험자가 전체적 평가에 객관적으로 관련된 요소를 포함시키기 위한 지적 수단을 갖고 있지 못하기 때문에 그들이 무시될 수도 있는 것이 또한 가능하다.

부분에서 전체로 가는 외삽은 직관적 전체화의 주요 메커니즘의 하나를 나타내는 것으로 보인다. 이 주장은 일견 오직 항진명제처럼 보인다. 사실상 여기에서 주요 아이디어는, **외삽 그 자체가 아니라 피험자 자신이 관련 정보의 일부분만 고려하는 데도 불구하고, 전체 상황을 평가한다는 피험자의 신념이다.**

피아제의 연구는 6~7세 이후에는 물질의 양, 길이, 기수와 같은 크기의 '보존'을 인식할 수 있음을 보였다. 피아제는 **직관적 사고**라는 용어를 오직 전조작기(4~7세)를 위해서만 사용했으나, 이 반응 역시 직관적인 것이다. 7세의 아동은 (위의 실험에서) 길이가 폭을 보상하기 때문에 공과 소시지 모양의 진흙의 양이 같다고 단언하지 않는다. 피아제가 믿듯이, 보상이 있다면 아동은 그것을 논거로 사용하지 않는다. 그는 정당화를 위한 어떠한 필요 느낌 없이 그 동치를 직접적이고 직관적으로 받아들인다. **이것은 보존 능력의 일부로서 조작기의 아**

동에게 개발되는 새로운 직관이다.

피아제는 조작기 아동들의 획득을 서술하기 위해 (부류의 포함, 변환의 가역성에 의한 보상 등의) 논리적이고 분석적인 용어를 사용한다. 그럼에도 불구하고 피아제가 서술한 구체적 조작기 동안의 아동들의 반응은, (특히 보존과 관련해서는) 대부분 직관적이다. 사실상 그것들은 평생 직관적인 채로 존재한다. 진흙의 형태를 바꿈으로써 그것의 양, 무게, 부피를 바꿀 수 없다는 것은 자명하다. 아동은 무게의 보존을 9세에, 부피의 보존을 11세에 획득한다. 그러나 아동은 그것들을 새로운 직관이나 자명한 전체적 답으로서 획득된다.

피아제의 용어로는, "… 아동에게는 자신의 태도를 바꾸는 시간(6:6세에서 7:8세 사이)이 항상 도래하게 된다. 그는 어떠한 반성도 필요로 하지 않고, 결정하며, 심지어 그 문제가 제시되었다는 것에 놀라기도 하며, 그 보존에 관해 확신을 갖는다." (Piaget, 1967, p. 150).

보존이든 아니든 두 반응 모두 전체적인 것이다. 직관은 발달적 현상이고, 그 구조는 경험과 일반적인 지적 발달의 효과로 바뀐다.

시글러, 윌케닝, 앤더슨에 의하면, **직관의 변환을 바꾸고 결정하는 것은 피험자의 결정이 근거한 암시적 규칙이다.** 내가 말했듯이, 이 연구 결과는 그러한 접근 방법의 주요 공적이다. 그러한 규칙이 옳은 인지적 결정을 하는 데 있어서, 옳지 않거나 불충분할 수 있다. 그럼에도 불구하고 그것들은 피험자의 직관적 반응을 체계적으로 안내하는 것 같다. 이것은 정보의 직관적 처리가 합법적이라는 명제를 뒷받침해 주기 때문에 직관을 위한 근본적 연구 결과이다.

또한 인지적 결정에서 고립된 요인에 의지한다는 사실은 규칙이라기보다는 오히려 예외적인 것 같다.

(때때로 전조작기 아동들까지 포함하여) 사람들은 일반적으로 (덧셈, 곱셈 등의) 어떤 통합 규칙에 따라 정보를 통합하는 경향이 있다. 채택된 통합 규칙의 적당함 정도는 나이와 교육에 따라 다양하다. 전조작기 아동들은 넓이 계산에 덧셈 전략을 사용하고, 반면에 좀더 나이가 든 학생들은 곱셈 규칙을 사용한다. 그러나 근본적인 연구 결과는 (심지어 피험자가 정확하고 적당한 것에 의지하기 전에조차) **직관적 판단이 이전에 고려한 것보다 더 자주 일관된 암묵적인 통합적 절차에 기초한다는 사실 그 자체이다.**

전체화에 관한 또 하나의 예를 살펴보자.

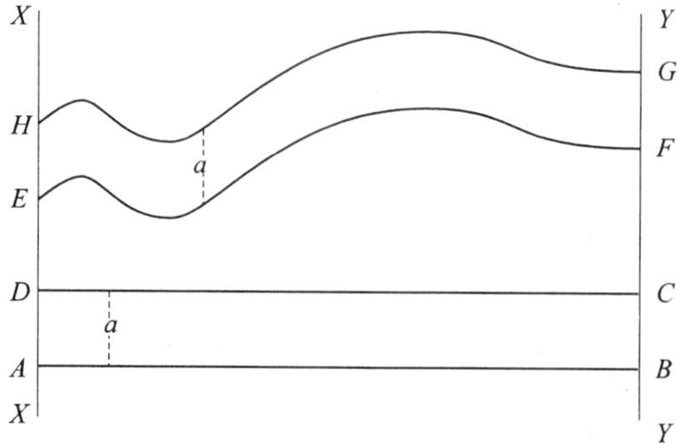

[그림 3]

두 개의 평행축 xx'과 yy'을 생각해보자. xx'과 yy'축에 수직인 두 평행선 AB, CD를 그려라. AB와 CD 사이의 거리는 a로 일정하다. 두 곡선 EF와 GH를 그릴 때([그림 3]을 보라), xx'과 yy'축에 평행한 선에서 측정한 두 대응점 사이의 거리가 a로 일정하게 한다.

$ABCD$와 $EFGH$의 넓이를 비교하도록 요구받은 피험자는 일반적으로 $EFGH$의 넓이가 $ABCD$의 넓이보다 크다고 단언한다. 그 답을 정당화하라고 하면 $EFGH$가 '더 길다'고 단언한다.

사실은 두 넓이가 같다.

두 넓이가 같지 않다는 공통적 반응은 진흙 공 문제에서의 전조작기 아동의 비보존 반응을 생각나게 한다.

진흙 공 문제에서와 마찬가지로, 넓이 문제에서 피험자들은 오직 한 차원 즉, 길이에만 초점을 맞추고 있는 바, 그것이 지배적 차원이 된다. 폭이라는 차원은 주의 깊게 고려하지 않는다. 직관에 토대를 둔 결론은, **전체로서**의 두 넓이는 같지 않다는 것이다.

다시 말해, 전체화 효과는(이 경우에는 오직 하나의 성분에 기초하여 판단한 전체) 지각의 영역에만 한정되는 것은 아니다. 그것은 또한 개념적 수준에서도 확인된다.

지금까지 언급한 생략에 의한 직관적 전체화는 외삽 과정과 관련이 있다. 피험자는 단순히 어떤 성분을 전체적 결정에서 통합할 수 없기 때문에 무시하거나, 또는 주어진 정황에서 중립적이기 때문에 무시한다.

그러나 직관적 전체화는 완전히 다른 그림을 제시할 수도 있다. 이것은 우리가 '결론적 직관'으로 명명한 것에서 일어나는 전체화이다. 문제의 정확한 답이나 정리의 옳은 증명을 찾은 후, 해결자는 전체적, 유의미한, 직관적으로 받아들일 수 있는 관점에서 분석적 전개를 종합하는 경향이 있다. 이 전체적 관점은 언어적 용어로, 이미지로, 제스처로, 또는 이것들의 조합으로 표현될 수 있다.

이 경우에는 바로 의미의 위계적 조직화의 과정에 의해 그 과정이 일어난다.

피타고라스 정리라는 고전적 예를 인용하기로 하자. 직각삼각형에서 빗변의 길이의 제곱은 다른 두 변의 길이의 제곱의 합과 같다.

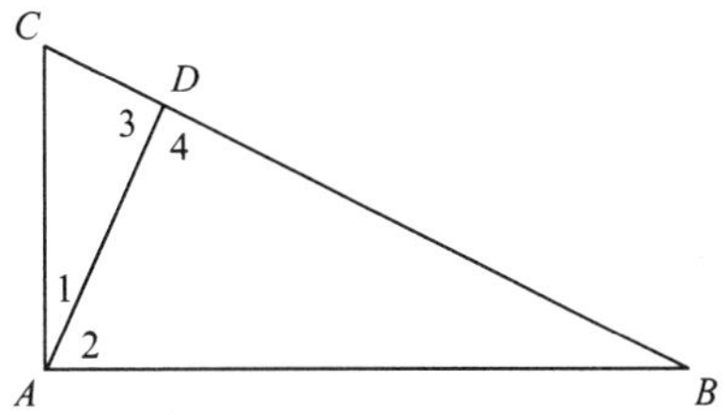

[그림 4]

이 정리의 완전한 증명은 여러 단계를 요구한다. 먼저 $AC^2 = BC \cdot CD$, $AB^2 = BC \cdot DB$임을 증명해야 한다. 이를 위해서 먼저 $\triangle ADC$와 $\triangle ABC$를 생각하고, 그들이 서로 닮은 삼각형임을 다음과 같이 증명한다. $\angle A_1 = \angle B$이다. 왜냐하면 마주 보는 변이 각각 수직이기 때문이다. $\angle D_3 = \angle A$ (모두 직각이다.) 닮음이기 때문에 두 삼각형의 변은 비례한다. 등등. 그것은 연역 단계의 긴 연쇄이다. 연쇄 단계를 분석적으로만 고려하기 때문에, 학생은 쉽게 이해하지 못한다. 증명을 직관적으로 이해하기 위해서는 위계적 구조의 파악, 전체 추론 과정을 전체적 아이디어로 응축하는 효과가 필요하다.

이것을 성취하는 다양한 방법이 있다. 한 가지 방법은 평범한 것이다. 이전에 언급한 단계를 모두 나열하는 대신에, 주요 마디를 강조한다. 첫째 단계: (개재된 삼각형의 닮음을 사용하여) 빗변이 아닌 변의 길이의 제곱은 그것의 빗변 위로의 정사영과 빗변의 길이의 곱과 같다. 둘째 단계: 두 식을 더한다.

훨씬 더 우아한 방법은 폴리야가 제시한 것으로서, 전체적, 종합적 소개에 이를 수 있다. 요점은 더 일반적 정리를 먼저 증명하는 것이다. "세 닮은 다각형이 직각삼각형의 세 변 위에 그려진다면 빗변 위의 것의 넓이는 다른 두 개의 넓이의 합과 같다." (Polya, 1954, p.

17).

이 정리는 다음과 같은 식으로 증명된다.

[그림 5. II]를 보자. 빗변 위에 그려진 삼각형의 넓이가 다른 두 변 위에 있는 삼각형의 넓이의 합과 같다는 것은 분명하다. $A_1 = A_2 + A_3$

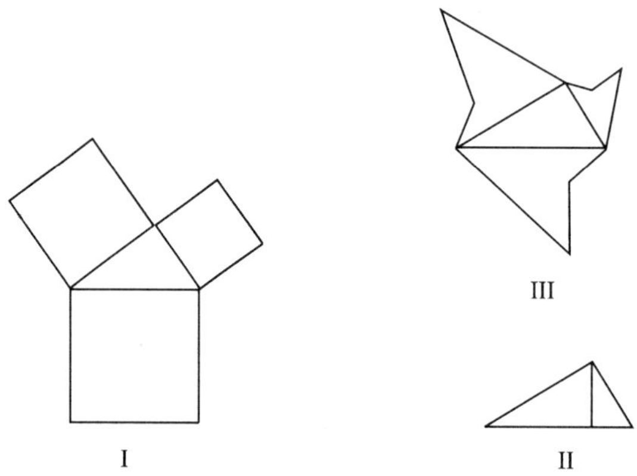

[그림 5] (Polya, 1954)

[그림 5. III]을 보자. 첫째 세 짝으로서 변 a, b, c에 만들어진 도형들의 각의 크기는 첫 세 짝($\triangle ABC$, $\triangle ABD$, $\triangle ADC$)의 넓이에 비례한다. 그 각각의 넓이는 λA_1, λA_2, λA_3이며 $\lambda A_1 = \lambda A_2 + \lambda A_3$로 표현할 수 있다. 이것이 위에 언급한 일반적 정리에 이르게 된다.

이 정리를 [그림5. I]에 적용함으로써 $a^2 = b^2 + c^2$을 얻는 바, 이것이 피타고라스 정리이다. 폴리야의 용어로, 이것은 일반적 정리의 특수화에 의한 적용이다. 이 증명의 장점은, 원리의 일반성을 드러내고, 결과적으로 정리 자체에 대해 보다 깊이 통찰할 수 있게 한다는 것이다.

피타고라스 정리의 예는 둘째 유형의 전체화 즉, 첫째 유형에서처럼 어떤 성분을 무시함으로써가 아니라, 의미의 위계적 통합을 통한 전체화를 강조한다. 전체 추론 과정은 추론 구조의 다양한 개념적 수준, 즉 주요 대상과 관련된 것으로부터 매개적이거나 보조적인 조작을 나타내는 것까지를 강조하기 위해서 재조직된다.

그러나 폴리야의 증명은 직관적 사고와 관련된 또 다른 측면을 나타낸다. 그 증명은 보통의 증명보다 더 어렵고 미묘하다. 그럼에도 불구하고, 진정으로 이해될 때, 폴리야의 증명은 보통의 증명보다 직관적으로 더 설득력 있다. 더 어렵고 더 미묘하다는 사실에도 **불구하고** 피험자는 그것을 독특하게 종합적으로 파악하여 내재적 필연성을 얻게 된다.

나의 의견으로는, 그 주요 원인은 폴리야가 서술한 증명이 직관적 이해의 본질적 요구를 만족하기 때문이다. 직각삼각형의 변 사이의 특별한 관계를 언급하는 피타고라스의 정리 이상으로, **그 문제를 도형 합성의 문제로 변형하는** 더 일반적 속성을 파악한다. 삼각형 ADC와 ABD로 이루어진 삼각형 ABC의 직접적으로 설득력 있는 이미지를 통해 위에 인용된 일반적 정리를 '본다'. 그것은 오직 [그림 5.Ⅲ]에서 언급한 관계의 각 요소에 같은 인수를 곱함으로써 얻어진다. 그러고 나서, 한 원리의 일반성과 직접적으로 파악가능한, 그것의 특정한 표현의 총체적 융합을 얻는다. **직관의 본질은 바로 이런 종류의 융합이다.**

서로 만나는 두 직선을 생각해보면, 맞꼭지각의 크기가 같음을 안다. 이것은 지각의 문제이다. 주어진 이미지를 넘어, 그 속성의 일반성을 필연적이고 자명한 것으로 파악한다면 그것은 직관의 문제가 된다.

그러면 이 예들은, 직관적 전체화가 어떤 정황에서는 특정한 경우의 다양성을 넘어 본질적으로 필연적이고 자명한 것으로 보이는 원리의 일반성을 파악한다는 사실을 함의한다는 것을 시사하는 것 같다.

다양한 유형의 보존을 고려하여, 피아제는 어떤 속성(양, 기수 등)을 보존할 수 있는 아동이 명확한 분석적 논증에 기초하여 그 속성의 불변성을 파악하지는 않는다고 결론지었다. "그 아동은 (진주의) 전체량이 보존된다는 것을 확실히 하기 위하여 그에 관해 생각할 필요는 없다. 그는 선험적으로 확실하다."(Piaget & Szeminska, 1964, p. 52)

우리의 용어로는, 차원의 외관상의 변화에도 불구하고, 그 아동은 주어진 양의 불변성을 직관적으로 확신한다. 피아제는 이런 직관적 확신이 '단계적으로 달성되는 대신, 유일한 행동으로 중심화된' 대상의 차원 변환의 조정에 근거한다고 주장한다(Piaget & Szeminska, 1964, p. 52).

요약

지금까지 확인된 직관적 전체화의 다양한 메커니즘을 요약하면 다음과 같다.

1. 부분으로부터 전체로의 외삽성에 의해. 이것은 남아있는 속성을 단순히 무시함으로써 (피실험자는 유일한 종합적 평가 내에서 모든 요소를 통합할 수 없다) 또는 주어진 상황에서 동치에 근거하여 나머지 속성을 중립화함으로써 발생한다.
2. 위계적 조직화에 의해. 피실험자는 한 상황에 포함된 요소를 몇몇 전체적인 것이 부수적인 것을 유도하거나 정당화하는 속성 또는 대상의 위계로서 파악한다. (예를 들어, 어떤 풀이의 연이은 단계를 정당화하는 그 해결의 주요 아이디어.)
3. 어떤 현상에 포함된 특정 관계성을 선험적 필연성과 자명성으로 보이는 일반 원리의 표현으로 파악함으로써. (예를 들어, 주어진 집합 내의 원소 사이의 거리 변화는 개수를 변화시키지 않는다. 왜냐하면 원소가 가감될 때를 제외하고는 개수는 반드시 불변이기 때문이다.)
4. 여기서 특별히 고려하지 않은 넷째 메커니즘은 확실히 시각화 메커니즘이다. 추론 과정에서 그림 표상의 주요 기능 중 하나는 실제로는 과정, 사건의 연속인 것의 전체적, 동시적, 파노라마식의 설명을 산출하는 것이다.

전체화가 반드시 직관적 수용에 이르지는 않지만 직관적 수용을 생산하거나 고양하는 데는 기여할 수 있다.

다양한 전체화 메커니즘의 효과는 대개 결합된다고 가정할 수 있다. 예를 들어, 피타고라스 정리와 관련된 폴리야의 예에서 증명의 다양한 요소를 위계적으로 조직하도록 돕는 것은 사실 일반화된 정리이다.

(유비를 통해, 또는 일반적 아이디어로의 귀납을 통해) 일반적 정리의 가능성을 제안하는 것은 우선 I(정사각형의 합)과 II(삼각형의 합) 사이의 유비이다. 그러고 나서 중립화와 외삽에 의한 전체화의 작용을 확인한다. (즉, I과 II의 두 경우는 동치로, 그리고 상황의 공통인 부류를 가리키는 것으로 간주된다. 이 특유한 경우에는 귀납을 통해 외삽한다.) 둘째로, II의 삼각형 사이의 $A_1 = A_2 + A_3$이라는 관계의 본질적, 직관적 필연성을 포함하는 증명인 일반적 원리가 있다. 그러나 그 증명의 주요 아이디어가 직관적으로

파악되는 것(위계에 의한 전체화)은, 오직 이 관계가 그저 특정한 구성을 언급하는 것으로 보이는 것이 (균형이라는 토대에서) 일반적 원리의 특별한 경우로 보여 질 때이다. 이미 강조한 바와 같이, 폴리야의 예에서 그렇게 아름답게 표현된 직관적 수용의 본질을 나타내는 것은 특정한, 특유한, 직접적으로 확신을 주는 예와 특정한 경우로부터 닮음과 비례성을 통해 유도된 일반적 원리 사이의 근본적 통일성이다.

11

직관과 직관적 모델

모델은 직관적으로 받아들일 수 있는 인지의 형성을 위한 본질적 도구이다. 직관적으로 받아들일 수 없는 관념에 대처해야 할 때마다, 사람들은 때로는 사려 깊게, 때로는 무의식적으로 직관적으로 더 이해하기 쉬운 그 관념의 대체물을 생산하는 경향이 있다. 그러한 대체물을 대개 **직관적 모델**이라고 부른다.

일반적으로 말해, 만약 어떤 동형사상에 기초하여 체계 A의 말로 생산된 서술 또는 풀이가 체계 B의 말로 일관되게 표현되고 그 역도 성립하면, 체계 B는 체계 A의 모델을 나타낸다(Gentner, 1983).

모델의 분류

추상적 모델 대 직관적 모델

첫째 이분법은 **추상적 모델**과 **직관적 모델**을 대충 구별한다. (공식, 함수 등의) 수학적 관계는 대개 어떤 구체적 현실의 **추상적 모델**이다. 이차함수 $s=\frac{1}{2}at^2$은 등가속도운동의 추상적 모델이다. (가속도) a를 알면 t동안 물체가 움직인 거리를 결정할 수 있다. 추상적 체계에서 얻어진 해는 대응되는 구체적 현상에 유효하며, 그 구체적 현상에 관해서는 사건을 예상할 때 중요한 도구가 된다. **직관적 모델**은 그 본성상 감각적인 것의 일종이다. 그것은 다른 구체적 현실처럼 인지되거나 표현되거나 다루어질 수 있다. 예를 들어, (힘 같은) 벡터 크기를 표현하는 데에 유향선분을 사용한다. 유향수를 나타내기 위해 규약적 원점을 가진 수직선의 이미지를 사용한다. 추계 문제나 조합 문제를 풀기 위해 수형도를 참고한다. 함수를 나타내는 그래프 역시 직관적 모델의 한 예이다. 직관적 모델이 반드시 어떤 실재의 직접적 반영일 필요는 없다. 그것이 그 실재의 추상적 해석에 근거하는 경우가 매우 흔하다. 함수의 그래프는 그 함수에 대한 직관적 모델이고, 함수는 어떤 실재의 추상적 모델이다. 예를 들어, 낙하하는 물체라는 현상 → 그것을 나타내는 이차함수 $s=\frac{1}{2}at^2$ → 그래프(개재된 변수 사이의 동적인 관계성의 시각적, 행동적 표현). 규약적인 그래프적 수단을 사용하는 직관적 모델을 일반적으로 다이어그램이라고 부른다.

명시적 모델 대 암시적 모델

둘째 기본 이분법은 **명시적 모델**과 **암시적(또는 암묵적)** 모델을 구별한다. 때때로 풀이를 찾는 것을 용이하게 하기 위해 **의도적으로** 그리고 의식적으로 모델이 선택되거나 구성된다. 예를 들어, 단순화된 조건에서 발사된 물체의 가능한 움직임을 연구하기 위해 축소 모형이나 다른 유형의 모의실험을 한다. 그래프, 다이어그램, 히스토그램은 사려 깊게 그려진다.

그러나 모델은 어떤 실재와 연관되어 자동적으로 만들어지고 그리고 암묵적으로 사용되는 경우가 매우 흔하다. 사람들은 자신이 해결하고자 노력하는 대상 즉, 자신의 관심 대상이 어떤 현상이라고 확신할 수도 있지만, 사실상 자신의 정신적 노력은 그 대상의 모델을 다루는 것일 수도 있다.

유비적 모델과 패러다임 모델

셋째 분류는 우리가 제안한 것으로 **유비적 모델**과 **패러다임 모델**을 구별한다.

두 존재물 사이에 체계적 유사성이 존재하거나, 그 이외에 다른 유사성의 존재를 가정할 만 할 때, 두 실재는 유비의 관계에 있다고 간주한다.

유비적 모델의 경우, 모델과 원래의 것은 두 개의 서로 다른 개념적 체계에 속한다. 패러다임 모델의 경우, 원래의 것은 존재물의 어떤 부류에 속하는 반면에 모델은 고려된 범주의 본보기 또는 하위 부류에 의해 제공된다.

전류와 아주 가는 관 속의 액체의 흐름 사이에 **유비**를 설정할 수 있다. 이 두 현상은 **개념적으로 서로 다른 두 부류**에 속한다.

분말 물질의 상태를 확인하도록 요구 받은 아동은 보통 분말이 고체라는 것을 학습하고 놀라게 된다. 아동에게 고체란 (나무 조각이나 금속같이) 그 자체의 조밀함을 포함하는 조밀한 물체의 **모든** 속성을 가지고 있는 것이다. 보통 아동에게 액체는 '물'이다. 예를 들어, 녹은 초의 심지가 타지 않는 이유는 녹은 초가 물이기 때문이다(Stavy & Stachel, 1985, p. 9). 따라서 물은 액체라는 부류에 대한 패러다임 모델이다.

암묵적인 직관적 모델의 역할

이 연구의 가설 중 하나는, 암묵적이고 직관적인 모델 즉, 패러다임 모델과 유비적 모델 모두가 생산적인 추론 과정에서 근본적 역할을 한다는 것이다. 전체화, 구체화, 외삽 등으로 이루어진 직관적 사건이 없이는 생산적인 추론 활동이 없다. 이 모든 측면에 관해서는 직관적 모델이 진정으로 유익하다. 모델은 문제해결자에게 원래의 것에 대한 대체물을 제공하며, 그것은 그 특질로, 원래의 것보다 인간의 사고의 본성에 더 잘 적응한다. 지각할 수 있고 실제로 다룰 수 있고 익숙하고 행동적으로 통제가능하고 암시적으로 적법한 것으로 사고하는 것이, 추상적이고 표현 불가능하고 불확실하고 무한한 것으로 사고하는 것보다 더 쉽다. **직관적 모델의 본질적 역할은, 지적으로 도달할 수 없는 것과 지적으로 받아들일 수 있고 조작가능한 것 사이에 중재 장치를 구성하는 것이다.** 모델은 나름대로 특유하고 직관적으로 받아들일 수 있는 말로 원래의 것의 자료(속성, 과정, 관계)를 코드화해야 한다. 모델의 말로 해결된 문제는 원래의 것의 말로 재해석된다.

모델의 발견술적 효능을 위한 조건

발견술적으로 효능이 있기 위한 조건은, 실제 조건에서는 서로 충돌할 수도 있는 제한 조건을 모델에 강요한다. 첫째로, 모델과 원래의 것 사이의 구조적 동형사상에 기초하여 모델은 원래의 것에 충실해야 한다. 이것은 불변이고 모순 없고 일관된 호혜적인 관계성의 집합이 원래의 것과 그 모델 사이에 존재해야 함을 함의한다. 모델의 말로 얻어진 풀이와 그에 상응하는 원래의 것의 말로 얻어진 풀이는 동치이어야 한다. 전자의 타당성은 후자의 타당성을 위한 충분조건이 되어야 한다.

둘째로, 모델은 원래의 것에 관해서는 상대적 자율성을 가져야 한다. 각 단계를 생성하고 통제하기 위해 원래의 것에 의지해야 하는 모델은 발견적으로 쓸모가 없다. 동적 체계의 자율성이 함의하는 바는, 잘 구조화되고 내적으로 모순이 없고, 자기 나름대로의 법칙에 의해 지배되어야 한다는 것이다.

가상의 예를 살펴보기로 하자. 아동의 흥미를 끌기 위해 1부터 20까지의 수 각각에 어떤 이미지를 붙였다고 상상하자. 1은 고양이, 2는 개, 3은 쥐, 4는 소, 5는 새, …. 덧셈은 둘 또는 그 이상의 동물이 함께 있는 집으로 표현된다. 2 + 3은 얼마인가? '원래의 것'으로 돌아가지 않으면 이 문제를 풀 수 없을 것이다. 즉, 2 + 3에서 5를 얻은 뒤 모델에 따라 개 더하기 쥐는 새를 만든다고 말할 수도 있다. 어떤 문제이든, 그것이 원래의 것의 말로 제기되면 모델이 저절로 그 문제를 완전히 해결할 수는 없다. 그것은 절대적으로 비구조화된다. 그 용어들의 조합 각각의 효과는 모델 자체만을 고려하는 것으로는 예상할 수 없다. 그 목적을 위해 원래의 것의 틀 안에서 상응하는 조합에 의지해야 한다. **모델의 발견술적 능력은 원래의 것에 대한 자율성에 좌우된다. 그리고 그러한 자율성은, 이미 말했듯이, 모델이 나름대로의 법칙에 기초하여 일관되게 기능할 수 있어야 함을 함의한다.**

확실히 위의 예는 가상의 극단적 과장의 산물이지만, 수학교육에서 사용되는 소위 '구조화된 자료' 가운데, 이처럼 내적으로 비구조화된 그리고 결과적으로 발견술적으로 비생산적 모델을 찾을 수 있을 것이다.

두 체계가 완전히 동형적이면서 서로에 관해서 자율적인 정반대의 예를 생각하기로 하자. 나는 수와 도형을 언급하고 있는 것이다. 원칙적으로, 기하 용어로 출제된 모든 문제를 대수적으로 해결할 수 있고 **그 역도 성립한다.** 어떤 제약 하에서 점의 운동에 의해 결정되는 자취를 구하려 한다면, 원칙적으로 기하학적 작도를 사용하여 문제를 해결할 수도 있다. 하지만 대수적 절차로 그 문제를 해결하는 것이 더 쉬울 수도 있다.

모델을 사용한다는 것은 모델의 말로 **생산적으로 사고**하는 것을 의미한다. 정신 모델은 추론 장치이다. 그것은 해결 전략을 떠오르게 하고, 풀이를 암시하며, 그리고 매우 흔히 원래의 것을 써서 얻어진 풀이의 일관성과 유의미성을 확실히 하게 해 준다. 이 모든 목적을 위해 모델은 어느 정도의 자율성을 향유해야 한다.

모델이 발견술적으로 효능이 있기 위한 셋째 조건은, 그것이 인간의 정보-처리 특징에 대응해야 한다는 것이다.

이 세 범주의 조건은 모순된 요구에 이를 수도 있다.

자율적 모델의 주요 장점은 원래의 것에 의해 제기된 다양한 문제를 해결하기 위해 그 모델에만 의지할 수 있다는 점이다. 그러나 동시에 이것은 문제해결자가 모델에 지나치게 사로잡혀 때로는 원래의 것에 관련되지 않은 모델의 속성으로부터 원래의 것에 대한 결론을 이끌어내는 위험성도 증가시킨다. 그 위험성은 암묵적이고 통제되지 않은 모델이 추론 활동에 참여할 때 확실히 더 크다.

이 예를 생각하자. 소립자는 보통 작은 공으로 표현된다. 이것은 원자 구조의 이해를 돕는다. 그러나 동시에 입자의 파동성의 수용을 방해하고, 그 역도 성립한다. 파동의 형태로 전달되는 유체로서의 복사의 상식적 표현은, 에너지의 입자(양자) 속성의 수용을 어렵게 만든다. 대개 입자(물질)와 복사(에너지)에 부착된 근본적으로 서로 다른 직관적 모델은 물질과 에너지가 동등한(equivalent) 것이며, 실재의 근본적 성분이, **그들 모두** 이중적 본성 즉, 그들이 입자적 특징과 파동적 특징을 동시에 가진다는 아이디어를 직관적으로 받아들이는 데 기본적 장애를 구성한다.

수학자는 점은 추상적이고 차원이 없는 존재물이고 선은 추상적이며 일차원적 존재물이라는 것을 매우 잘 알고 있다. 그럼에도 불구하고 수학의 역사에서 여러 가지 수학적 오개념작용이 합리적이지 않고 통제되지 않은 그림 모델(점에 대한 반점, 직선에 대한 가느다란 띠)의 개입으로 설명될 수 있다. 길이가 다른 두 선분을 이루는 점들의 집합 사이의 상등을 직관적으로 받아들이는 것은 어렵다. 점을 작은 반점으로 표현하는 것이 주요 이유이다. 점의 반점 모델은, 표현 불가능한 점이라는 개념을 정신적으로 조작하도록 돕기 위한 것이다. 그러한 반점 모델이 없다면, "두 점은 한 직선을 결정한다." 그리고 "두 직선은 단 한 점 또는 무한히 많은 점을 공유한다."라는 명제를 이해하기 어려울 것이다. 그러나 반점 모델은 틀린 해석을 초래하기도 한다. 이것은 반점 모델이 점 개념에 속하지 않는 즉, 원래의 것에 관련되지 않는 다른 속성을 추론 과정에 **암묵적으로** 도입하기 때문이다. 그 한 예는 길이가 다른 두 선분의 점들의 집합은 상등일 **수 없다**는 명제이다. 더 긴 직선은 더 많은 점을 포함하는 '경향이 있다.' 또는 때때로 아동들이 "더 긴 선분의 점이 더 크다."라는 답을 제시한다.

수 개념에 대응하는 보통의 암묵적 모델은, 아동기에 도입된 점들의 집합 모델(사실은 반점들의 집합)이다. 그 모델은 범자연수(확실히 작은 수들)를 정신적으로 조작하는 데에 많은 도움이 된다. 두 수를 비교하는 것, 덧셈과 뺄셈이 의미하는 것을 쉽게 알 수 있다. 반점 집합 모델은 수 개념과 수들 사이의 연산의 공간화되고, 시각적이고, 행동적으로 유의미한 표현이다(수 개념의 부류와 순서 속성을 포함하여). 그러나 반점 집합 모델을 절대적인 것으로 받아들이면, 수 개념의 확장에 장애가 된다. 유리수와 실수 개념은 이산적 원소의 집합의 말로 해석될 수 없다. 음수와 복소수 개념은 반점 집합의 말로 해석할 수 없다. 반점은 물질적이고 공간적이고 이산적인 존재이다. 이 속성은 그것이 범자연수를 넘는 수 개념의 믿을 수 있는 지지물이 되는 것을 방해한다.

우리가 보통 추론 과정에 사용되는 모델의 많은 속성을 의식하지 못한다는 점은 매우 흥미롭다. 비록 모델을 의식적으로 사용한다고 해도, 모델은 배경 속성으로서 암묵적 성분으로 작용하는 속성이 있다.

모델은 어떤 정상적 조건에서는 피험자의 해석에 전혀 영향을 미치지 않으며, 그리고 그 모델은 진짜로 유용하다. 그러나 다른 조건에서는 그 부적절한 성분이 비록 암묵적이기는 하지만 효과적으로 개입하여, 그 개념의 옳은 해석을 왜곡하고 오도하며 방해한다.

점을 나타내는 반점은 색깔, 형식, 크기를 갖는다. 반점은 집단으로 분포되어 (열이나 직사각형과 같은) 서로 다른 구조나 모양을 가질 수도 있다. 이 속성의 어떠한 것도 형식적 수 개념에 관련되지 않는다. 그러나 그와 같은 속성들 각각은, **피험자가 이 속성의 암묵적 개입을 인식하지 못하는 사이에**, 어떤 방식으로 개념 해석이나 어떤 해결 전략에 영향을 미칠 수 있다.

요약

요약하자. 모델은 자기모순이 없어야 하며, 한편으로는 원래의 것과, 그리고 다른 한편으로는 인간 인지의 특성과 모순되지 않아야 한다. 이 상황은 모델에 얼마간의 제약을 강요하는 바, 그것은 똑같은 정신 장치에 의해 동시에 쉽게 만족될 수 없다. 좋은 모델은 자율적 존재물이어야 하지만, 동시에 원래 상황과 해결자의 지적 활동 사이에 신용할 수 있는 중재자가 되어야 한다. 결과적으로, 대부분의 암묵적이고 직관적 모델은 옳지 않거나 불완전한 해석에 이르게 하는 불완전한 중재자이다.

12

모델과 유비

모델 구성에서 유비의 역할

유비는 모델의 매우 풍부한 원천이다. 두 대상, 또는 두 체계에서 각각의 존재물이 어떤 부분적 유사성에 기초하여 다른 측면에서도 또한 유사하다는 것을 가정할 자격이 있다고 느껴지면, 그들은 유비적이라고 말해진다. 유비와 자명한 유사성 사이의 차이는 유비는 **그럴듯한 추론을 정당화한다**는 점이다.[35] 빨간 집과 딸기는 같은 색을 띠지만 아무도 빨간 집과 딸기 사이에서 어떠한 유비도 보지 않을 것이다. 그렇다면 유비는 **구조의 유사성** 즉, 공통의 구조화된 속성의 비축을 함의한다(Gentner, 1983).

직과 홀리오크(Gick & Holyoak)는 다음과 같이 지적했다.

> 유비적 사고의 본질은, 한 정보 체계의 측면과 다른 정보 체계의 측면 사이의 (종종 불완

35 (역자 주) '그럴듯한 추론'은 plausible reasoning을 번역한 것이다. 이것을 '개연적(蓋然的) 추론'이라고 번역할 수도 있다.

> 전한) 일대일대응의 집합을 찾는, **사상**의 과정에 의해 한 상황으로부터 다른 상황으로의 지식의 전이이다(Gick & Holyoak, 1983, p. 2).

유비가 해석이나 해결에서 효과적 역할을 한다면 그것은 모델이 된다. 이미 언급했듯이 패러다임과 유비 사이의 차이는, 전자에서는 해석될 관념의 예에 의해 모델이 제공되는 반면에, 후자에서는 두 개의 서로 다른 체계를 다루어야 한다는 것이다. 전류의 법칙은 처음에 매우 좁은 관을 통해 흐르는 유체의 법칙과의 유비에 의해 확립되었다. 유체의 경우에 유체가 흐르도록 가하는 힘, 흐름의 속력, 관의 단면을 통과하는 유율(流率), 그리고 관에 의한 (관의 길이와 지름에 좌우되는) 저항을 생각할 수 있다. 유비적으로, 전류에 관해서는 유체에 가하는 힘 또는 압력에 대응하는 전위차(또는 전압), 유율에 대응하는 전류의 강도, 그리고 관의 특성이 결정하는 저항에 대응하는, 도체가 제공하는 저항을 생각할 수 있다. 유명한 옴(G. Ohm)의 법칙 $V = IR$은 좁은 관을 통과하는 유체의 흐름을 지배하는 법칙과의 유비로 얻어진다(Poiseuille).[36]

이 예에서 일부 표면적 유사성을 고려하면서, 일군의 공통인, 구조적 속성을 확인하고자 노력했다. 확실히 모든 속성이 공통적인 것은 아니다. 유사성의 한계를 확립해야 한다. 그러나 유사성을 확인하고 사용한다는 사실은 인지 과정에 근본적 자극제를 제공했다.

첫째, 연구 가설의 원천을 얻는다. 둘째, 사실상 이것이 유비의 근본적 특질인 바, 모델은 치밀하고, 구조화되고, 상대적으로 친숙하고, 내적으로 모순 없는 심상 즉, 알아내고자 시도하는 적극적 추론 과정의 생명력 있는 성분을 제공한다. 여러분이 전선을 응시하여 한 끝에서 원인 A가 다른 끝에서 결과 B를 결정한다는 것을 발견한다면, 어떤 여행하는, 개입하는 대리물을 상상하지 않은 채, 전체 현상에 관해 생산적으로 사고하기란 실제로 불가능하다. 그래서 여러분은 정상적으로 일종의 유체를 생각해 낸다. 그러고 나서 여러분의 사고를 유발하고 안내하며, 게다가 피드백을 모니터하는 과정의 본질적 성분이 될 구체적으로 구조화된 존재물을 얻는다. 여러분은 원래의 것의 아직 구조화되지 않은 속성의 집합으로서의 (이 경우에는, 여행하는, 아직 확인되지 않은 매개물로서) 모

36 (역자 주) 반지름의 길이기 a, 길이가 l인 원형 관을 통해서 점성이 있는 유체가 일정 시간 내에 흐르는 양 Q는 $\pi a^4/8 \cdot (p^1 - p^2)/\eta l$로 주어진다. 즉, Q는 반지름 a의 네제곱에 비례하고, 관의 양단의 압력 흉배 $(p^1 - p^2)$에 비례하며, 관의 길이 l에 반비례하고, 점성계수 η에 반비례한다는 것을 포아즈이유(J. L. M. Poiseuille, 1840)의 법칙이라고 한다.

델에 관해 사고하는 것이지, 추상적인 것을 생각해 내는 것이 아니다. 여러분은 모델을 조사하여 얻은 조사 결과로부터 원래의 것의 가능한 속성을 추리하고 그 속성들이 들어맞는지 알아보려고 노력한다. 그러나 기본적으로, 발명 과정은 치밀하고 자기모순이 없고 내재적으로 신뢰할 수 있는 현상으로 직접 상상할 수 있는 정신적 존재물인 모델을 계속해서 염두에 둠으로써 나아간다.

유비가 항상 일차적으로 표면적 유사점에 근거를 두는 것은 아니다. 톰슨(J. J. Thomson)은 원자의 구조를 이해하고자 노력할 때, 원자 전체에 걸쳐 양전하 물질이 다소 균일하게 분포된 것으로서, 그리고 음전하의 전자가 끼워 넣어져 있는 것으로서 원자를 그려보고자 노력했다. 그러나 실험 결과는 원자가 이동성을 가진 입자로 구성되어야 한다는 것을 암시했다. 러더포드(E. Rutherford)는 행성 모델을 제안했고, 그리고 그 모델은 이어서 보어(N. Bohr), 소머펠드(A. Sommerfeld) 등에 의해 개선되었다.

러더포드의 유비는 임의적 선택이 아니었다. 그의 모델은 당시 물리학에서 알려진 사실에 대응한다고 가정되었다. 그것은 다소 정적인, 이전의 톰슨 모델보다 이 사실들을 더 잘 설명할 수 있었다. 톰슨 모델은 얇은 금박에 입자를 쏠 때 몇몇 입자가 원자 내의 양전하에 의해 반발된다는 사실을 설명할 수 없었다.[37] 그러한 효과는 원자의 전체 질량이 매우 작고 원자의 중심에 밀집하여 위치한다고 간주해야만 설명가능하다.

러더포드 모델은 개선될 수 있었고 새로운 발견 결과에 적용될 수 있었다. 궤도의 형태, 입자의 운동, 궤도 반지름 등의 모든 속성이 새로운 실험 결과에 관련될 수 있었다.

직관적 유비는 구체적인 행동적 의미를 지닌 단일한 영상적 표상을 얻는 것을 돕는다. 그때 직관적 이해가 가능해진다. 추론 과정에서 '대상' 즉, 즉각성, 전체성, 생성성(生成性), 내재적 무모순성, 외삽성이라는 특질을 지닌 표상 체계를 얻는다.

캠벨(N. R. Campbell)은 자신의 저서 《**물리학**》(1920)에서, 이론의 전개에서 유비적 모델의 역할을 강력히 뒷받침했다. 헤세(M. Hesse)는 캠벨을 인용하여 다음과 같이 서술한다.

> 과학적 맥락에서 이론은 정적인 박물관 소장품이 아니라, 새로운 현상을 설명하기 위해 항상 확장되고 수정되고 있다. (Hesse, 1966, p. 4)

37 (역자 주) 자세한 내용은 러더포드의 알파입자 산란 실험을 참조하기 바람.

캠벨은 유비가 없다면, 모델이 없다면, 그러한 어떠한 확장도 오직 임의적이었을 것임을 보였다. 그리고 헤세는 계속해서 캠벨을 인용한다.

> … 유비는 이론 확립의 보조물이 아니다. 유비는 이론의 아주 본질적인 부분으로, 그것이 없다면 이론은 완전히 가치 없고 그 이름값도 못할 것이다. 흔히 유비는 이론의 공식화에 이르지만, 일단 이론이 공식화되면 유비는 그 목적을 다했으므로 제거될 수 있고 잊힐 수 있다고 하는 설이 있다. 그러한 설은 절대적으로 잘못된 것이며, 치명적으로 오도하는 것이다(Campell, 1920, p. 129; Hesse, 1966, p. 4).

캠벨이 위대한 과학적 이론에 관하여 단언한 것은 또한 지금 논의하는 직관에 대해서도 성립한다. 빈번히 강조했듯이, 우리의 견해에서 직관은 본질적으로 이론(비록 오직 소이론일지라도)이다. 우리는 보통 모델로 사고한다. 왜냐하면 모델은 창조적 경로에 필요한 구조화하고 자극하는 성분을 추론의 과정에 제공하기 때문이다.

수학에서 유비적 모델

유비는 수학적 추론에 빈번히 개입한다. 학생이 직사각형의 넓이가 $B\times I$라는 것을 안다면, 이 풀이 원리를 B가 밑넓이가 되는 각기둥이나 원기둥의 부피로 자연스럽게 확장할 수 있다. 삼각형으로부터 각뿔이나 원뿔로, 사다리꼴로부터 각뿔대나 원뿔대로 유사한 유비적 전이가 일어난다. 궤도의 방향 변화와 움직이는 물체의 속력 변화 사이에 유비가 있다. 두 경우 모두에 변화율은 각각의 함수의 도함수로 표현된다.

폴리아는 수학에서의 '위대한 유비'에 관해 썼다. 그는 수 영역과 도형 영역 사이에 근본적 유비를 언급했고, 그 유비는 해석기하학의 기초를 나타낸다. 폴리아는 또한 유한과 무한 사이의 유비를 주장한다.

수학적 추론에 암묵적으로 또는 명시적으로 개입할 수 있는 서로 다른 유형의 유비를 구별하는 것은 가치 있다.

우선 수학 내적인 유비의 두 가지 주요 범주를 생각할 수 있다.

a. 하나는 모델이나 원래의 것 모두 명시적인 직관적 수단을 사용하지 않고 수치적–

대수적 기호만을 사용하는 것이다. 예를 들어, 실수와의 유비에 의해 정의된 허수의 연산, 또는 유한기수와의 유비에 의해 정의된 초한기수의 연산을 생각해 보라.

b. 수학 내적인 유비의 둘째 범주에는, 한 용어는 직관적, 보통으로는 기하학적 표현이고, 둘째 용어는 기호식인 경우가 해당한다. 수와 도형 사이의 근본적인 동형사상에 근거한 함수의 기하학적 표현은 이 범주의 가장 중요한 예이다.

c. 수학적 추론에 개입하는 유비의 셋째 범주는, 그 안에서 모델이 수학 외적인 것, 더 명확하게는 수학적 개념의 교구적(敎具的) 표현인 것이다. (예를 들어, 딘즈(Z. P. Dienes)가 만들어 낸 것 또는 퀴지네어(G. Cuisenaire) 막대와 같은) 구조화된 교구가 이 범주에 해당한다. 그러나 또한 수나 기하 개념에 대한 그림 표현—점을 위한 작은 반점, 수들을 위한 반점들의 집합—을 이 범주에 포함시킬 수 있다.

진짜 추론 과정에서는 이 유형의 모델들이 사실상 혼합될 수 있다. 모델의 그러한 혼합물은 일반적으로 암묵적이고 통제되지 않는 과정의 성분이다. 따라서 잘못된 해석과 틀린 풀이를 야기할 수도 있다. 연속함수 개념은 연속곡선의 관념과 결합되어 있는 바, 후자는 전자의 유비적-기하학적 모델이다. 그러나 그러고 나서, 함수에 이상적으로 대응한다고 가정되는 이상적 곡선은 사실상 그림 모델 즉, 잉크로 가늘게 그린 줄을 통해 상상된다.

이 모든 것이 단지 심리적 다변에 불과한 것으로 간주될 수 있다. 사실은 상황이 그렇지 않다. 바이어슈트라스가 실수 위에서 정의된, 모든 점에서 미분계수를 갖지 않는 연속함수를 발견했던 바, 그 발견은 그러한 복잡한 관계성의 심오한 결과를 보여주었다. 추론 과정에서 연속성의 아이디어를 그 기하학적 의미로부터, 그리고 그 기하학적 의미를 그것의 암묵적인 그림 표상으로부터 완전히 자유롭게 할 수 없기 때문에, 연속함수(**일명**, 연속곡선)가 모든 점에서 또는 몇몇 점에서 미분계수(또는 접선)를 각각 갖지 않는다는 관념을 직관적으로 받아들일 준비가 되어있지 않다. **그려진** 연속곡선은 직관적으로 곡선 위의 모든 점에서 곡선의 기울기를 나타내는 접선을 가져야 한다.

수학적 유비의 예

계속해서 수학적 유비의 몇 가지 예를 들어보자.

(a) 추상적-추상적 유비

폴리아는 수학적 추론에서 유비의 역할을 광범위하게 논의했다. 그는, 예를 들어, 다음 급수의 합을 구하는 문제의 풀이에 대한 역사를 인용한다.

$$1+\frac{1}{4}+\frac{1}{9}+\frac{1}{25}+\frac{1}{36}+\frac{1}{49}\cdots$$

베르누이(J. Bernoulli)는 이 문제를 풀려고 했지만 성공하지 못했다. 교묘한 유비에 의지하여 이 문제를 푼 것은 바로 오일러이었다.

다항식

$$a+a_1x+a_2x^2+\cdots+a_nx^n$$

은 n개의 일차식의 곱

$$a_0(1-\frac{x}{\alpha_1})(1-\frac{x}{\alpha_2})\cdots(1-\frac{x}{\alpha_n})$$

로 표현될 수 있다. 여기서, α_1, α_2, $\cdots$, α_n은 위 다항식을 0이라 놓음으로써 얻어지는 방정식의 근이다($\alpha_n\neq 0$).

또 다른 변수를 고려할 수 있다. 다음 방정식을 생각하자.

$$b_0-b_1x^2+b_2x^4-\cdots+(-1)^nb_nx^{2n}$$

이것은 $2n$개의 서로 다른 근

$$\beta_1, -\beta_1, \beta_2, -\beta_2, \cdots, \beta_n, -\beta_n$$

을 갖는다. 그러면

$$\begin{aligned}&b_0-b_1x^2+b_2x^4-\cdots+(-1)^nb_nx^{2n}\\&=b_0(1-\frac{x^2}{\beta_1^2})(1-\frac{x^2}{\beta_2^2})\cdots(1-\frac{x^2}{\beta_n^2})\end{aligned}$$

와 (A)

$$b_1=b_0(\frac{1}{\beta_1^2}+\frac{1}{\beta_2^2}+\cdots+\frac{1}{\beta_n^2})$$

이다. 오일러는 다음 방정식을 생각했다.

$$\sin x = 0$$

이 식의 좌변을 전개하여 다음을 얻는다.

$$\frac{x}{1} - \frac{x^3}{1\cdot2\cdot3} + \frac{x^5}{1\cdot2\cdot3\cdot4\cdot5} - \frac{x^7}{1\cdot2\cdot3\cdot4\cdot5\cdot6\cdot7} + \cdots = 0$$

이 식을 근이 다음과 같은 무한 차수의 방정식으로 간주하자:

$$0,\ \pi,\ -\pi,\ 2\pi,\ -2\pi,\ 3\pi,\ -3\pi\cdots$$

스타이너(M. Steiner)가 지적했듯이, 이것은 이전 단계에 의해 정당화되지 않는 납적 '비약'(Steiner, 1975, p. 103) 즉, 유한 차수의 방정식에서 무한 차수의 방정식으로의 비약이었다.

오일러는 해 0을 없애기 위해 방정식의 좌변을 x로 나누어 다음을 얻는다.

$$1 - \frac{x^2}{2\cdot3} + \frac{x^4}{2\cdot3\cdot4\cdot5} - \frac{x^6}{2\cdot3\cdot4\cdot5\cdot6\cdot7} + \cdots = 0$$

이 식의 해는 다음과 같다.

$$\pi,\ -\pi,\ 2\pi,\ -2\pi,\ 3\pi,\ -3\pi\cdots$$

(A)와의 유비에 의해 다음의 결론을 내릴 수 있다.

$$\frac{\sin x}{x} = 1 - \frac{x^2}{2\cdot3} + \frac{x^4}{2\cdot3\cdot4\cdot5} - \frac{x^6}{2\cdot3\cdot4\cdot5\cdot6\cdot7} + \cdots$$

$$= (1 - \frac{x^2}{\pi^2})(1 - \frac{x^2}{4\pi^2})(1 - \frac{x^2}{9\pi^2})\cdots$$

$$\frac{1}{2\cdot3} = \frac{1}{\pi^2} + \frac{1}{4\pi^2} + \frac{1}{9\pi^2} + \cdots$$

$$1 + \frac{1}{4} + \frac{1}{9} + \frac{1}{16} + \cdots = \frac{\pi^2}{6}$$

(보다 자세한 사항에 대해서는 Polya, 1954, pp. 17-21을 참조하라.)

사실은 오일러가 유한 차수의 방정식으로부터 무한 차수의 방정식으로 법칙의 적용가능성을 확장했다.

이것은 유비에 근거한 직관적 비약이었다. 오일러의 결론은 그 당시에는 형식적 증명에 의해 엄밀하게 정당화되지 않았다. 폴리야가 지적했듯이, 논증의 기초는 유비, 그것도 유한과 무한 사이의 유비이었다. 오일러가 이 풀이에 대한 형식적 증명을 한 것은 10년이 지난 후였다.

위의 예에서, 사용된 모델은 유한 차수의 방정식 및 근과 계수사이의 관계이었다. 이것은 확실히 직관적 모델이 아니며, 그러한 모델의 사용이 어떻게 최종 풀이의 직관적(직접적이고 외관상 자명한) 해석을 보증할 것인지 거의 알 수 없다. 이 경우에, 원소의 수가 유한인 집합으로부터 원소의 수가 무한인 집합으로의 외삽을 통해 증명 없이 받아들이는 전이의 순간에 직관이 개입했다는 것을 인정할 수 있다. 우리는 발견을 완전히 내관적으로 설명하지 못한다. 따라서 어떤 진정으로 직관적 모델이 오일러가 풀이를 얻는 데 도움이 되었다는 명증은 없다. 명시적으로 알려져 온 대로, 오일러의 추론을 따라가면 그 모델이 내재적으로 추상적인 것이었다고 가정할 수 있다. 이것이 사실이라면, 직관이 반드시 직관적 (그림) 모델을 수반하는 것이 아니라는 것을 깊이 생각할 수 있다.

수학 내적인, 도형적 유비: 복소수의 기하학적 해석

어떤 대수 방정식을 풀 때 얻어진 '허'근이 수학자들에게 골칫거리였다는 것은 잘 알려진 사실이다. '허'라는 용어 자체가 이 근이 합리주의적 견해가 미치지 않는 범위에 있는 것으로 간주되었다는 사실을 가리킨다. 허근은 '참인' 수가 아니라, 오히려 상상의 수로 간주되었다. 수 개념이 그 자체로는 원칙적으로 현실주의적 모델을 반드시 함의하는 것은 아니라는 사실에도 불구하고 그러했다. 그러나 사실은, 현대 수학에서야 비로소 덧셈, 곱셈에 대한 형식적 정의를 고려함으로써 복소수의 연산에 대한 완벽하고 형식적인 해석이 이루어졌다.

그러한 형식적 해석이 주어지기 전에는 수학자들은 직관적으로 받아들일 수 있는 표현을 발명했다. 한편으로, 그러한 해석의 내적 무모순성은 원래의 것 즉, 복소수 체계가 또한 무모순임을 증명한다. 다른 한편, 그것은 수학자의 마음에 친숙감 즉, 이 유형의 모델의 시각적 구조의 효과로서의 조종가능성을 제공하며, 이것이 여전히 복소수의 합리성을 받아들일 수 있는 직관적 준비성을 더욱 증가시켰다. 복소수의 기하학적 표현은 복소수를 물리과학에서 사용하는 가능성을 제공했다.

그 모델의 기본적 서술을 간단히 언급해보자.

복소수 $z=x+yi$는 좌표가 x, y인 평면에서의 점으로 나타내어진다. x축 위의 점들은 복소수 $z=x+0i$에 대응하는 바, 그것은 사실상 실수를 나타낸다. y축 위의 점들은 순허수($z=0+yi$)에 대응한다. 이런 식으로 복소수의 실수부와 허수부가 모두 현실주의적이고 직관적인 해석을 얻는다.

복소수는 점이 되고, 그 점은 기하학의 직관적 코드에서 그림 표현인 반점을 갖게 된다. 그러고 나서 이 어쩐지 낯선 유비는 계속될 수 있다. 점과 원점 사이의 거리를 생각할 수 있고, 다음을 얻는다.

$$\rho^2 = x^2 + y^2 = (x+yi)(x-yi) = z \cdot \bar{z}$$

실수 $\rho = \sqrt{x^2+y^2}$ 은 z의 절댓값이라고 불리며 $\rho|z|$으로 나타내어진다. 이때 기하학적 함수 모델의 고찰을 통해 복소수와 실수 사이의 함수적 관계성을 얻는다. 이것은 유난히 흥미로운 사실이다. 유령의 세계로부터 나온 듯한 이 신호는 실수라는 표현가능하고 직관적으로 받아들일 수 있는 영역에 모순 없이 투사될 수 있다. 이 유령들을 더하고 곱하고 빼고 나눌 수 있다.

두 실수와의 유비에 의해 두 복소수를 더하면 다음을 얻는다:

$$z_1 + z_2 = (x_1 + x_2) + (y_1 + y_2)i$$

이 덧셈은 기하학적으로 해석될 수 있는가?

답은 '예'이다. 점 $z_1 + z_2$는 그림에서 보는 대로 평행사변형의 꼭짓점으로 나타내어진다. 다음 그림을 고려하면 두 복소수의 덧셈은, 예를 들어, 두 힘의 합성과 같이 표현가능하고 실제적 용어로 두 벡터의 합이 된다는 것을 관찰할 수 있다.

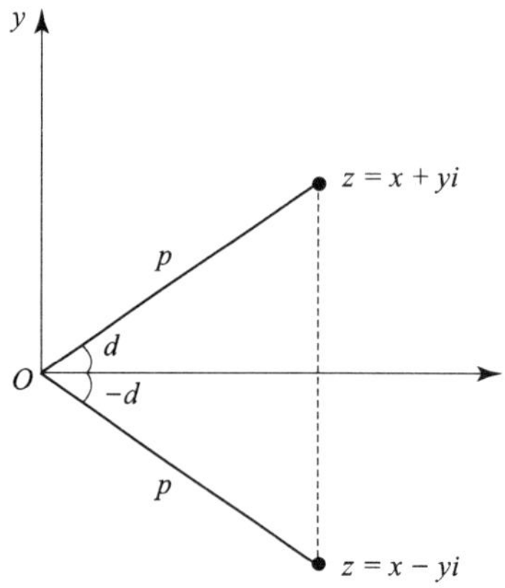

[그림 6]

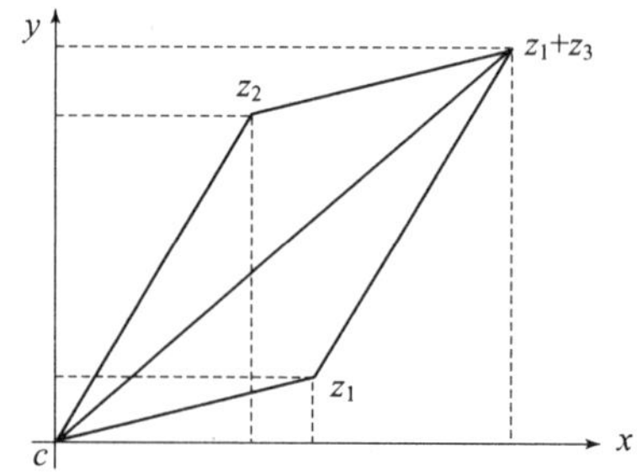

[그림 7]

'허'수를 포함하도록 수 개념을 확장한다는 사실 즉, 복소수 개념의 창안이 수학에 거대한 귀결을 가져왔음을 알고 있다. 그것은 또한 다양한 서술 분야에서도 주목할 만한 역할을 했다. 우리는 자세하게 파고들 의도는 없다. 다만 수학적 추론을 위한 수학 내적인 모델화 절차의 심오한 시사점을 예시하는 것이 우리의 목적이다.

수학 내적인 직관적 (기하학적) 유비로 인한 문제는, 이 유형의 모델이, 대응하는 물질적-그림 표현의 통제되지 않는 성분을 추론 과정 속으로 몰래 들여오지 않는다는 것을 결코 절대적으로 확신할 수 없다는 것이다. 그러한 수학 외적인 모델의 효과에 관해 좀 더 자세히 살펴보자.

수학 외적인 유비

수학에서 유비적 모델의 셋째 범주는, 그 안에서 수학 외적인 수단이 개입하는 경우이다. 우리는 이미 몇몇 예를 언급했다. 하나 더 예시해보자.

등호의 해석에 관해 말하자. 키어란(C. Kieran, 1981)은 아동들이 등호에 동치의 형식적이고 관계적인 속성이 아니라, 입출력 과정의 행동적 해석을 주는 경향이 있음을 보였다. 어떤 활동(좌변)을 수행함으로써 어떤 결과(우변)를 얻는다. 이 은유로부터 다양한 상황이 따른다. 예를 들어, 아동은 3+7=10과 같은 명제를 쉽게 받아들이는 반면에, 명제 10=3+7은 무의미한 것으로 간주할 수 있다. 입출력 과정은 가역적이지 않으며, 결과적으로 여기서 어떠한 대칭도 불가능하다. 바로 그 유비적 모델에 근거하여, 3+7=6+4와 같은 명제는 동치를 표현하는 것으로서 직접 받아들여질 수 없다. 두 집합을 더함으로써 (행동적으로 합성함으로써) 다른 두 집합을 얻지 않는다. 이때 아동들은 위의 명제를 다음의 방식으로 해석할 것이다.

$$7+3=10\ ;\ 6+4=10$$

명제 3+7=6+4에서 등호는 아동들에게 있어 그 자체로 의미를 갖지는 않는다. (왜냐하면 입출력 모델이 적용되지 않기 때문이다.)

카푸트(J. Kaput, 1978)는 매우 흥미로운 논문에서 더 넓은 맥락에서 이 문제를 논했다. 다음 등식을 생각하자.

$$x^2+5x+6=(x+2)(x+3)$$
$$(x+2)(x+3)=(x^2+5x+6)$$

형식적으로, 두 등식은 똑같은 명제를 나타낸다. 왜냐하면 형식적으로, 관계 범주로서의 동치는 대칭을 함의하기 때문이다. 그러나 인지적으로 두 부분은 대칭이 아니다. 아동들이 명제 10=7+3을 유의미한 것으로 받아들이기를 거부한다는 사실에 놀라서 그들에게 동치는 대칭을 의미한다는 것을 가르치고자 노력한다. 그러나 위의 등식의 경우에 우리는 유사한 문제에 당면한다.

x^2+5x+6을 인수분해 하여 $(x+2)(x+3)$을 얻는 것과 $(x+2)(x+3)$을 전개하여 x^2+5x+6을 얻는 것은 똑같지 않다. 사실은 형식적 제약 때문에 우리는 위의 등식에서 대칭을 받아들이도록 강요되고 있다. 직관적으로, 우리는 여전히 (카푸트가 부른 대로) 과정-산물 은유에 충실하다. 우리는 여전히 자연스럽게 한 변을 입력 부분으로, 다른 한 변을 출력 부분으로 선택하는 경향이 있다. 확실히 만약 동치를 증명해야 한다면 한 변에서 출발하거나 또는 동일한 식에 도달하도록 양변을 변형시켜야 한다. 내가 의미하는 것은, 실제적 풀이와는 관계없이, 등호의 형식적인 관계적 해석을 넘어, 그러나 그것과 더불어 암묵적이고 방향성 있는 입출력 해석을 보존하려는 경향이 있다는 것이다.

예를 들어 보자(Kaput, 1979, p. 291).

$$\frac{2}{x+3}+\frac{5}{x-2}+\frac{3}{x^2+1}=\frac{7x^3+14x^2+10x-7}{x^4+x^3-5x^2+x-6}$$

잠시 살펴보면, 사실 여기서 주관적으로 등호는 이상적이고 대칭적인 관계에 의하기보다 화살표에 의해 더 적합하게 표현될 수 있는 변형 과정을 가리킨다는 것을 알 수 있다.

수학자들은 이런 경우에 걱정하지 않는다. 왜냐하면 그들은 등호의 관계적 의미에 익숙하며 암묵적이고 직관적인 해석은 통제되기 때문이다.

그러나 아동들은 헛갈릴 수 있다. "너는 10달러를 갖고 있다. 어머니가 5달러를 주시고, 책을 사는 데 7달러를 쓴다. 너는 결국 얼마를 갖게 되는가?"

아동은 다음과 같이 적을 수 있다.

$$10 + 5 = 15 - 7 = 8$$

이 유형의 오류가 아동들에게 매우 흔하다. 이 오류의 원천은 바로 그 유비적 과정–산물 모델이다. 결과를 얻고 그리고 이 결과로 연산한다. 대칭을 걱정하지 않는다!

수학에서 오개념작용의 원천으로서의 유비

이제 미분계수가 없는 연속함수의 문제로 돌아가려고 한다. 그러한 함수의 예를 1854년에 최초로 발견한 사람은 리만이었다. 바이어슈트라스는 그 발견을 확장했다. 1872년에 그는 식 $\cos x + b\cos ax + b^2\cos a^2x + \cdots$ (단, a는 홀수, b는 1보다 작은 양수)를 언급했다. 그는 그 합이 모든 x에 대해 연속함수임에도 불구하고, $2ab$가 $2\pi + 2$보다 크면 어떠한 x의 값에 대해서도 미분계수를 갖지 않는다는 것을 보였다.

우리는 앞에서, 연속함수에 대응하는 그래프에 부착하는 암묵적 그림 모델 때문에 연속함수는 모든 점에서 미분계수를 가져야 한다고 직관적으로 믿는 경향이 있다는 것을 제안했다.

한의 논문에서 취한 예를 생각하자.

다음의 [그림 8.1]에서 시작한다.

오르막, 내리막 선분을 [그림 8.2]와 같이 꺾은선으로 대치한다. 똑같은 방식으로 그 선분들을 더 작은 선분들로 이루어진 꺾은선으로 다시 그리면서([그림 8.3]) 계속한다. 똑같은 방식으로 언제까지나 계속한다(Hahn, 1956, p. 1963).

선분의 수가 증가함에 따라 어떠한 점에서도 정확한 기울기를 갖게 되지 않는, 따라서 어떠한 뚜렷한 접선도 갖게 되지 않는 특정 곡선에 접근한다는 것이 증명되었다. 우리는

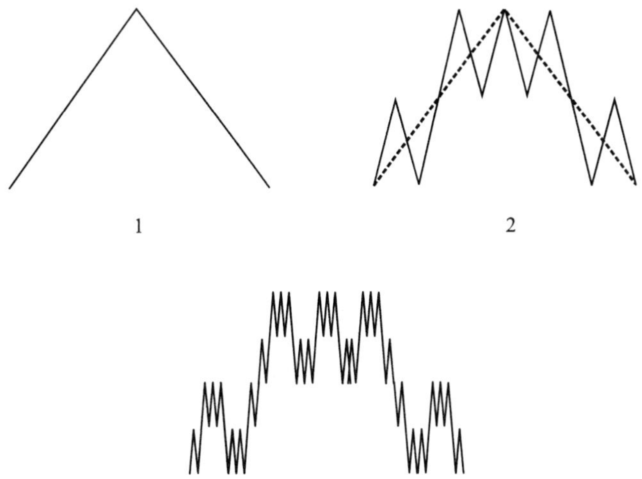

[그림 8]

선분의 증식 과정을 정신적으로 따를 수 있고, 그 과정이 언제까지나 계속된다는 아이디어를 받아들일 수 있다. 그러나 그 과정의 극한 즉, 곡선 그 자체를 직관적으로 깨달을 수는 없다. 왜냐하면 실질적으로 그러한 곡선은 존재하지 않기 때문이다. 곡선은 우리의 상상 속에서 여전히 가느다란 잉크 자취로 남아있다. 미분계수가 없는 곡선은 작은, 아무리 작더라도, 잉크 반점으로 이루어진 것이 아니라, 순수하게 개념적이고 차원이 없는 점으로 이루어진다. 보통은 수학적 곡선의 그림 표현을 어쩔 수 없이 포기하지 않아도 된다. 유비는 많은 함수와 함수의 많은 속성에 대해 모순 없이 사용될 수 있다. '감소', '증가', '최소와 최대', 곡선의 '교점' 등과 같은 용어는 표현의 그림 체계로 모순 없이 사상될 수 있다. 이것이 사용된 개념이 사실상 그림으로 나타낸, 유비적 모델에 의해 뒷받침된다는 것을 우리가 보통은 의식하지 못하는 이유이다.

그러나 모순 없는 수학적 판단을 얻기 원한다면 모델이 개입하는 것을 허용할 수 없는 상황이 있다. 그림 유비의 혼합물을 폐기하려는 그러한 수고가 매우 흔히 해결하기 어려운 갈등 상황을 결정짓는다. 컴퓨터 그래픽의 발달은 그림 유비의 범위를 근본적으로 새로운 방식으로 확장하는 것을 가능하게 하고 있는 중이다. (Kaput(인쇄 중)을 보라.) 예를 들어, 그래프의 임의의 특정 영역의 축척을 유연하고 동적으로 바꿀 수 있는 '줌(zooming)'과 같은 편의 기능이 이용가능하다. 톨(1985)이 고안한 소프트웨어에서, 이 줌 기능은 미분가능 및 미분불가능 함수에 대한 그림 표현을 제공하는 바, 그 표현은 그러한 예

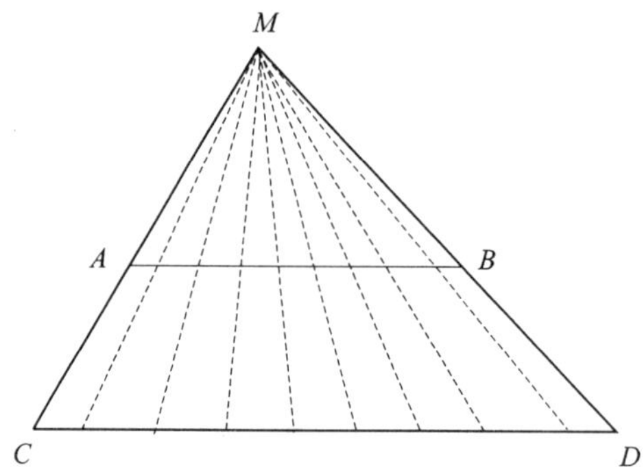

[그림 9]

들을 직관의 영역으로 가져온다.

한이 제시한 둘째 예를 제시하기에 앞서, 내가 강의 중 한 학생과 가졌던 대화를 언급하고자 한다. 우리는 길이가 다른 두 선분의 점들의 집합이 똑같은 기수를 갖는다는 명제를 말하고 있었다. 두 점들의 집합 사이에 일대일대응을 가리키는 직관적 증명이 제시되었다([그림 9]). 선분 AB의 각각의 점은 선분 CD의 단 하나의 점에 대응하며 **그 역도 성립한다.**

학생: 선생님은 두 선분 AB와 CD가 똑같은 수의 점을 가진다고 말씀하셨는데…

교사: 그래. 두 집합이 상등 즉, 두 집합의 원소들 사이에 일대일대응이 성립한다는 의미에서지.

학생: 좋아요. 선생님은 또한 선들이 오직 점들로만 이루어진다는 것을 인정하시죠?

교사: 물론이지.

학생: 그럼, 선분 CD 위에 선분 AB를 놓는다면, 선분 CA'와 B'D에 포함된 점들은 두 선분의 공통부분에 포함되지 않습니다.

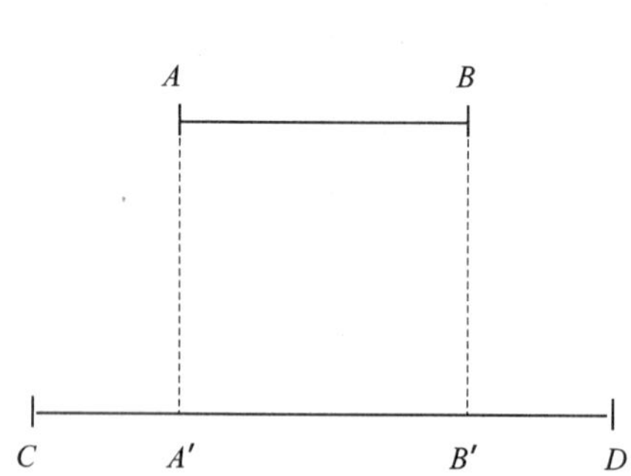

[그림 10]

교사: 맞다.
학생: 선분 CA'와 B'D를 만들기 위한 점들을 어디에서 찾지요?

정말 당황스럽다. 여러분은 이 점들을 어디서 찾을 것인가? 분명히 선분 CD에는 선분 AB에서보다 많은 점들이 있다!

나는 그 학생에게 자신이 점과 선이 오직 개념적 존재라는 것을 기꺼이 인정하면서도 실제로는 계속해서 도형적 표현으로 사고한다는 것을 설명하고자 노력한다. 점이 실제의 물질적 반점이라면 그 학생이 확실히 옳을 것이다. 선이 길수록 더 많은 반점을 포함한다. 그럴 수밖에 없다. 그러나 이 점과 선은 물질적 존재물을 갖지 않기 때문에, 우리는 적어도 어떤 조건 하에서는 도형적 제약을 포기하고 논리적이고 형식적인 제약만을 고려함으로써 추론해야 한다.

그 학생은 여전히 확신하지 못했다. 그 학생은 점과 선을 오직 추상적 의미로만 고려할 때에는 자신이 절대적으로 옳다고 확신했다. 그러나 그림 내포를 없애고 난 후에도 "선분 CA'와 $B'D$를 위한 점을 어디서 얻는가?"라는 질문은 미해결인 채 남아있는 듯하다.

그 상황의 극적인, 진정으로 중요한 측면은 학생이 두 집합의 상등을 받아들이지 않는다는 사실이 아니다. 여기서 근본적으로 중요한 것은 그 학생 나름의 추론 과정의 이중성인 바, 그것에 관해 그 학생은 완전히 의식하지 못한다.

그 추론 과정은 표면적이고 의식적인 수준에서는, 그림 제약의 모든 개입으로부터 정화된 것 같다. 사실은 그림 유비에 의해 '막후'에서 여전히 조정되고 있다.

한은 또한 다음의 질문을 언급한다. 움직이는 한 점이 전체 표면을 생성하는 것이 가능한가? 그는 자연스럽고 직관적으로 받아들일 수 있는 답은, 움직이는 점이 곡선은 생성할 수 있지만 표면을 생성할 수는 없다는 것일 것으로 짐작했다. 실제로는 그가 보인 대로, 어떤 경로를 따라 움직이는 점이 유한 시간 내에 전체 표면을 만들 수 있음을 증명할 수 있다. 그는 1890년에 그러한 가능성을 증명한 페아노(G. Peano)를 인용한다.

한은 몇몇 예를 사용하여 이 주장을 예시하는 데, 그 중 하나를 여기서 언급할 것이다(Hahn, 1956, pp. 1965–1966).

다음의 세 도형을 생각하자.([그림 11])

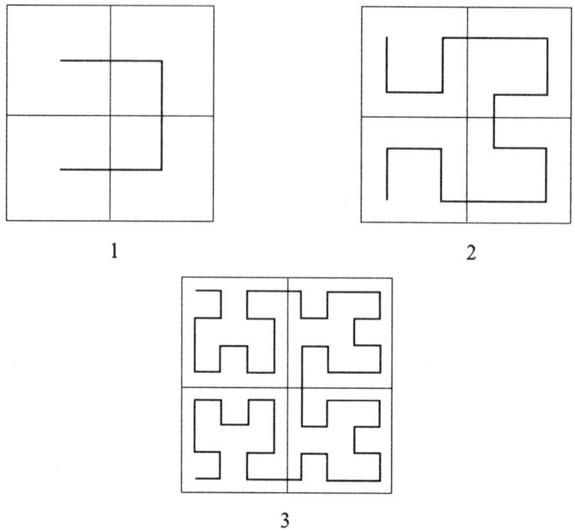

[그림 11]

첫째 정사각형을 크기가 같은 네 개의 정사각형으로 나눈다. 그들의 중심을 선분으로 이루어진 연속인 선으로 연결하자. 이제 등속으로 유한 시간 내에 즉, 어떤 특정한 단위 시간 내에 그 연속인 선을 통과하는 방식으로 움직이는 한 점을 상상하자. 그 다음, 각각의 작은 정사각형을 다시 크기가 같은 네 개의 더 작은 정사각형으로 나누고, 앞에서와 유사하게 선분으로 이 16개의 정사각형의 중심을 연결하여 다시 점이 움직인다고 상상하자. 똑같은 방식으로 계속하여, 정사각형을 더 작은 정사각형으로 나누고, 똑같은 패턴에 따라 그들의 중심을 연결할 수 있다. 위에서 생각한 연속적 운동은 움직이는 점이 단위 시간에 큰 정사각형의 모든 점을 통과하게 특정 곡선에 제한 없이 접근한다는 것을 증명할 수 있다(Hahn, 1956, p. 1966).

한은 움직이는 점이 유한 시간 내에 전체 표면을 생성할 수 있다는 것을 직관적으로 놀라운 것으로 간주한다. 실제로 이 발견으로 놀란 것 같은 사람은 한 자신이었다. 직관적으로(진정한 직관적 수단으로 추론한다면) 그것은 놀랍지 않다.

움직이는 가는 반점은, 아무리 가늘더라도, 어떤 제한된 시간 내에 표면 전체를 덮을 수 있다. 문제는, 차원이 없는 기하학적 점으로 생성되는 추상적인 기하학적 선을 생각할 때, 나타난다. 그것은 폭이 없다. 그래서 아주 좁은 띠조차도 덮을 수가 없다. 어려움의 근원은, 실제로는 여기서 다음의 두 표현 체계를 섞었다는 사실에 있다. 기호적이고 순수 수학적인 표현 체계와 영상적 표현 체계. 원칙적으로, 위의 문제—움직이는 점으

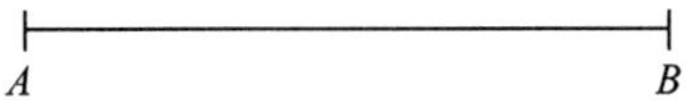

[그림 12]

로 평면의 표면을 생성하는 가능성—는, 순수한 개념적 수단이나 아니면, 대안적으로 그림으로 나타낸, 물질적 해석에 의지하는 것 중 어느 하나를 모순 없이 따른다면 어떠한 어려움도 야기하지 않아야 한다.

첫째 경우에 선분의 점들의 집합과 정사각형의 점들의 집합이 상등임을 형식적으로 받아들인다. 또한 A에서 출발한 움직이는 점이 제한 시간 내에 B에 도달할 수 있다는 것을 받아들인다.

이때, 점은 유한 시간 내에 전체 표면을 생성할 수 있다는 것이 논리적으로 받아들일 수 있다.

둘째 경우에 종이 위에 연필로 찍은 것과 같은 작은 (물질적) 반점을 유한 시간 내에 찍어 종이 전체를 확실히 덮을 수 있다.

점과 선분에 일종의 물질적 합성가능성을 자동적으로 거의 저항 없이 지정하려는 경향이 있는 반면에, 그것들을 정의에 의해 순수한 개념적 존재물로 간주하기 때문에, 심리적 어려움이 나타난다. 그러나 그러한 합성가능성은 실제적 그림 표현으로만 유의미하다.

사실상, 공식화된 대로의 문제는 모순된 용어로 던져지기 때문에, 그 문제 자체는 모순된 풀이를 암시한다.

어떠한 물질적 존재물도 갖고 있지 않는 수학적 점은 움직일 수 없고, 확실히 그것을 또 다른 비물질적 점과 연결할 수도 없다. 사실상 실세계로부터 은유적으로 빌려 온 속성과 능력을 기하학적 존재물에 지정함으로써, 결국 어떤 정황 하에서 직관적 모순에 도달한다.

순수한 개념적 용어로 사고하는 것의 심리적 불가능성 때문에 이 모순들은 불가피하다. 그것들을 극복하는 것은 그들의 기원을 이해하고, 추론 과정에 미치는 영향을 가능한 한 통제하는 것을 의미한다. 이것은 인식론적 문제인 동시에 매우 복잡한 교수학적 문제이다.

요약

유비는 모델의 풍부한 원천이다. 유비는 연구 중인 체계와 또 다른 체계 사이에 구조적 사상이 존재하고, 그것에 관해 알려져 있는 정도까지 다음과 같은 방식으로 기여한다.

(a) 가설을 세우는 발견술적 수단으로서.

(b) 직관적으로 접근가능한 구조를 제공함으로써, 원래의 체계에 관하여는 어려웠을 정신적 조작이 용이해진다. 그러고 나서 이 정신적 조작의 산물이 원래의 체계의 입장에서 해석되고 평가될 수 있다.

수학에서 유비는 다음과 같은 경우에 가능하다.

(a) 예를 들어, 형식적 수준에서 한 영역에서의 연산이 더 큰 영역으로 유비적으로 확장될 때. 예를 들어, 무한 차수의 다항식은 유비에 의해 유한 차수의 다항식으로 처리될 수 있다. (그러한 외삽은 오류가 있을 수 있고, 직관적으로 받아들인 것 보다 훨씬 후에 논리적으로 정당화될 수 있다.)

(b) 기호적 표현 그리고 더 직관적(종종 기하학적) 표현 사이에서. 이것의 명확한 예는 복소수 및 복소수의 연산에 대한 그래픽 표현의 발달이다.

(c) 퀴지네어와 딘즈가 고안한 구체적 자료와 같은, 수학적 구조 그리고 그것과 동형적인 수학 외적인 구체물 사이에서.

동전의 다른 면은 사실상 두 체계 사이의 구조적 사상의 일부가 아닌 대응이 가정될 때에는, 유비가 오개념작용의 원천일 수 있다는 것이다. 그러한 오개념작용은 모델화되는 체계의 형식적 속성과 의식적으로 또는 암묵적으로 인지 과정을 안내하고 있는, 모델화하는 표현의 직관적 속성 사이의 양립불가능성을 통해 자주 발생할 것이다.

13

패러다임 모델

대표성 개념은 발견술로서 직관적 인식의 즉각성에 대한 기여와 관련하여 제9장에서 논의되었다. 이 관념은, 내가 '직관적 판단의 패러다임적 본성'이라 부른, 더 일반적 현상과 관련된다.

만약 여러분이 불어의 제1군 동사의 어미 변화를 배우기 원한다면, 여러분은 '-e', '-es', '-e' 등을 듣는 것으로 학습하지 않는다. 여러분은 대표적 동사, 예를 들어, 'chanter'를 택하여 각각의 인칭에 대해 'chanter'가 변화되는 형태를 학습한다.[38] 또한 다각형에 대해 배울 때, 여러분은 어떤 특정한 특성에 의해 덜 편향된 것 같은 **몇몇** 다각형을 참조한다. 여러분은, 예를 들어, 다각형의 일반적 속성을 연구하기 위해, 정사각형이나 정삼각형이 아닌, 길이가 다른 변과 크기가 다른 각을 가진 오각형이나 육각형을 선택한다.

패러다임은 예에 불과한 것이 아니다. 패러다임은 그것의 내재적 특질에 의하기보다는 그 기능에 의해 정의된다. 그것은 특정한 사례 또는 대상의 부류의 하위 부류로서 모델

38 (역자 주) 불어 chanter의 뜻은 '노래하다'이다.

로 사용된다. 그러나 모델이 반드시 패러다임은 아니다. 예를 들어 조합론적 문제를 해결하기 위해 사용되는 수형도는 모델이지만 패러다임은 아니다. 더욱이 모든 예가 패러다임 역할을 하는 것도 아니다. 어떤 개념(포유류의 개념이라 해보자)을 예시할 것을 요구받은 학생은 그 개념의 모델을 만들 것을 요구받은 것이 아니라, 그가 그 용어를 이해하고 대응하는 개념을 옳게 사용한다는 것을 증명할 것을 요구받은 것이다.

다른 한편, 개념을 정의해야 한다면, 다시 말해 생산적 추론 과정에서 그 개념을 다른 개념과 관련하여 사용해야 할 때처럼, 그 개념의 일반적 속성을 서술해야 한다면, 이 개념은 결코 순수한 논리적 구성물로 작용하지 않는다. 그 개념에 주관적으로 부착된 의미, 그것의 잠재적 연상, 함의와 다양한 용법은 전체 부류의 대표로 받아들인, 어떤 특정한 **본보기**에 의해 암묵적으로 고무되고 조작된다. 개념에 진정한 생산적 능력을 부여하는 그러한 특정한 사례가 있다. 정의 또는 형식적 서술은 어떤 용어의 의미를 정말로 이해하는 데 결코 충분하지 않다. 항상 예를 요구해야 한다. 패러다임을 통해, 개념은 주관적으로, 구조화된 의미를 얻는다. 개념을 정의하는 다양한 속성들이 임의로 관련되는 것 같지는 않다. 그 속성은 어떤 대상을 서술하며, 바로 이 대상을 염두에 두어, 개념에 통일성, 구조, 생산성을 부여하는 것이다. 패러다임은 모든 지적 활동에서 즉, 정의, 이해, 학습, 그리고 모든 문제해결 시도에서 중요한 역할을 한다.

개념에 관한 실험 연구는, 개념을, 단독으로는 필요하고 연합해서는 충분한, 특성의 집합으로 정의가능하다고 보는 '고전적 견해'가 사람들이 실제로 개념을 처리하는 방식과 화해하는 것이 불가능하다는 것을 보여주고 있다. (매우 유용한 요약을 위해 Smith & Medin(1981)을 보라.) 고전적 견해를 대신하려는 가장 최근의 이론적 시도는 원형(그 중에서도 특히, Rosch(1978)의 연구에서) 또는 개념이 "추상적 요약에 의해서라기보다는 (적어도 부분적으로) 그들의 본보기에 의해 나타내어진다."고 주장하는 '본보기 견해'(Smith & Medin, 1981, p. 143)에 근거하였다.

이 모든 상황에서, 개인에 의해 보통 개념에 부착되는 특정한 사례들은 의미, 해석, 내포의 형성에서 능동적 역할을 한다. 그것들은 가정, 풍부한 전략, 결론적 결정을 고무한다. 그것들이 추론 과정에 미치는 암묵적 영향은 일반적으로 가정되는 것보다 훨씬 더 중요하다. 사고하는 것에 대해 사고할 때 여러분은 특정한 유형의 사고, 예를 들어, 문제해결을 염두에 둔다. 사람들이 문제를 해결하는 것이 무엇을 의미하는지, 문제의 해결에서 주요 단계는 무엇인지를 정의하고자 노력할 때, 사실상 특정한 유형의 문제, 예를 들어 체스나 산술 문제를 대표적인 것으로 간주한다. 이것은 평범한 것이지만, 일어난 일은 **우리가 이 특별한 사례를 통해서 전체 부류, 온전한 개념을 보려는 경향이 있다는 것이다.** 우리가 모델의 개념을 고려할 때, 우리의 정의와 해석 시도를 조작하고 있는 것은 어떤 유형의 모델, 예를 들어, 유비적 모델이다. 더욱이 암묵적으로 '그 모델'이 되는 것은 보통 주관적으로 가장 친숙한 특정한 본보기이다. 예를 들면, 원자의 구조와 행성계 사이의 유비가 그렇다.

현대 세계에서 의사들의 세속성에 대해 논쟁할 때 사람들은 일반적으로 객관적, 통계적 자료가 아니라 몇 개의, 친숙한 예만을 염두에 둔다. 여러분들이 '영국인'을, 예를 들어 '프랑스인'과 비교하여 서술하려고 할 때—심지어 어떤 정치적 결론을 내리려 할 때조차도—보통 염두에 두는 것은 주로 당신이 만난 적이 있거나 친분이 있는 **어떤** 영국인과 프랑스인의 예이다. 그 대신 'John Bull'과 같이 한 나라 사람의 상투적 모습(또는 전형적 모습)의 입장에서 생각할 수도 있다.[39] 그럼에도 불구하고, 도출된 결론의 일반적 타당성을 자발적으로 일반화하고 믿으려는 경향이 있다.

그러면 암묵적 패러다임 모델은 우리의 직관적 접근, 해석, 풀이의 형성에서 본질적 요인이다. 과학 혁명에서—쿤이 정의한 대로—패러다임의 역할과 개인의 생산적 추론 활동에서 패러다임 모델의 역할 사이에는 깊은 유비가 있다. 나는 우리의 아이디어에서 중요한 전환점이, 일반적으로, 자료의 전 범주의 유의미성을 새롭게 조명하는 어떤 **특정한** 현상의 발견과 관계가 있다는 것을 임시로 단언하고자 한다.

허스코비츠와 비너(R. Hershkowitz & S. Vinner, 1982)는 학생들의 수학적 추론에서 패러다임 모델의 역할의 좋은 실례를 나타내는 수많은 연구 결과를 보고했다. 정말로 나는 그들의 발견이 패러다임 모델이 무엇을 의미하는지에 대한 좋은 패러다임이 된다고 말하고자 한다.

189명(6~8학년, 11~14세)의 학생들이 수많은 삼각형에서 변 A에 대한 높이를 그리게 했다([그림 13]).

다양한 삼각형 부근의 수는 정답률을 나타낸다. 두 가지 버전이 있다. 첫째 버전에서는 다음의 정의가 주어졌다. "삼각형에서 높이는 한 꼭짓점으로부터 그것의 대변 또는 그 연장선과 수직인 직선이다." 둘째 버전에서는 아무 정의도 주어지지 않았다. 각각의

39 (역자 주) John Bull은 전형적인 영국인을 의미한다.

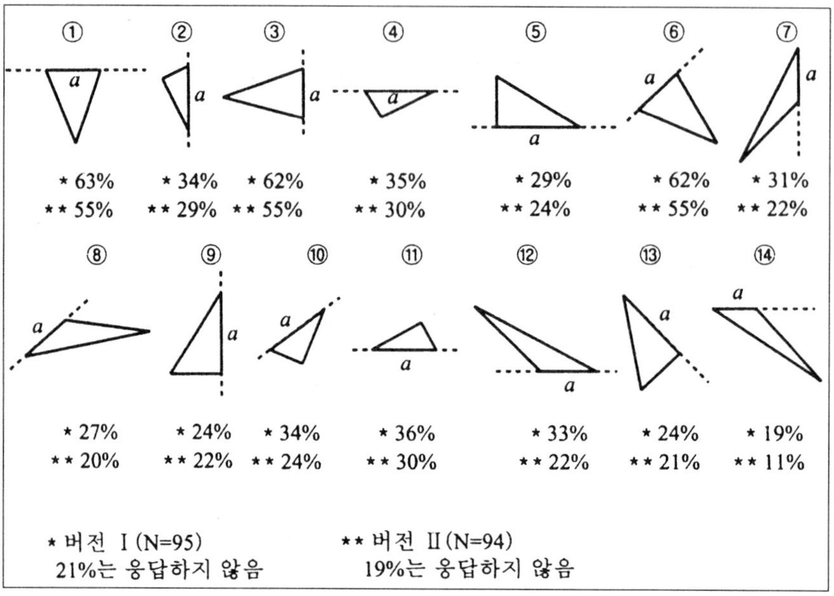

[그림 13] Hershkowitz & Vinner, 1982

삼각형에 적힌 두 개의 백분율은 각각 첫째, 둘째 버전을 말한다.

보다시피 성공은 삼각형의 유형에 좌우된다. 예를 들어, 이등변삼각형의 경우에는 약 60%의 학생들이 정답을 맞힌 반면에, 직각삼각형에 대해서는 오직 약 24%의 학생들만이 정답을 맞혔다. 높이가 삼각형의 외부에 있게 되면 부정적 효과를 미친다는 것을 알 수 있다. (예를 들어 문항 7, 14, 12를 보라.) 또한 정의가 주어지면 정답률을 높인다는 것도 알 수 있지만, 그 차이가 매우 크지는 않다(약 20%)(Hershkovitz & Vinner, 1982, pp. 20-23). 똑같은 과제에 대해 작성된 다음 표로부터 명확한 위계를 이끌어낼 수 있다([그림 14]).

이 도정에 따른 연구의 주요 결론은, 피험자들이 삼각형에서 높이 개념에 어떤 특정한 표상을 부착하는 데, 그것이 그들의 인지적 결정에 강한 영향을 미치는 것 같다는 것이다. **심지어 정의가 명시적으로 언급될 때조차도** 대부분의 피험자들은 여전히 옳게 대답할 수 없었다. 또한 허스코비치와 비너는 약 20% 정도의 학생들이 문항 2, 3, 4에서 높이 대신 중선을 그렸다는 것을 발견했다. ([그림 14를 보라.) 이 발견으로부터 이끌어낼 수 있는 것은 많은 학생들에게 높이 개념에 대한 패러다임은 명확히 이등변삼각형과 관계가 있다는 것이다. 심지어 꼭짓점 A로부터의 높이가 삼각형의 내부에 있는 문항 2의 경우에

	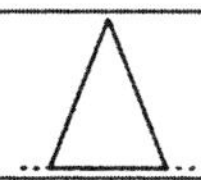	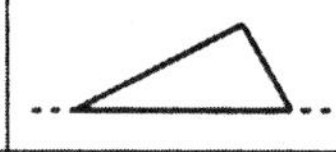	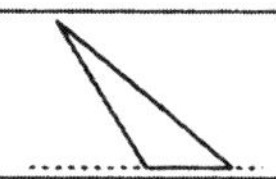	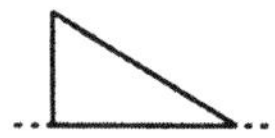
작도하지 않음	5.5%	8%	7%	11.5%
정답	74%	40%	32%	30.5%
변 a에 대한 중선	–	20%	21%	20%
변 a에 대한 수직이등분선	–	7%	7%	9%
높이이나 변 a에 대한 것이 아님	–	1.5%	6%	4%
변 a 자체	3%	2.5%	3%	3%
기타	17.5%	21%	24%	22%

[그림 14] Hershkowitz & Vinner, 1982

도, 정답률은 40%에 불과했다. 오답을 제시한 학생들 중에서, 20%는 중선을 그렸고, 약 20%는 다양한 오답을 제시했으며, 20%는 전혀 대답하지 않았다. 풀이의 범주가 다양하게 분포된 것은 나이와 지도의 영향을 받았을 것으로 가정할 수 있다. 우리의 의도는 다만, **추론 과정에서 개념이 기능하는 방식은 그것의 패러다임적 연계에 크게 좌우된다**는 사실을 강조하는 것이었다. **정의를 명시적으로 안다는 사실이 암묵적으로 개입하는 패러다임이 강요하는 제약을 제거하지는 못한다.** 이것을 예시하는 예를 인용하자. "삼각형 ABC와 중선 AD가 주어질 때, 삼각형 ABD와 ADC의 넓이가 서로 같음을 증명하여라."([그림 15]). 초기에 빈번히 보이는 경향은 삼각형 ABD에 대해서는 꼭짓점 A로부터 그은 높이를, 삼각형 ADC에 대해서는 꼭짓점 D로부터 그은 높이를 고려함으로써 두 넓이를 결정하고자 노력하는 것이다.

사실상 간단한 직접적 풀이가 있다. 두 삼각형에서, 밑변이 같고(BD=DC) A로부터 그

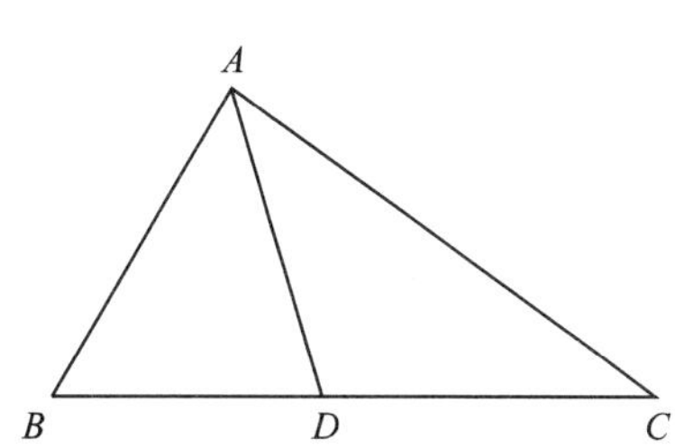

[그림 15]

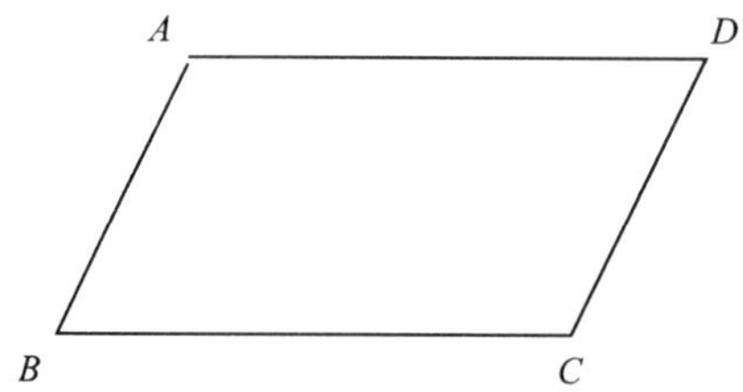

[그림 16]

은 똑같은 높이가 있다. 삼각형 ADC에 대해 갖는 어려움은 꼭짓점 A로부터 그은 높이가 보통의 패러다임을 심하게 벗어난다는 것이다. 그래서 개념에 부착된 패러다임은 특정한 사례가 확인하는 방식에 영향을 미칠 뿐만 아니라, 어떤 문제를 풀기 위해 채택하는 전략, 그리고 매우 흔히, 풀이 그 자체에도 영향을 미칠 수 있다는 것은 틀림없다.

패러다임적 사례가 개념적 구조에 미칠 수 있는 중요한 효과는 **위계의 붕괴**라 불리는 현상이다.

학생들은 2와 3 같은 수가 복소수라는 것에 동의하기를 꺼린다. 그들은 $x+yi$가 복소수의 일반형이고, y가 0이 될 수 있다는 것에 동의한다는 사실에도 불구하고, 2와 3을 자연수나 유리수로 동일시하고자 한다(Tall & Vinner, 1981, p. 154).

많은 학생들에게 평행사변형, 직사각형, 정사각형의 관념은 위계적으로 조직되지 않는다. 그들에게는 사각형의 부류가 **똑같은 수준의 일반성**을 지닌 것으로 나타난다. 각각의 관념에 통상적으로 부착된 이미지가 특정한 사례가 아닌 일반적 모델로서 작용하기 때문이다. 평행사변형에 대한 패러다임 모델은 보통 [그림 16]에서 나타나는 것으로, 이웃하는 두 각이 같지 않다는 것이 평행사변형의 필요조건으로 암시적으로 진술되고 있다.

다음의 예는 직관적 수준과 개념적 수준 사이의 모순의 효과로서 보일 수 있는 흥미로운, 갈등 상황을 드러낸다. 비너는 학생들에게 다음의 세 곡선([그림 17])을 제시하고, 그림에 표시된 점을 지나는 이들의 접선을 한 개, 두 개, 또는 그 이상 그릴 수 있는지 질문

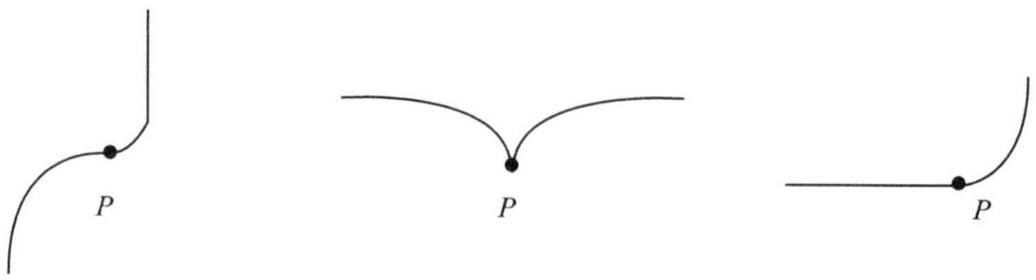

[그림 17]

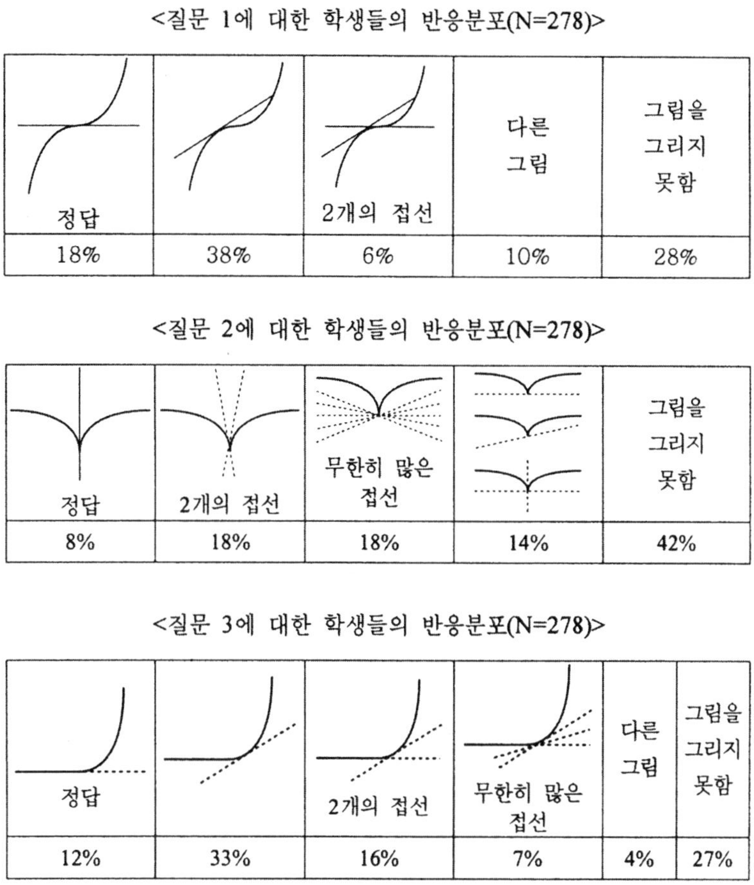

[그림 18] Vinner, 1982

했다. 또한 이 접선을 그리고 접선 개념을 정의하게 했다(Vinner, 1982).

다음의 [그림 18]은 각각의 문항에 대한 전형적 풀이를 보여준다.

피험자는 화학, 생물학, 지구과학, 통계학에서의 미적분학 코스에 등록한 278명의 대학교 1학년 학생들이었다. 비너가 자신의 논문에서 지적했듯이, 대부분의 학생들은 접선의 특정한 표상 즉, **원의 접선**을 염두에 두고 있는 것 같다.

이것은 대부분의 상황에서 학생들이 곡선의 곧게 뻗은 부분(문항 1과 3)인 듯한 것과 접촉하고 있는 접선을 그리기를 피한다는 사실로부터 추리될 수 있다. 둘째로, 학생들은 접선을 외관상 곡선과 오직 한 점에서만 만나는 **직선**으로 간주하며, 이 직선들이 주어진 점에서의 곡선의 기울기와 아무 관련이 없다는 사실에는 신경 쓰지 않는다.

정답률은 곡선 1이 18%, 곡선 2가 8%, 곡선 3이 12%였다. 동시에 피험자 중 41%가 미적분 수업에서 배운 대로 옳은 정의를 제시했다. 이것은, 이 41%의 피험자 대부분에게, 접선 개념의 진짜 의미는 외관상 알려진 정의에 의해서가 아니라, 패러다임으로 사용된 특정한 경우(원의 접선)에 의해 결정된다는 것을 의미한다.

상황의 (패러다임과 개념 사이의) 갈등적 본성이 다양한 유형의 반응에서 드러났다.

문항 1: 피험자의 6%가 두 직선을 그렸다. 하나는 옳은 것이고, 다른 하나는 '원 패러다임' 제약에 반응한 것이다.

문항 2: 피험자의 18%가 점 P를 지나는 두 직선을 그려, 외관상 곡선의 두 지선(支線)의 서로 다른 기울기를 반영하고자 시도했다.

문항 3: 피험자의 16%는 두 직선을 그렸다. 하나는 옳은 것이고, 다른 하나는 원 패러다임의 요구에 잘 들어맞는다.

패러다임적으로 부담을 지우는 것은 오직 개념만이 아니다. 명제와 추론에 관해서도 똑같은 것이 매우 흔히 말해 질 수 있다.

여러분은 '$p \to q$'(p는 q를 함의한다)로 무엇을 의미하는가? 나는 이 명제로, p가 참이면 반드시 q도 참이라는 것을 의미한다. 그러나 q가 부정되는 상황에 대해서는 어떠한가? 그때 p는 어떤가? (논리적 연습에 익숙하지 않다면) 그러한 질문에 당황할 수 있다. 이것은 무엇보다도 '함의한다'는 용어가 행동적 의미를 부여하여 힘들게 하기 때문이다. p는 작인(作因), 원인이고, q는 결과이다. 역할을 바꿈으로써 직관적 의미가 전혀 없는 질문을 얻는다. 이 질문에 대답할 수 있기 위해서는 예가 필요하다. 예를 들어, "물체 A가 금속이라면 그것은 전기적으로 전도성이 있다. 나는 물체 A를 점검함으로써 그것이 전기적으로 전도적이 아니라하는 것을 알았다. 따라서 그것은 금속이 아니다."

사람들은 예에 의지하여 **논리적 문제** "$p \to q$가 주어질 때 q가 부정되면 p는 어떤가?"에 대한 풀이를 의지하여 얻는다. 그러나 이런 경우에는, 이 예는 모델이다. 모델의 말로 문제를 풀고 원래의 것(논리적 질문)의 말로 풀이를 얻는다. 어떤 실제적 관계가 함의인지 아닌지 점검하기 위해 함의의 진리표를 기억해야 할 때, 또는 함의를 포함하는 문제를 풀 때, 위의 특정한 구체적 예나, 또는 다른 예가, 내가 항상 참조할 수 있는 보통의 실제적 내용이 될 수 있다.

개인의 마음에서 개념 및 형식적 명제가 매우 흔히 몇몇 특정한 사례와 결합된다는 것은 잘 알려져 있다. 보통 간과되는 것은 그러한 특정한 사례가, 그 사람에게는, 각각의 개념 및 명제의 보편적 대표가 될 수 있어, 모델의 발견술적 속성을 얻을 수 있다는 사실이다.

어떤 문제에 대해 논쟁하는 두 사람에게 있어, 그들이 사용하는 관념이 서로 다른 패러다임에 근거하기 때문에, 때때로 의견이 다를 수 수 있다.

우리는 이 책에서 패러다임이란 용어를 쿤이 사용한 것과 매우 유사한 방식으로 사용하여 왔다. 그는 "패러다임으로… 나는 실제적인 과학적 실행 중 몇 개의 받아들인 예—법칙, 이론, 응용, 방편을 모두 포함하는 예—가 과학 연구의 특정한, 일관된 전통을 야기하는 모델을 제공한다는 것을 제안한다는 것을 의미한다."(Kuhn, 1970, p. 10)라고 말한다.

차이점은, 쿤이 '패러다임'이란 용어를 사회역사적 틀에 관하여 사용하는 반면에, 이 책에서는 패러다임이란 용어가 주로 개인적, 주관적 경험에 관련된다는 것이다. 두 경우 모두에서, 원래의 언어적 의미에서처럼 패러다임은 예를 **본보기**로 즉, 보편적인 것의 처리를 지원하기 위한 모델로서의 용법을 의미한다.

내가 보기에, 두 수준—개인적 수준과 사회역사적 수준—모두에서 **추론 과정이, 적어도 그것의 진정으로 생산적 형태로, 상당한 정도로, 패러다임적 사례에 의해 고무되고, 형성되고, 통제된다는 것은** 매우 중요한 심리적 관심사인 듯하다. 과학 혁명에서 패러다임이 수행한 근본적 역할은 근본적인 심리적 현상에 그 근원을 두고 있다고 그럴듯하다고 단언할 수 있다. 사람들은 특유한, 구조화된 사례의 입장에서 보편적인 것에 관해 생각한다. 우리는, 보통 특정한 것을 통해 보편적인 것을 보기 때문에, 이 이중 게임을 일반적으로 의식하지 못한다. 이것은 직관의 주요 특성 중 하나이다.

쿤은 과학적 패러다임이 법칙, 이론, 응용, 방편을 포함한다고 말한다. 이것은 현재의 개별적 패러다임과 똑같다. 많은 학생들에게는 원의 접선이라는 특정한 사례가 바로 접선이다. 그것은 접선이 무엇인지에 대한 암묵적 이론이 된다. 곡선과 오직 한 점에서만 만나는 직선. 접선이 어떤 점에서의 곡선의 기울기를 나타낸다는, 본질적 속성은 잊혀진다. 학생의 직관적, 암시적 이론은 어떤 '응용'과 '방편'과 관계가 있다. 주어진 한 점에서 원과 만나는 직선을 그릴 수 없다면, 접선이 의미하는 것(그것의 원시적 의미로)을 사실상 이해하지 못한다. 패러다임은 결코 단순한 이미지가 아니다. 패러다임이 직관적 이해의 원천으로서의 역할을 효과적으로 발휘하기 위해서는 영상적 구조를 절차적 방법과 종합해야 한다.

이제 다른 경우를 생각하자. 한 피험자에게 대상의 어떤 집단이 속하는 부류를 결정하게 한다고 가정하자. 피험자의 답(대상 a는 A이다)이 그에게 A가 정말 a를 포함하는 부류라는 사실을 표현하는지 아닌지, 또는 오직 A가 **패러다임 모델**이라는 사실을 나타내는지 아닌지를 확증하는 것은 중요하다. 그 차이점은 각각의 영역에서 학생의 개념작용을 이해하는 데 근본적인 것이다.

이미 인용했던 예로 돌아가자. 스타비와 스타첼이 최근에 수행한 연구에서, 5세에서 15세까지의 아동들에게, 다른 문제들과 함께, 녹은 초는 불붙기 쉬운지 아닌지를 질문했다. "녹은 물질에 불을 붙이면 탈까요?" 그 물질이 타지 않을 거라고 단언한 아동들 중 다수는, 초가 녹은 후에 물이 생긴다고 주장함으로써 자신들의 답을 정당화했다.

스타비와 스타첼은 그런 설명을 한 대부분의 아동들에게 있어 녹은 초는 정말로 물이라는 것을 믿는 경향이 있고, 따라서 그들은 이 해석과 물이 실재를 건설하는 근본적 원소라고 하는 탈레스의 이론 사이의 유비를 본다(Stavy & Stachel, 1985).

나의 가설은 다르다. 나는 녹은 초를 물과 동일시한 대부분의 아동들에게 물은 오직 **액체에 대한 패러다임 모델**을 나타낼 뿐이라고 생각한다. 아동들은 액체의 개념은 가질 수 있지만 **액체**라는 용어를 갖고 있지는 않다. 그들은 물이 가장 친숙하고 가장 대표적인 액체 물질이기 때문에 물이라는 용어를 사용한다. 나는 이 특유한 경우에 대한 실험적 증거를 갖고 있지는 않다. 그러나 내가 말했던 대로, 위의 실험에서 아동이 **물**이라는 용어를 사용할 때 아동이 염두에 두고 있는 것을 명확하게 결정하는 것이 중요하다. 물질의 상태를 변화시킨 후, 물질, 무게, 그리고 그 밖의 다른 속성의 보존에 대한 교수학적 문의는, 아동의 답에 대해 아동 자신이 염두에 두고 있는 진짜 의미를 명확하게 하지 않고는, 옳게 해결될 수 없다. 우리의 관점은 아동들의 정의, 설명, 분류, 그리고 예측에서 패러다임 모델이 중요한 역할을 할 수 있고, 따라서 패러다임 모델은 그러한 것으로 확인되어야 한다는 것이다. 때때로 패러다임 모델은 전체 부류에 대해 피험자가 내리는 정의에 진정으로 영향을 미치기도 하지만, 때로는 오직 '하나의 표현 방식'에 불과할 수도 있다.

메이슨(J. Mason)과 핌(D. Pimm)은 학생들의 마음에서 일반적인 것과 특수한 것 사이의 관계에 관해서 다음의 아이디어를 표현한다.

> 칠판에 테크닉이나 이론의 예를 적는 교사는 그 예에서 구현된 일반성을 보고 있고, 그리고 그 예의 범위를 지시하는 것뿐만 아니라, 예의 속성(exampleness)을 인정하기 위해 강조될 필요가 있는 부분들을 강조하는 것도 결코 생각하지 않는 것 같다. 그러나 학생들은, 결국 그들이 몰두하고 있는, 논의 중인 상황의 특정한 사례조차도 제대로 경험하지 못한다.(그리고 다른 사례들이 있다는 것을 의식하지 못한 것 같다.) 학생들은 (어쩌면 그들에게는 여전히 꽤 일반적인, 즉 숙달되지 않은) 특정한 것만을 볼 수 있다. 결과적으로 그들은 종종 '그 예를 학습하고자' 노력한다(Mason & Pimm, 1984, p. 286).

메이슨과 핌이 명시적으로 말하지 않은 것은, 개념의 패러다임적 표상을 학생들뿐만 아니라 전문가들조차도 보통 피할 수 없다는 것이다. 패러다임은 우리의 생산적 사고의 일부이다. 문제는 때때로 학생이 패러다임을 통해 일반성을 보지 못한다는 것이 아니다. 패러다임은 우리의 직관적 메커니즘의 일부이며, 사실상 일반적 의미를 운반한다. 문제는 패러다임이 제안한 개념의 암묵적 경계가 사람마다 그들의 개인적 경험과 개인적 정보에 따라 다를 수 있다는 것이고, 그리고 개념의 패러다임적 정의는 대개는 통제되지 않는 과정이라는 것이다.

도형 $ABCD$([그림 19])가 평행사변형이라는 것을 받아들이기를 거부하는 학생은, 평행사변형에서 각의 크기와 변의 크기가 다르다는 것이 그에게는 이 개념과 관계가 있는 일반적 속성이기 때문에, 그렇게 한다. 그러므로 패러다임 모델로 인한 문제는 일반적 의미를 파악하는 능력(이것은 자동적으로 발생한다)이 아니라, 어떤 규약(예를 들어, 과학적 규약)의 범위에서 일반적인 것으로 자격이 주어진 속성들을 확인하는 것이다. 심리적 갈등은 일반적 의미와 특정한 의미 사이에 있지 않고, 패러다임이 암시하는 두 개(또는 그 이상)의 일반적 의미 사이에 있다.

일반적인 것으로서 암묵적으로 선택되는 속성들은 확실히 경험과 지도에 더하여 나이 그리고 아마도, 어떤 개인적 특징에 따라 좌우된다. 예를 들어, 어린 아동들에게는 그림의 현저한 특성이 결정적인 반면에, 그보다 나이 많은 아동들에게는 관계적 속성이 더

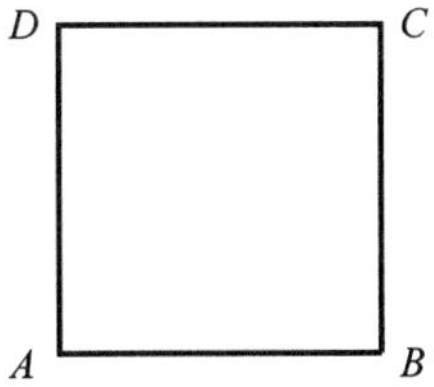

[그림 19]

영향을 미친다는 것이 증명되었다(Olver & Hornsby, 1966).

우리에게는 패러다임의 영향으로 야기되는 어려움을 극복할 수 있는 교수학적 수단에 관한 실험적 증거가 없다. 다음 아이디어들을 고려해 볼 수 있다. 첫째로, 아동은 정의가 의미하는 것을 충분히 일찍 학습해야 한다는 것. —구체적 조작기 동안에 일찍 시작하여 형식적 조작기 동안에 정의의 개념을 확실히 새기고 경험한다. 아동은 개념에 대응하는 용어의 사용에서 오류를 피하는 필요불가결한 방법으로서 개념을 **명시적으로 정의하는 것**의 결정적 역할을 학습해야 한다. 나의 신념은 12세 아동은 **의미**의 이중적 유의미성을 이해할 수 있다는 것이다. 한편으로는, 명시적으로 진술된 **정의**(대상의 부류를 정의하는 속성은 무엇인가?). 다른 한편으로는 개념에 구조성과 내재적 일관성을 부여할 수 있는 본보기(또는 본보기들). 학생들은 개념에 비추어 패러다임을 분석함으로써, 개념에 대응하는 옳은 예와 반례를 찾는 것을 학습함으로써, 학생들은 비어 있지 않는, 잘못 사용되지 않은 본보기와 관계가 있는 개념을 파악하는 이 단계에 도달할 수 있다.

나의 견해로는, 이 훈련 활동이 학교에서 가르치는 모든 교과의 일부가 되어야 한다. 그것은 개념이 매우 흔히 어떤 패러다임에 기초하여 정의되며, 이 패러다임이 형식적으로 받아들인 규약에 부합되지 않는 암묵적 일반화를 결정할 수 있다는 사실을 학생들이 의식하도록 이끄는 일반적 훈련을 포함한다.

둘째로, 이 훈련은 또한 특유한 것이어야 한다. 학생들은 자신의 개념작용과 관계가 있는 패러다임을 확인하는 것을, 그리고 개념에 부착된 개인적 표상을 정의가 진술하는 속성과 대조함으로써, 행해진 일반화의 타당성을 점검하는 것을 **실제적으로** 학습해야 한다.

평행사변형은 대변이 평행인(또는 대각이 같은) **사각형**이라고 단언할 때, 이것이 정**확하게** 평행사변형이 의미하는 것이다. 이웃하는 각이나 변에 관해서는 아무런 언급도 없다. 그것들은 같을 수도 있고 다를 수도 있다. 따라서 그러한 분석은 두 가지 측면 즉, 일반적 속성을 확인하는 것과 개념이 함의하지는 않지만 사용된 패러다임이 우발적으로 암시할 수 있는 것을 명시적이 되게 하는 것이 모두를 함의한다는 것이 된다.

나는 어린 시절에 시작하는 그러한 훈련이 학생의 지적 발달을 위해서뿐만 아니라 사회적 교육, 윤리적 교육을 위해서도 상당히 중요할 수 있다고 생각한다.

14

다이어그램 모델

언급할 모델의 셋째 범주는 다이어그램 모델이다. 일반적으로 말해서, 다이어그램은 현상 및 그들 사이의 관계성의 그래픽 표현이다. 벤다이어그램, 수형도, 그리고 통계적 표현을 위해 사용되는 히스토그램이 이 범주에 속한다. 유비는 보통 현재의 상대적으로 독립적인 두 체계 사이의 사상을 나타내는 반면에, 다이어그램의 경우에서 원래의 체계는 자신의 능력으로 존재하는 한편, 다른 체계인 다이어그램은 원래 체계의 모델을 만들기 위해 의도적으로 창조한 인위적 구성물이다.

다이어그램은 중요한 직관적 특성을 지닌다. 첫째로, 다이어그램은 구조나 과정의 개요적, 전체적 표현을 제공하며, 이것은 이해의 전체성과 즉각성에 기여한다.

둘째로, 다이어그램은 어떤 실재의 개념적 해석과 실제적 표현을 잇기 위한 이상적 도구이다. 다이어그램은 외관상 정반대의 유형인 이 두 가지 표현—기호적 표현과 영상적 표현—의 종합이다.

벤 다이어그램과 그것이 사용되는 방식을 생각하자.

예를 들어, 포함과 상등 같은 관계, 합집합과 교집합 같은 연산, 그 각각의 속성은 그러한 관계, 연산, 속성을 직접 암시하는 시각적 표현을 받는다.

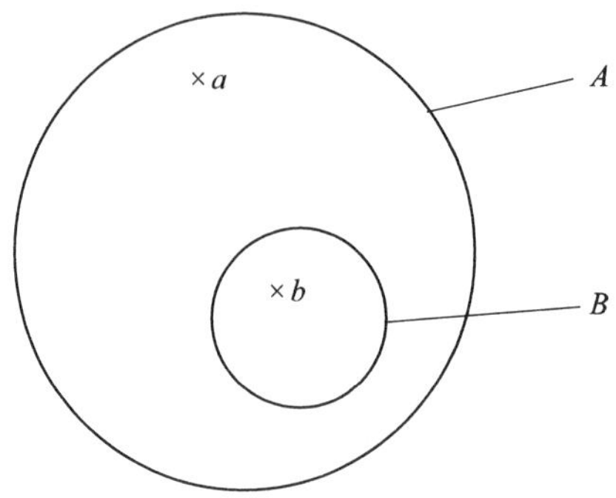

[그림 20]

다이어그램을 비옥하게 사용할 수 있기 위해서는 사용되는 이미지의 의미를 명시하는 수많은 규약을 설정해야 한다.

두 집합 A, B에 대해 B가 A에 포함되고($B \subset A$), a와 b가 각각의 총칭 원소라고 생각하자. B의 모든 원소가 또한 A에도 속한다면 집합 A가 집합 B를 포함한다고 진술함으로써 포함의 관념을 명시적으로 정의해야 한다. 이 정의는 단지 이미지를 살펴보는 결과에서 생기는 것이 아니다. B에 속하는 원소는 A의 **모든** 속성을 가지며 아마도 몇 가지 다른 부가적인 특유한 속성도 가진다는 것을 이해해야 한다. 모든 정사각형은 직사각형이지만 모든 직사각형이 정사각형인 것은 아니다.

상황이 첫 눈에 보이는 것처럼 그렇게 간단하지는 않다. **포함**, **합집합**, **속함** 등의 용어는 은유적 의미로 사용된다. 그 용어들은 원래의 관념이었던 것에 **실제적**, **행동적** 의미를 전한다. 그것들은 명시적 규약 체계를 통해서만 논리적 **해석**을 얻는다.

직사각형의 부류는 하위 부류인 정사각형의 부류를 포함한다. 집은 거실을 포함하고, 물건의 가격은 판매세나 부가가치세를 포함할 수도 있고 포함하지 않을 수도 있다. 이 예에서 포함이란 용어는 상이한 의미를 지닌다. 집합은 부분집합을 물질적 부분으로서 포함하는 것이 아니라 부류 사이의 논리적 관계성으로서 포함한다. 본질적 어려움은 집합 용어로, 'b'가 'b'인 **동시에** 'a'라는 것이다. (원소 'b'의 부류가 원소 'a'의 부류에 포함된다.) 거실은 거실인 동시에 집이 아니며, 집의 속성조차 갖지 않는다. 부가가치세는 부가가치세인 동시에 어떤 물건에 대해 지불되는 값이 아니다. 포함, '…에 속한다' 등의 논리적 의미는 그들의 실제적 유의미성과는 다르다. 똑같은 실제적 유의미성이 두 집합 A와 B를 포함 관계에 있는 동시에 상등 관계에 있는 것으로 간주하는 가능성을 배제한다. 비록 A가 B에 속하지 않는 원소를 갖지 않을지라도, "A가 B를 포함한다."는 명제를 형식적으로 사용할 수 있다. (A의 모든 원소가 B에 있고 그 역도 성립한다. ―두 집합은 상등이다.)

이 모든 내역이 포함을 위해 현재 사용되는 벤다이어그램을 살펴본 결과에서 직접 도출되지는 않는다.

다이어그램을 생각하면, 학습자는 자두씨가 자두에 포함되는 것처럼 B가 A에 포함된다는 것을 가정할 수 있다.

학습자는 마음속에 그러한 해석을 품고, (자두의 먹을 수 있는 부분과 씨처럼) A가 두 개의 서로 다른 상호배타적 구조로 이루어져 있다고 가정할 수 있다. 확실히 학습자는 위의 그림이 때때로 두 성분 A와 B가 동일한 것일 수 있음을 암시한다는 것을 자발적으로 가정하지는 않을 것이다. 학습자는 이내 A가 B보다 반드시 더 크다고 가정하는 것에 이르게 된다.

다시 말해, 벤다이어그램의 사용은, 만약 충분히 준비되지 않으면, 집합 개념과 그 관계성을 더 직관적이 되게 하는 대신에, 능동적 이해를 복잡하게 만들 수 있다.

우리는 제13장에서 생산적 추론 과정의 패러다임 구조(예를 모델로서 자연스럽게 사용함)가 개념적 위계의 붕괴를 야기할 수 있음을 언급했다. 벤다이어그램의 사용은, 이 다이어그램 도구가 명시적 규약에 기초하여 잘 동화되기만 한다면, 그러한 위계(그리고 그들과의 연산)를 더 잘 이해하도록 도울 수 있음이 명확하다. 그런데 그렇지 않은 경우가 매우 잦다. 대부분의 학생들은 정사각형이 직사각형이고 **그리고** 동시에 마름모이고, 정사각형, 직사각형, 마름모가 **모두** 평행사변형이라는 것 등을 이해하는 데 여전히 어려움을 겪는다.

규약이 완전히 이해되지 않으면, 학생은 다양한 모델링을 목적으로, 심지어 아주 간단한 경우조차 벤다이어그램을 사용하는 데 큰 곤란을 겪을 것이다. $B \subset A$이라면, 두 집합의 합집합은 A이고 두 집합의 교집합은 B이다. 그렇게 간단한 명제도 벤다이어그램이 없이는 쉽게 이해되지 않는다. 다이어그램은 **직관적으로 명확하게** 두 가지 단언을 하지만, 그러기 위해서는 사용된 언어, 도형적 기호 체계를 옳게 이해해야 한다. 내가 말했듯이, **사용된 기호 체계는 직관적으로 분명하지 않은데**, 무엇보다도 그것이 자연스럽게, 실제적으로 받아들인 것과 모순되기 때문이다.

먼저 $A \cup B$를 생각해보자. A와 B를 모두 포함하는 합집합의 관념은, 만약 두 집합

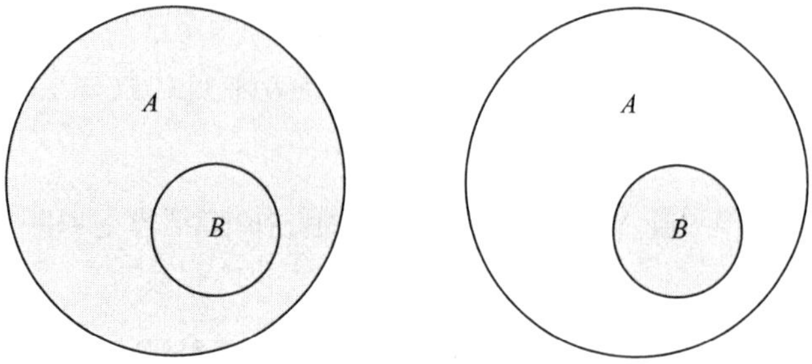

[그림 21]

이 서로 소라면 명확한, 실제적 의미를 지닌다. 빨간 구슬 4개와 초록 구슬 3개를 함께 놓으면 색구슬 7개가 된다. 그러나 위의 모델이 말하는 것은 색구슬 7개와 초록 구슬 3개를 합하여 색구슬 7개가 된다는 것이다. 이것은 실제적 관점에서 보면 난센스에 불과한 것 같다.

교집합에 대해서도 마찬가지이다. 우선 그 이미지는 어떠한 교집합도 암시하는 것 같지 않다. 직접적, 도형적 표현의 입장에서는 intersection이라는 용어는 교차하는 선의 관념을 암시한다.[40] 위의 선들은 교차하지 않는다. 오직 형식적 규약을 통해서만, 위의 이미지와 관련하여 교집합이라고 말할 수 있다. 위의 다이어그램이 말하는 것은 다음과 같다. 색구슬 7개가 있고 그 중에서 3개가 초록색이라면, 두 집합의 공통부분은 초록 구슬 3개이다. 이 문장의 의미를 이해하려면 약간의 수고가 필요하다. 결국에는 그것이 옳다는 것을 알게 되지만, 거의 말하는 바가 없는 단어의 낭비 아닌가! 실제적 관점에서 보면 위 문장은 쓸모없고, 결과적으로 무의미한 것 같다.

이것은 위 다이어그램의 직관성이 자연스런 속성이 아니라는 것을 보여준다. 우리는 표현된 개념과 관계성을 더 납득이 가게(직관적 의미로) 파악하기 위해서 각각의 이미지에 직접 의지할 수 없다. 그 이미지는 원래의 것의 입장에서 직접 읽기 쉬운 것이 아니다.

다이어그램은 일반적으로 어떤 실재의 직접적 이미지가 아니다. '속력'이 의미하는 것에 대해 직관적 느낌을 갖고자 한다면 움직이는 물체를 지켜보거나 또는 더 나은 경우로, 움직이는 두 물체를 비교해야 한다. 확률적 상황에서 대수의 법칙이 어떻게 작용하는지에 대해 직관적 느낌을 갖고자 한다면, 효과적으로 확률적 실험을 여러 번 반복하여 일

40 (역자 주) 영어 intersection을 집합 영역에서는 '교집합'으로 번역하지만, 도형 영역에서는 그렇게 번역하지 않는다. 예를 들어, intersection point는 '교점'이다. 즉, 여기서는 이런 의미의 intersection을 말하는 것이다.

련의 시행 결과를 기록해야 한다.

그러나 다이어그램에서는 상황이 완전히 다르다. 왜냐하면 다이어그램은, 비록 도형으로 표현되기는 하지만, 일차적인 인지적 사례가 아니기 때문이다. **다른 어떤 기호 체계와 마찬가지로, 그것은 이미 정교화된 개념적 구조에 대한 그림 표현이다.**

다이어그램의 모델링 능력의 주요 원천은 개념의 동력과 공간적 관계성의 동력 사이의 자연스럽고 근본적 동형사상이다.

우리는 논리합을 결합된 영역, 논리곱을 공유된 영역의 입장에서 해석한다. 집합 A에 포함된 집합 B의 여집합은 B 영역의 외부에 해당하는 A 영역의 부분이다. 사실상 사람들은 기존의 은유를 사용하여 엄밀한 환위의 원리를 고정시킨다.

획득된 공간적 이미지는 그 자신의 도형적 규칙 및 도형적 논리를 모순 없는 방식으로 따른다. 한 점은 폐곡선의 내부와 외부에 동시에 있을 수 없다. 두 영역에 속하는 점은 두 영역의 공통 지대에 속한다. 한 점이 B에 속하고 B가 A에 포함되면 그 점은 A에 속한다. 이 모든 규칙은 도형적으로 분명하다. 만약 도형적 명제의 내용을 도형적-다이어그램 표현의 말로 번역할 수 있다면 **직접, 직관적으로 받아들일 수 있는 도형적 명제**를 얻는다.

다이어그램은, 원래의 것과의 동형적 대응 때문에 그리고 원래의 것에 대한 자율성 때문에 **발견술적 모델**, 즉 문제를 해결하기 위한 장치로 작용할 수 있다. 상황 A가 제기한 문제를 다이어그램 B의 입장에서 번역하여, B에서 그 문제를 풀고 그 풀이를 A의 입장에서 재해석한다. 예를 들어, 어떤 피험자들은 다음과 같은 유형의 문제를 해결할 때, A가 B의 위쪽에 위치하고 B가 C의 위쪽에 위치하는 수직선의 이미지를 구성한다는 명증이 있다(예: Quinton & Fellows, 1975).

A〉B, B〉C일 때, A와 C의 관계는 어떠한가?

(여기서 〉는 어떤 추이 관계를 나타낸다.) 그러면 A와 C의 관계성은 그 이미지로부터 '읽혀지고' 원래 문제의 말로 해석될 수 있다.

실제로 다이어그램은 어떤 공간적 관계성을 직접 표현할 수 있다. 포함, 교집합, 방향, 위치 등은 모두 직접 지각가능하다. 그러나 이것이, 각각의 이미지가 또한 반영하고자 하는 원래 실재의 메시지를 또한 자동적으로 그리고 직관적으로 전달한다는 것을 함의하지는 않는다. **다이어그램은 반드시 후-개념적 구조이다.** 그것은 원래의 실재가 기호적으로 처리된 표현인 개념적 관계성을 도형적 용어로 서술한다.

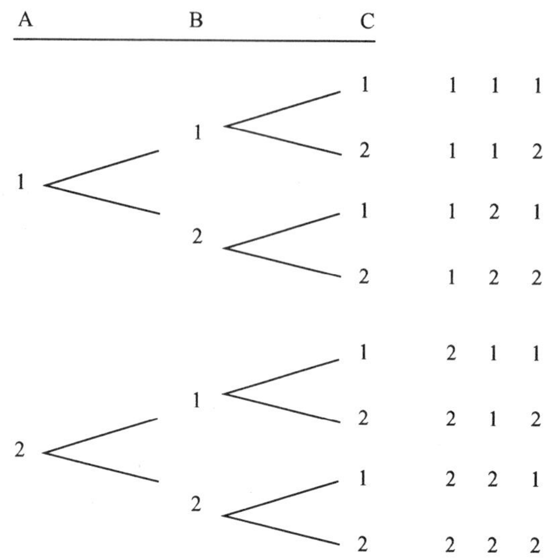

[그림 22]

다이어그램의 직관적 장점을 이용할 수 있기 위해서는 환위 원리의 전체 체계를 완전히 지배해야 한다.

다이어그램은 (브루너(J. S. Bruner)의 용어로) **'상징적 양식' 에 속한다. 그러나 다이어그램은 메시지를 구조화된, 영상적 방식으로 전달하는 예외적 특질을 지니며, 이것은 다이어그램에게 고도로 직관적인 잠재력을 부여한다.**

둘째 예를 언급하자. ― 조합 문제를 풀 때 사용하는 수형도. 수를, 예를 들어, 1과 2를 (반복해서) 사용하여 얻을 수 있는 세 자리 수는 몇 개인가?

다이어그램은 그 풀이를 보여준다.

매우 간단한 규약이 몇 개 있다. A열에서 첫째 자리에 두 가지 가능한 경우가 있다(1 또는 2). B열에서 다시 둘째 자리에 두 가지 가능한 경우가 있다. C열에서 다시 두 가지 가능한 경우가 있다. 아이디어는 세 자리 수의 세 자리를 위해 문제에서 규정한 두 가지 가능한 경우 각각을 배열하는 것이다. 풀이의 곱셈적 구조가 분명해진다(위의 예에서 $2 \times 2 \times 2$).

확실히, 수형도와 여러 가지 다양한 배열 사이에 자연스런 유비는 없다. 수형도는 규약 체계를 통해 세 자리 수들의 집합을 만드는 독창적 과정을 자신의 그래프 용어로 번역한다. 그 번역은 개념적 구조의 중개를 통해서 이루어진다. 똑같은 원소가 그 경험 전반을 통해 내내 이용가능하며, 따라서 다이어그램에서 각각의 수 다음에 다시 원래 주어진 원소 각각으로 이루어진 화살 부채가 펼쳐진다는 것을 의식해야 한다. 이 다이어그램은 이미 확인된 집단의 그래픽적 복제라기보다는 세 자리 수의 집합을 만드는 개념적 과정의 일종의 순서도)를 나타낸다. 기호 1, 2는 사실상 그들의 본성과는 무관하게 일반적으로 서로 다른 두 원소를 나타내는 기호로 간주되어야 한다.

사실상 학생은 그 다이어그램을 그리는 것과 각 단계에서 얻어진 이미지의 의미를 학습해야 한다. 종국에는 가능한 경우의 부채로 얻어진 **수형도(tree)**를 가능한 배열의 집합으로 번역하는 것을 학습해야 한다. 우리의 실험에 따르면, 10세 아동은 조합론적 절차의 이해를 주선하는 수형도의 원리를 쉽게 파악할 수 있다. 아동은, 첫 단계를 깨달은 후에, 그 절차를 일반화하여 다양한 수로 된 (중복을 허용하는) 배열 문제(즉, m개에서 n개를 중복해서 취할 수 있는 A_n^m)를 해결할 수 있다는 것이 증명되어 있다. 더욱이 이 실험은 10세 아동들은 이 다이어그램의 **원리**를 자발적으로 일반화하고, 게다가 순열 문제도 해결할 수 있음을 보였다(Fischbein, Pampu & Minzat, 1970).

이제 다른 유형의 다이어그램인 함수를 표현하는 그래프로 넘어가자. 일반적으로 다이어그램에서 그렇듯이, 이 경우에도 역시 원래의 것과 모델 사이의 대응은 (유비에서 발생하듯이) 자연스런 유사성의 효과로서 직접 파악되지 않는다. 이 모델 즉, 그래프는 원래의 것의 속성을 엄밀하게 정의된 규약에 의해 도형적 표현의 말로 번역하는 후-개념적 구성물이다.

예를 들어, 낙하하는 물체의 경우에 시간과 공간 사이의 관계를 나타내는 그래프를 고려하면, 낙하 현상과 그래프의 형태 사이에 직접적이고 감각적인 어떠한 유사성도 없다. 오히려 그래프는 일정한 관계성 $s = s_0 - \frac{1}{2}gt^2$을 나타내는 함수(개념적 구조)를 나타낸다. 개념적인 개입 구조(수학적 함수)의 이해 없이는 그래프의 (실제 현상의 입장에서의) 어떤 직접적 해석도 불가능하다. 우리의 정의(그래프적-개념적 모델링 구성물)에 따르면, 그래프는 다이어그램이기는 하지만, 함수를 나타내는 그래프는 사실상 (폴리야의 해석에서처럼) 유비의 부류와 관계가 있다는 것이 또한 고려될 수 있다. 사실상 우리가 말하고 있는 유비는 원래의 현상과 그래프 사이의 것이 **아니라**, 오히려 **각각의 현상의 수식**과 그 그래프적 (사실은 공간적) 표현 사이의 것이다. 존재물의 기하학적 체계와 수치적 체계는 단순히 임의로 선택된 규약에 의해 지배되지 **않는다**. 수의 세계와 도형의 세계는 적절한 공리에 기초하여, 각각이, 절대적으로 일관되고, 내적으로 모순 없는 방식으로 행동한다. 비록 두 체계가 상호 독립적이지만, 동시에 모조리 동형적으로 보인다. 수와 도형의 두 체계는 이상적 유비를 나타내며, 아마도 과학에서 최상의 것을 알 것이다. 그러나 원래의 현상과 그 함수를 나타내는 그래프 사이의 관계성을 유비로 간주하는 것은 결코 가능하지 않다. 그래프는 수치적 체계와 기하학적 속성의 체계 사이의 유비를 사용**하는 다이어그램**이다.

이것은 오히려 복잡하게 들리고, 사실상 아마도 학생들에게는 복잡해 보일 것이다. 그래프는 그 도형적 속성 때문에 매우 흔히 게슈탈트의 속성을 지닌다. 그래프는 학습자에게 그 자신을 **도형**으로, 게슈탈트의 의미에서, 구조화된 직접 해석가능한 실재로 받아들이도록 강요한다. 그러한 이유에서, 그래프는 탁월한 직관적 장치를 나타내어야 한다. 사실상 그래프는 그것만으로는 일반적으로 직관적 장치가 아니다. 다른 유형의 다이어그램과 마찬가지로 그래프는 나타내어져야 하는 현상에 관해서는 예도 아니고 유비도 아니다. 이미 말했듯이, 그래프와 원래의 것 사이의 관계는 간접적이고, 개재되는 개념적 구조를 통해서 발생한다. 그래프는 원래의 실재, 개재되는 개념적 체계(함수), 그리고 그래프적 표현을 관련짓는 규약 체계가 내면화되고 자동화된 **후**에야 직관적 장치가 될 수 있다.

위에서 인용한 매우 간단한 예인 등가속도운동(예를 들어, 낙하하는 물체)을 하는 물체의 변위를 나타내는 그래프를 다시 생각해보자. 이 그래프는 포물선이다. 초보자에게는 곡선의 형태를 운동의 궤도와 혼동하는 자연스러운 경향이 있다. 그 그래프는 게슈탈트 용어로 '좋은 모양'이며(비록 닫힌 모양은 아니지만), 너무 실제적이고, 직접 해석가능해서 그것의 간접적 메시지(속도의 일정한 증가)를 파악하기 위해, 그것의 직접적인 직관적 제약에서 벗어나는 것이 정말 어렵다. 그러나 규약 체계가 내면화되고 자동화되고 나면, 그 이미지는 가속 운동에서 시간에 따라 위치가 어떻게 변하는지에 대한 직관적

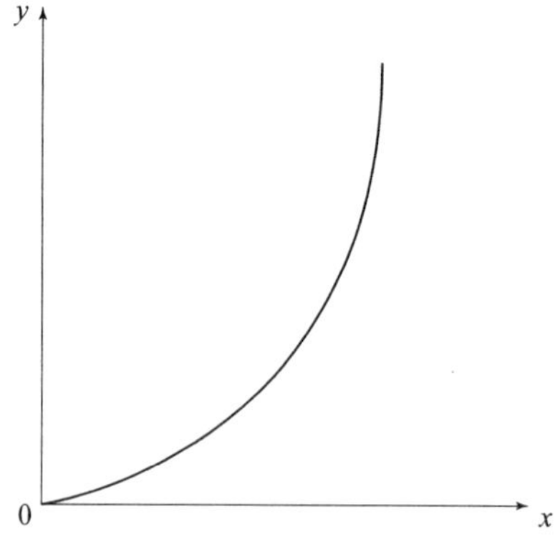

[그림 23]

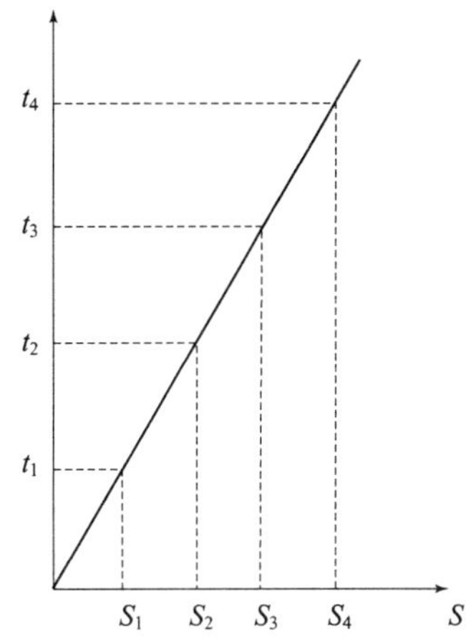

[그림 24]

견해(개요적인, 내적으로 모순 없는)를 갖는 데 정말로 도움이 된다.

이제 물체의 등속운동을 나타내는 그래프를 생각하자([그림 24]). 그 그래프인 직선이 나타내는 것은, 이 경우에는, 거리와 시간 사이의 정비례 관계이다. 시간이 두 배가 되면, 거리도 두 배가 된다. 똑같은 시간 간격 동안 물체는 똑같은 거리를 이동한다. 등가속도운동의 경우에, 포물선이 의미하는 것은 변위가 시간에 비례하지 **않으며** 시간의 연속된 등구간 **동안** 변위는 일정하게 증가한다는 것이다.

그래프 언어에 익숙한 사람들은 현상에 대한 직관적 견해를 얻는 데 정말로 도움을 받을 수 있다. 반면에, 그래프의 내재적인 직관적 속성은 또한 잘못된 해석의 원천이 될 수도 있다. 왜냐하면 그래프는 **외재적 의미를 위한 어떠한 자연스런 호소 없이도** 자급자족할 수 있는 도형적 체계를 이루기 때문이다. 어떠한 개방된 유발성(誘發性) 없이는 자기모순이 없는 게슈탈트로서의 그래프의 영향이 너무 강해, 그것이 표현하고자 의도하는 메시지를 전달하지 못한다.

특히 표현되는 원래의 현상이 또한 공간적 본성을 가진 것일 때에는 혼동이 일어난다.

장비에(C. Janvier, 1981)의 연구로부터 몇 가지 예를 들어보자. 피험자에게 그래프가 제공된다.([그림 25]) 그에게 그 그래프가 경주용 자동차의 속력이 두 바퀴째에 3킬로미터 트랙을 따라 어떻게 변하고 있는지를 '말한다'고 말해준다. 몇 가지 설명이 더 덧붙여진다(pp. 114–115).

그러고 나서 피험자에게 자동차가 달리는 트랙을 따라 몇 개의 굴곡이 있는가를 묻는

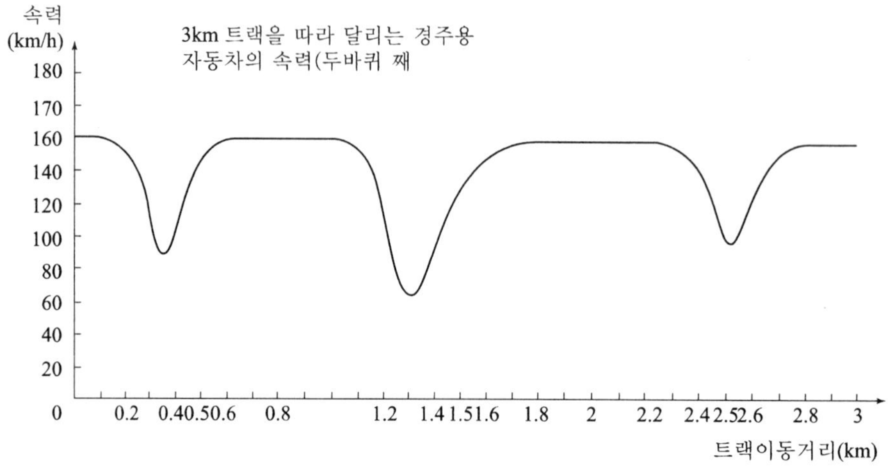

[그림 25]

다. 또, 어떤 굴곡이 가장 심한지, 가장 완만한지, 그리고 '두 번째로 심한지'를 지적하게 한다. 만일 피험자가 어려워하면, 풀이에 대한 힌트를 제공하는 몇 가지 추가적 질문을 한다. 예를 들어: "최고 속력은 얼마지? 최저 속력은 얼마지? 1킬로미터에서, 2.5킬로미터에서 속력은 얼마지?"

둘째 문항에서는, 피험자들에게 [그림 26]의 왼쪽에 나타나는 각 트랙에 대해 [그림 25](p. 116)에서 제시된 것과 유사한 속력 그래프를 스케치하게 했다.

셋째 문항에서는 피험자들에게 [그림 27]에서 제시된 트랙 중에서 [그림 25]에서 나타나는 트랙을 찾게 했다(피험자는 단 하나의 트랙만이 옳다는 것을 들었다.)(p. 117).

피험자들은 11~15세의 중학생이었다.

장비에가 보고한 대로, 피험자들이 범한 가장 흔한 실수는 **그래프를 트랙과 혼동하는 것**이었다. 예를 들어, [그림 25]의 그래프에 관해서는 피험자들이 6, 8, 또는 9개의 굴곡을 지적했다. 장비에는 "가장 흥미로운 연구 결과는 그래프를 상징적 수준과 그림 수준에서 동시에 사용하는 것이었다."고 말한다. 어떤 피험자들(24명의 여학생 중 12명과 15명의 남학생 중 2명)은 속력과 그래프의 점 사이의 관계성 즉, 최고 속력, 최저 속력을 옳게 해석할 수 있었지만, 그래프에 따라 트랙에서 굴곡의 수를 결정할 수는 없었음이 밝혀졌다.

다시 말해, 그래프의 각 원소가 무엇을 상징하는지를 정확하게 알 수도 있는 동시에, **전체로서의** 그래프를 **전체로서의** 원래의 것의 입장에서 해석할 수는 없다. 이것은, 그래프의 불투명성이 이 경우에 (차의 운동과 대응하는 그래프 사이의) 사상이 어떻게 일어

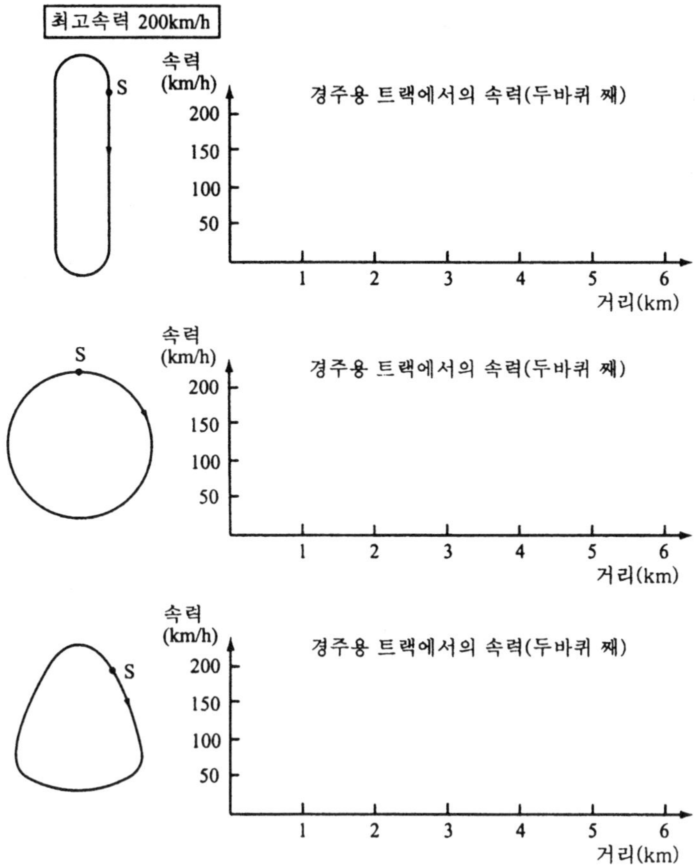

[그림 26] Janvier, 1981

나는지에 대한 오해에 기인하지 않았다는 것을 의미한다. 피험자들을 오도하는 것은 바로 그래프의 구조이고, 그리고 그것의 트랙 구조와의 도형적 유사성이다.

둘째 어려움이 문항 3(그래프에 대응하는 트랙의 선택)에 의해 드러났다. 이 경우에 피험자들은, 예를 들어, 트랙 A, C, D 중에서 [그림 25]에서 나타난 그래프에 잘 들어맞는 것을 구별할 수 있기 위해 (굴곡의 존재만이 아니라) 굴곡의 상대적 뾰족함을 고려해야 했다.

이 경우에, 적어도 조사된 피험자들의 경험 수준에서는 어떤 직관적 해결도 가능하지 않다. 개념적 수준에서의 단계적 분석이 필요하다. 예를 들어, 트랙 C와 D 중에서 결정

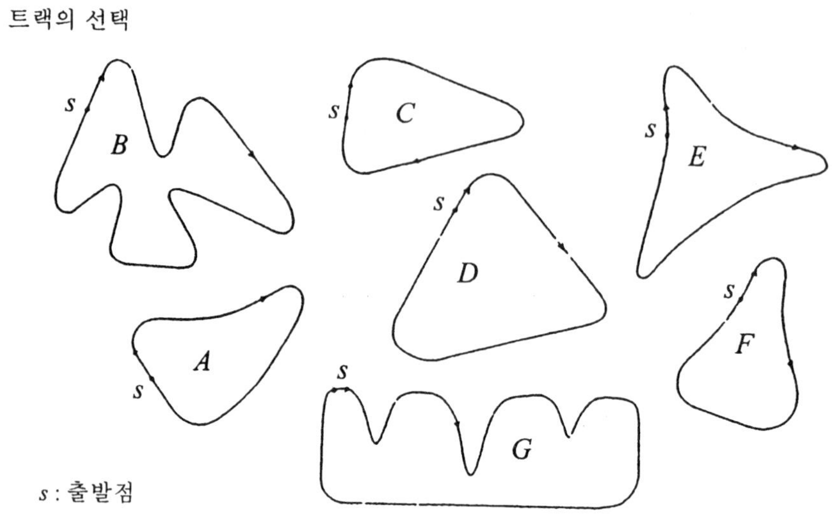

[그림 27] Janvier, 1981

하기 위해 트랙 C에서 셋째 굴곡이 첫째 굴곡보다 더 뾰족한 반면에, 트랙 D에서는 그 역이 참이고, 이것이 그래프에 대응한다는 것을 관찰해야 한다. 장비에는 "… 유일한 성공적 전략은 개재된 원소들에게 '어문적 꼬리표(verbal tags)'를 달고, 나중에 기본적으로 그 '말해진' 꼬리표로부터 푸는 것임을 관찰했다."(p. 121)라고 보고한다.

장비에는 또한 피험자들을 분석하는 동안에, 그들이 그림으로 나타낸 유사성에 의해 빈번히 오도된다는 것을 지적했다(예를 들어, 직선 스케치와 그래프의 직선 부분과의 결부).

요약

다이어그램 모델을 특징짓는 것은 그것이 원래의 실재를 **개입하는 개념적 구조를 통해** 직관적으로 나타낸다는 사실이다. 법칙과 제약을 지닌 이 개입 구조의 명확한 이해 없이는 다이어그램은 자신의 메시지를 전달할 수 없다. 다이어그램의 경우에는 원래의 것과 모델 사이에 **자연스러운**, 자명한 어떠한 유비도 없다.

오직 규약 체계에 기초하여 옳은 유비가 확인되고 창조될 수 있다.

모델의 구문론을 학생이 명확하게 이해하지 않으면 다양한 유형의 어려움과 오류가 출현할 수 있다. 다이어그램(이미지)은 자신의 모델링 기능과의 연계 없이, 단순히 그 자신의 특유한 도형적 제약을 강요할 수 있다. 예를 들어, 학생은 'A가 B를 포함한다'는 것이 B가 A안에 들어가는 경우, 또는 집합 A와 B가 똑같은 원소를 갖는 경우의 두 경우 중 하나를 의미한다는 것을 받아들이지 않을 수 있다. 엄밀한 도형적 관점에서 보면, 그 두 대안이 동시에 표현될 수는 없다.

어떤 상황에서는 다이어그램이 너무 잘 구조화되어 불투명해 질 수 있고, 쉽게 원래의 것을 가릴 수 있다. 예를 들어, 장비에의 실험에서 그것을 볼 수 있는 바, 그래프가 경주용 자동차의 트랙 그 자체로 잘못 해석되고 있다. 유비에 의해 그래프의 일부만이 원래의 것의 분절과 잘못 동일시되는 경우가 매우 빈번하다. 결국 어떤 그래프에 대한 해석은 원래의 것의 입장에서 그것의 요인들과 그들 각각의 의미에 대한 명확하고 체계적인 개념적 분석을 필요로 한다. 다시 말해, 그래프의 직접적인 전체적 해석(게슈탈트에서 게슈탈트로)은 자료의 복잡성 때문에 불가능할 수 있다. 이 경우에 직관의 역할은 부정적일 뿐이다. 그래프의 게슈탈트와 원래의 것의 게슈탈트 사이의 자연스러운 (그러나 옳지 않은) 유비에 따라 진행하려는 강력하고 자연스러운 경향이 단계별 분석을 중단시키고 방해한다.

다이어그램은 과학적 탐구에서 중요한 역할을 한다. 그것은 학생들에게 자료를 종합하고, 추상적 관계성을 나타내고, 다양한 유형의 문제를 해결하기 위한 시각적 수단의 제공에서 중요한 교수학적 역할을 할 수 있다.

그러나 무엇보다 먼저, 학생들은 다양한 종류의 다이어그램을 산출하고 이용하는 것을 학습함으로써, 개념적으로 통제된 시각적 표현의 엄청난 발견술적 역량을 활용하는 자신의 능력을 개발한다.

장비에는 페이비오(A. Paivio)의 말을 인용한다. "…기억에서 코드화된 정보의 재생 과정은 두 중재자에 의해 통제된다. 하나는 언어적인 것이고 다른 하나는 상상된 것이다."(Janvier, 1981, p. 121)

그러나 다이어그램은 주어진 실재의 이미 정교화되고 정화된 개념적 본질의 직관적 버전을 제공하는 예외적 특질을 지닌다. 학생들은 다이어그램을 구성하고 해석하는 것을 학습함으로써, 자기 자신의 정신 과정(오늘날 '메타인지'라 불리는 것)을 더 잘 통제하게 되고, 고차의 (개념적 근거를 가진) 직관적 절차를 개발한다.

15

현상학적 원시물

디세사는 **현상학적 원시물** 또는 간단히 p-prims라 불리는 모델의 범주를 서술했다. 이들은 패러다임 모델과 매우 밀접한 관계가 있다. 패러다임은 전체 범주의 대표로서 사용되는 범주의 본보기(exemplar)이다. 그것은 피험자를 위해, 대상들의 집합을 직관적으로 정의한다. P-prim은 피험자에게는 현상의 전체 범주를 설명하거나 또는 정당화하는 특정한 현상이다. 패러다임이 **정의** 기능을 갖는 반면에 p-prims는 **설명적** 기능을 가진다. 둘 다 매우 흔히 암묵적이고 눈에 안 띄는 방식으로 작용한다.

'**현상학적**'이라는 용어는 p-prims가 추상적 개념, 법칙 또는 원리가 아니라는 것을 알려준다.[41] 그것은, 전체로서 환기된다는 의미에서, 한 덩어리가 된 단순한 인지 구조로 표현되는 **현상**이다(diSessa, 1983a, p. 15). P-prims는 최종적, 자기모순이 없는 설명적 사실로서 직관적으로 받아들여진다. 이것이 우리가 그것을 **원시물**이라고 부르는 이유이다. 디세사의 말에 따르면 다음과 같다.

41 (역자 주) 문장 중의 ' '는 역자가 추가한 것임.

> 물리학을 학습하는 동안에 전문적 지식이 없는 학생들은, 그들이 세계를 이해하고, 때로는 그것을 설명한다는 입장에서, 풍부하지만 기원이 다른 (다른 것들보다 유의미하게 더 중요하지는 않는) 여러 현상을 수집하는 것으로 시작한다(diSessa, 1983a, p. 16).

디세사는 출판되지 않은 논문에서 p-prims의 몇몇 다른 측면을 강조했다.

> P-prims는 물리계나 그것의 행동 또는 가정된 행동에서 인식되어짐으로써 크게 작용하는, (오직 몇 부분의 형상을 포함하는) 오히려 작은 지식 구조이다. 몇몇의, 특히 중요한 어떤 경우에, p-prims는 자기 설명적 역할 ('사태가 있는 그 방식 때문에' 어떤 일이 발생한다)을 수행할 수 있도록, 행동적이다. 또는 반드시 어떤 결합된 행동을 수반한다. 이 경우에 p-prims는 다른 현상들을 설명하는 물리적 법칙과 직관적으로 동등한 것이지만, 그 자체는 어쩌면 그들의, 아마도 경험적 원천을 통해서가 아니라면, 설명되지 않는다.

이제 (디세사가 언급하지는 않은) 예를 하나 들어보기로 하자. 만약 물리에 대한 전문 지식이 없는 학생에게 어떤 것으로 받쳐지지 않은 물체가 왜 낙하하는지를 질문하면, 보통의 대답은 "그것이 무겁기 때문"이다. 무거움이 학생들에게는 p-prim이다. 더 이상의 어떠한 설명도 필요하지 않다. 물리에 대한 전문 지식이 없는 학생들에게 그것은 물체의 내재적 속성이다. 그것은 크기나 거칠기와 같은 '원시적' 관념이다. 물리에 대한 전문 지식이 없는 학생들의 개념작용에서, 무거움은 물체가 왜 떨어지는지를, 물체가 그것을 받치고 있는 손을 왜 누르고 그리고 내려가게 하는지를, (그가 믿고 있는 것처럼) 무거운 물체는 왜 더 가벼운 것보다 더 빨리 떨어지는지 등을 설명해 줄 수 있다.

P-prims 가운데 몇몇은 학생의 과학적 추론의 개발에서 유용한 역할을 할 수 있다. 이것은 "··· 그것들이 특유한, 더 테크니컬한 분석의 발견술적 단서로 기여할 수 있기" 때문이다(diSessa, 1983a, p. 16).

때때로 p-prims는, 적용가능한 영역을 확장하는 것은 포함하는 추상화의 과정을 통하여, 기본적이고 과학적인 개념으로서 받아들여지게 될 수도 있다. 다른 한편, 몇 개의 p-prims는 (일차적 관념으로서의) 자신의 지위를 잃기도 한다. 이것은 과학적으로 더 근본적이라고 생각되는 다른 관념의 입장에서 설명가능하기 때문이다.

디세사는 신입생용 물리학 코스를 이수하는 수많은 대학생들의 반응을 연구했다. 면담 결과를 분석하면서 그는 넓은 적용 영역을 갖는 몇 가지 흥미로운 원시물을 확인할 수 있었다. 그는 전문 지식이 없는 학생들의 p-prims에서부터 초보자의 그것까지, 그리고 거기서부터 전문가의 과학적 개념에 이르는 경로를 그려보려고 노력했다.

디세사가 생각한 p-prims의 시사적 예는 **탄력 있음**의 예이다.

다음과 같은 문제가 학생들에게 제시되었다:

> 공이 낙하한다면, 속력이 붙고 따라서 운동에너지가 생기게 된다. 그러나 공이 마루에 닿았을 때 그것은 멈춘다(다시 위쪽으로 튀어 오르기 전에). 그 순간에는 운동이 없기 때문에 운동에너지도 존재하지 않는다. 에너지는 어디로 갔을까?(diSessa, 1983a, p. 17)

정답은 다음과 같다. 공과 마루는 충돌로 서로를 압축한다. 이 압축은 용수철의 압축처럼 에너지를 저장한다. 찌그러짐의 효과로서 저장된 에너지가 풀려나며 공은 위쪽으로 튀어 오르게 된다.(diSessa, 1983a, p. 17)

위의 예에서 용수철의 압축과 찌그러짐은 다시 튀어 오르는 공에서 일어난 것에 대한 설명적 모델로 기여할 수도 있다.

압축에서 풀린 용수철의 작동은 더 이상의 어떠한 설명도 필요 없는 자연스러운 현상으로서 직관적으로 받아들여질 수 있다. 직관적으로, 용수철의 작동과 유사한 것으로서 튀는 공의 운동을 설명하는 것은 이치에 닿는다. 그러면 탄력 있음은 튀는 공의 현상에 대한 p-prim이 될 수 있다. 세련과 추상화를 통해, 그것이 더 근본적 관념에 이르게 되기 때문에, 그것은 유용한 p-prim이다. 디세사는 탄력 있음을 다음과 같이 말한다.

> 그것은 우선권이 가장 높은 (뉴턴) 물리학의 아이디어와 모순되지 않을 뿐만 아니라, 용수철을 닮은 현상을 항상 정확하게 물리적 변형이 어떻게 그리고 어디서 일어나는지와 같은 특이한 상황적 상술의 입장에서 취급해야 할 필요로부터 자유롭게 해주는 편리한, 조직화 개념작용을 제공한다. 그것은 인과율(변형 → 재 저장하는 힘 → 다시 튀어 오름)과 에너지 흐름(변형시키는 힘은 에너지를, 변형이 이완되면서 작용되는 위치에너지로 바꾼다)을 요약하는 거시 모델로 기여한다(diSessa, 1983a, p. 19).

따라서, p-prim은 일종의 실천적 이론이다. 그것의 기능은, 실제 이론을 나타내는 개념 체계의 직관적 이해에 구체적, 조직화하는 지원을 하는 것이다. 다이어그램 모델처럼, p-prim 모델은 피험자들이 어떤 범주의 현상을 개념적 용어로 해석하는 것을 쉽게 해

주는 개입 장치이다. 보통 전문가는 p-prim을 구체적 구조성이라는 특질과 일반적인 기본적 관념을 옳게 가리키는 것이라는 특질을 결합하는 거시 모델로 생각한다. 예를 들어, 용수철과 유사한 것으로서 튀는 공을 생각하면, 그는 설명적 개념의 전체 체계를 그에게 요약해 주는 적절한, 직관적 표현을 얻는다.

어떤 학생은 때때로 과학적으로 불편한 p-prim을 상상하기도 한다.

디세사는 튀는 공이 마루에 도달했을 때 에너지가 어디에 저장되어 있는지를 설명하도록 요구받은 그의 피험자 중 한 명의 태도에 대해서 서술한다. 그녀 스스로 탄력 있음을 생각할 수가 없었고, 면담자가 용수철의 압축을 암시했다. 피험자는 압축된 용수철의 작동을 직관적으로 명확히 이해하고 있었지만, 그럼에도 불구하고 똑같은 설명이 공에, 그리고 일반적으로 모든 종류의 물질 조각(예를 들어, 쇠로 만든 공)에도 성립한다는 것을 받아들일 수 없었다. 그녀의 정당화는 많은 물체는 딱딱하고 따라서 그것은 찌부러질(변형될) 수 없다는 것이었다. 그 피험자에게 딱딱함과 '찌부러짐'은 p-prims 즉, 그 자체로 직관적으로 이해될 수도 있고, 그리고 다른 현상을 설명할 수도 있는 속성이다. 그러나 이 p-prims는, 디세사의 용어로는, '낮은 우선권'을 가진 것이다. 그것들은 더 기본적 개념(예를 들어, 분자간 힘)으로 쉽게 설명될 수 있다. 면담했던 그 피험자에 따르면, 딱딱함과 '찌부러짐'은 두 가지의 별개의 원시적 속성 즉, 높은 우선권을 갖는 두 개의 별개의 p-prim이다.

디세사는 '우선권'이라는 용어를 두 가지의 관련된 의미로 사용한다. 어떤 관념의 **단서 우선권**은 그 관념이 어떻게 학습자에게 과학적으로 유익한 것이 될 것 같은지에 관련된다. 예를 들어, 탄력 있음은 딱딱함보다는 뉴턴적 세계관에 훨씬 더 모순되지 않는다. "그래서 전문가의 생각에서도 그것은 딱딱함보다 덜 도발적으로 사용될 것이다. 그것은 딱딱함보다 더 높은 단서 우선권을 가진다."(diSessa, 1983a, p. 20) 다른 한편, 신뢰 우선권은 어쩐지 더 '근본적인' 것과 같은 뜻으로 보인다. 예를 들어, 힘과 에너지와 같은 개념은 전문가의 안목으로는 탄력 있음의 관념보다 더 높은 신뢰 우선권을 가진다. (더 높은 정도의 원생성을 가진다.) 탄력 있음을 힘과 에너지의 말로 설명할 수 있지만, 그 역은 성립하지 않는다. 그러나 신뢰 우선권은 어떤 관념의 우선권의 순서가 절대적인 것은 아니라는 점에서 맥락 종속적이다. 그것이 사용되는 맥락과 관련해 볼 때, 그것은 일반적으로 초보자와 전문가의 경우에 서로 다르다. 디세사가 면담했던 학생은 아이디어에 단서를 주는 맥락의 집합을 확장함으로써 탄력 있음에 대해 그녀가 이해한 것을 바꿀 필요가 있었다. 다시 말해, **피험자가 탄력 있음에 부착했던 신뢰 우선권은 공의 튀김을 설명**

하기 위해 변화되어야 한다. 피험자는 용수철이 탄력 있다는 것을 받아들이지만, 공(예를 들어, 탁구공)도 역시 탄력 있다는 것은 **받아들이지 않는다.** 왜냐하면 그녀에게 탁구공은 '딱딱하기' 때문이다.

디세사는 초보자가 위치에너지에 관해 학습하고 있는 사고 실험을 상상한다. 그는 손으로 용수철 코일을 누른다고 생각한다. 즉, "그것에 에너지를 주입한다." 동시에, 그는 마치 용수철이 본래 모양으로 늘어나고자 하는 것처럼 용수철이 그의 손을 민다고 느낀다. 그러한 경험은, 직관적으로, 위치에너지의 축적과 그것의 운동에너지로의 가능한 변환을 암시할 수도 있다.

> 해석의 요소들, 특히 수반될 특성의 집합이 주로 어떻게 상식으로부터 도출되며, 결합된 효과가 전문적인 p-prim에서 제안되는 기능인 인과율이나 에너지 저장의 모델로서 어떻게 기여하는지에 주목하여 보자. 사고의 열은 해석의 기초로 기여했던 사전 지식의 원소들을 적절한 방식으로 서로 묶는다. 그러한 결합의 구조는 학생들에게는 새로운 원소이다. 구조는 국소적으로 정당화된다. 왜냐하면 그것이 오직 잘 알려진 현상—용수철의 작동 같은—에 대한 서술로서 보여 지기 때문이다.(diSessa, 1983a, p. 29)

간단히 말해, 주어진 맥락에서 탄력 있음은 딱딱함이나 찌부러짐보다는 더 높은 우선권을 갖는 더 좋은 p-prim이다. 왜냐하면 (a) 그것은 그 자체로 낙하하는 공의 튀김을 직관적으로 정당화하는 반면에, 딱딱함과 '찌부러짐'은 그렇지 않기 때문이다. (b) 그것은 직관적으로 에너지의 저장과 방출이라는 근본적 현상을 암시하는 반면에, 딱딱함과 찌부러짐은 그렇지 않기 때문이다.

우리의 본래의 문제로 돌아가자: 어떤 것으로 받쳐지지 않은 물체가 왜 떨어지는가? 내가 말했듯이, 전문 지식이 없는 피험자들의 p-prim은 그 물체의 '무거움'이다. 사실은 과학적으로 이런 p-prim은 낮은 우선권을 가진다. 그것의 설명력은 매우 제한되어 있다. 사실상 그것은 다른 복잡한 관련 물리적 현상에 대해서는 더 이상 쓸모가 없다. 그것은 외적 원인 즉, 물체를 끌어당기고, 그것이 땅에 떨어지는 원인이 되는 힘은 언급하지 않는다. 그것은 천체의 궤도 운동을 직관적으로 정당화하지 않는다. 따라서 무거움 p-prim은 근본적인 과학적 개념인 중력의 이해로 가는 길을 막는다.

이제 디세사가 확인한 몇 개의 다른 p-prims를 언급하자. 옴의 p-prim은 세 가지 성분—운동량, 저항, 효과—를 포함한다. 효과는 운동량에 따라 증가하고, 저항에 따라 감소한다. 그것은 다양한 응용 맥락을 갖는, 직관적으로 이해할 수 있는 관계이다. 예를 들어, "더 세게 밀수록 물체는 더 빨리 움직인다." 또는 잘 알려진 옴의 법칙 $I = E / R$ (회로에서 전류 I는 전압 E에 비례하고 저항 R에 반비례한다)이 그렇다. 사실상 위의 p-prim은 초보자에게는 높은 우선권을 갖지만 전문가에게는 낮은 우선권을 가질 뿐이다. 그것은 오직 신속한, 질적 분석을 제공할 뿐이며, 법칙 그 자체나 그것의 과학적 설명을 나타내지는 않는다. 그것의 중요성은 그 응용의 일반성 그리고 그것의 직관성에 의해서 결정된다(diSessa, 1983a, pp. 21–25).

운동자로서의 힘은 전문 지식이 없는 그리고 초보 학생들에게 p–prim의 역할을 하는 옳지 않는 직관이다. 그러한 아이디어는, 힘은 그것이 주어지는 방향의 운동의 원인이 되며, 그 이전의 운동의 효과는 무시하는 것이다(diSessa, 1983a, p. 30; 또한 다음을 보라: diSessa, 1982). 예를 들어, 피험자는 어떤 표적을 맞추기 위해 움직이는 물체의 궤적을 바꾸도록 요구받았다. 피험자는 표적을 직접 향하도록 움직이는 물체에 힘을 가했고, 존재하는 운동은 '무시했다.'

빈사의 p–prim. 이 그릇된 직관은 전문 지식이 없는 학생들, 심지어 초보 학생들조차도 힘은 항상 일정한 속도를 유지하기 위해 필요하다고 믿게 하는 원인이 된다(diSessa, 1983a, p. 17). 다른 장에서 언급된, 관성 무시의 근저에 있는 것이 바로 이 직관이다.

P–prim에 대한 또 다른 흥미로운 분석은 음악종 문제에 관련된다.

똑같은 재료로 만들어지고 크기와 모양에서 외관상 동일한 종이 서로 다른 음의 고저를 가질 수 있다. 그것이 어떻게 가능한가? 사실상 (몬테소리 교구로부터) 고려된 종들은 그 두께가 다양하다. 문제는 더 두꺼운 종일수록 음이 더 낮은가 또는 더 높은가하는 것이다. 피험자들의 대부분은 더 두꺼운 종이 더 낮은 음을 낸다고 단언한다. 이것은, 음의 고저가 진동수와 관계가 있다는 것을 모르는 사람들에게조차도 매우 공통된 직관이다. 다소 더 지적인 몇 명의 학생들에게는 '더 두꺼운'은 '더 무거운'을 의미하며, 그것은 '더 느린' (더 낮은 주파수)을 함의한다고 설명한다.[42] 자주 마주치게 되는, 더 두꺼운 종이 더 낮은 음을 낸다는 직관적 대답은 논리적 분석에 의해서 다음과 같은 일련의 판단으로 분해될 수 있다: 더 두껍다 → 더 무겁다 → 더 느리다 → 주파수가 더 낮다 → 더 낮은 소리.

몇몇 피면담자들은 '**더 두꺼운**'은 '**더 뻣뻣한**'을 의미해야 하고, 결과적으로 더 두꺼운 종이 더 높은 음을 내어야 한다고 결론지었다.[43] 전문가의 사고에 관해서는, 디세사는, 근거가 있는 모델은 한 끝은 딱딱한 지지대에 그리고 다른 한 끝은 어떤 입자에 부착되어 있는 완전한 용수철로 되어 있다고 말한다. 그러한 장치의 진동수는 k/m의 제곱근에 비례한다. 여기서 k는 용수철의 뻣뻣함을 나타내는 용수철 상수이고, m은 그 입자의 질량이다. 질량과 뻣뻣함은 둘 다 진동수에 영향을 주지만, 역으로 그렇다. 그러나 질량은 두께에 따라 선형적으로 증가하는 반면에, 뻣뻣함은 두께의 제곱에 비례한다. 결과적으로 비율 k/m에서 뻣뻣함이 경쟁에서 이겼고, 따라서 더 두꺼운 종이 더 높은 음을 낸다(diSessa, 1983b, p. 15).

디세사의 의견으로는, "전문가들도 이 정보가 질적으로 필요할 때는 '더 무거운은 더 느린을 함의한다' 그리고 '더 뻣뻣한은 더 빠른을 함의한다'와 같은, 정확하게 똑같은 형태의

42 (역자 주) 문장 중의 ' '은 역자가 추가한 것임.
43 (역자 주) 문장 중의 ' '은 역자가 추가한 것임.

직관을 사용하지만, 그들의 자신 있는 사용은 단순 조화 진동자라는 특유한 맥락에 한정한다. 즉, 전문가들은 초보자의 직관과 똑같은 종류의 직관을 부착하지만, 그들은 그것을 더 특유한 맥락으로 제한한다."(diSessa, 1983b, p. 15). 그러한 직관의 사용에서, 전문가의 신뢰는 임의의 특정한 경우에서 "단순 조화 진동자의 맥락을 타당화할 수 있고 그리고 또한 (필요하다면 높은 우선권이 있는 형식적 관념(진정한 도출)을 가진 직관에 의해 명시된 질적 결과를 정당화할 수 있는) 정교한 지식 체계를 갖고 있는 것에 연결된다(diSessa, 1983b, p. 15).

그래서 디세사의 주장은, **초보자의 직관이 전문가의 추론에 살아남아 있을 수 있다**는 것이다. 비록, 개념적 통제가 개입되지만, 그 직관은 이런 질적 형태의 추론에 유용하게 남아 있을 수 있다. 이 주장은, 특히 디세사가 전문적 물리학자임에 유의할 때, 직관의 이론을 위해 근본적으로 중요하다.

위의 예에서 P-prim들은 다음과 같은 것으로 확인될 수 있다 (a) 원래는 옳지만 어떤 정황에서는 옳지 않게 사용될 수 있다. ('더 무거운'은 '더 느린'을 의미하지만 '더 두꺼운'이 '더 빠른' 즉, 더 높은 음을 함의하지는 않는다).[44] (b) 막다른 직관 (공이 튀게 하는 데서 딱딱함 대 찌부러짐의 역할, 물체의 내재적 속성으로서의 무거움) (c) 부적절한 직관 (즉, 사라져 가는 p-prim) (d) 전문가가 받아들일 수 있는 옳고, 높은 우선권이 있는 직관.

디세사의 견해로는 (초등적인 물리적 직관인) P-prim들은 소박한 과학적 추론과 전문적인 과학적 추론, 모두의 구조적 원소이다. 그것은 형상 어휘가 풍부한 구성 요인인 바, 그것을 통해 추론이 가동된다(diSessa, 1983b, p. 22). 다시 말해, 직관은 고립된 초등적 성분으로서가 아니라 단어 구성에서 소리처럼 복잡한 구조 속에 조직되어 있는 초등적 요인으로서 사고 과정에 참여한다.

직관적 구조의 근본적 특징은 변화에 대한 저항이다. 언뜻 보기에, 직관의 견고함을 설명하는 것이 어려워 보일 수 있다. 이 많은 지식 조각 – p-prims – 들은 논리적 논의나 또는 실험적으로 쉽게 논파될 수 있다. 그러면 p-prims는 왜 그렇게 저항적인가? 이 견고함에 대하여 디세사가 제안한 첫째 이유는, 직관은 명시적 명제로 암호화되어 있는 것이 아니라 쉽게 분석될 수 없고, 어쩌면 거부될 수 없는 더 '변하기 쉬운 인식과 기대'로서 암호화되어 있다는 사실이다(diSessa, 1983b, p. 6).

둘째 이유는, p-prim들은 자기 정당화되어 있고, 자명하고 직접 국소적으로 적용가능한 반면에, 대체 체계(개념적, 과학적으로 타당한, 지식)는 명시적으로 정당화되는 광대한 인지 구조로 조직되어 있다는 것이다. 개인의 경험과 자기 설명적 능력에 깊이 뿌리박혀 있는 직관은, 그 안에서 대부분의 명제가 외재적 정당화와 타당화를 요구하는 체계로 거의 대체될 수 없다.

셋째로, 비록 p-prims가 개별적으로 변하기 쉽긴 하지만, 이미 강조되어 왔듯이, 그것들

44 (역자 주) 문장 중의 ' '은 역자가 추가한 것임.

> 은 일관성 있는 구조로 조직된다. "바로 이 일관성을 통해 우선권이 이동하고 기록되며, 전체로서의 체계는 어떠한 개별적 원소보다도 변화에 대해 훨씬 더 저항할 수 있다."(diSessa, 1983b, p. 6)
> 디세사는 지적 발달이나 체계적 지도의 효과로 p-prims가 겪는 변화에 대하여 아주 유혹적인 그러나 가설적인 서술을 제안한다(소박한 물리적 직관으로부터 전문적인 물리적 직관에 이르기까지)
>
> 소박한 물리적 직관에서 전문적인 물리적 직관으로의 발달은 다음의 방식으로 일어난다고 가정된다. 첫째, 소박한 개인에게 있는 꽤 많지만 비교적 구조화되지 않은 p-prim들의 모임이 형식물리학에서 사용되도록 조율되어 간다. 특히, 몇 개의 p-prim들의 우선권은, 발달하는 물리적 지식 체계 속에서 그들이 어느 정도 안락한 자리를 찾으면서, 크게 강화되거나 약화된다. 정령숭배적인 p-prim과 의인화된 p-prim들은 체계적으로 훨씬 덜 사용되게 된다. 대칭과 보존을 상당히 다루는 것과 같이 형식 물리학과 더 밀접하게 결합된 다른 p-prim들이 일반적으로 더 많이 쓰이게 된다. 틀림없이, 학습자의 서술적 도구가 물리적 세계에서 다른 특성과 형상에 주목하면서, 완전히 새로운 몇 개의 p-prim이 생성된다. 그러나 아마도 직관적 지식 체계에서 가장 대담한 수정은 p-prim들의 기능에서의 변화에서일 것이다. 그것들은 더 이상 자기 설명적 역할을 다하지 못하지만, 그 목적을 위해서 훨씬 더 복잡한 지식 구조인 물리적 법칙에 복종해야 한다. 대신에 p-prim들은 전형적으로 더 형식적인 지식 구조의 발견술적 단서로서 기여하거나, 또는 매우 특정하게 정의된 맥락에서만 정말 작용하는 분석으로 기여한다. 사람들은 언제 힘을 운동자로 사용하는지 그리고 언제 사용하지 않아야 하는지를 학습한다(diSessa, 1983b, p. 5).

P-prim은 그 자신을 변화시키는가 아니면 오직 그것의 역할, 우선권, 그것이 속해 있는 형상만을 변화시키는가? 디세사는 역할과 기능에서의 변화만을 고려하고, p-prim의 본성의 변화는 고려하지 않는 것 같다. 그럼에도 불구하고, 다른 책에서 디세사는 "소박한 p-prim이 전문가에게 유용해지는 데 있어서, 어느 정도는 수정되고 추상화될 필요가 있다."고 말한다(diSessa, 1983a, p. 32).

따라서 디세사는 결정을 내리기에 충분한 실험적 증거를 가지고 있지 않기 때문에 이 두 대안 사이에서 오락가락 하는 것 같다.

나의 의견으로는, 직관의 점진적 또는 발달적 변형과 같은 것은 없다. 직관은, 그것이 우리의 정신적 스키마의 건축물에 너무나 깊이 뿌리박혀 있어서, 피험자에게 자기모순이 없는, 자명한 표상으로 보이기 때문에, 변할 수 없다. 직관은 최대의 안정성, 견고함, 내재적 신뢰성을 제공하도록 구조화되어 있다. 나는 그것이 변하기 쉬운 것이라는 것을 믿지 않는다. 반대로 그것은 '얼어붙은' 인지이다. 크루그란스키와 아즈젠(A. Kruglansky & I. Ajzen, 1983, pp. 31-33)은 문외한과 과학자 모두에게서 신념의 강건성 현상을 나타내기 위해 '인식의 결빙'이라는 용어를 사용한다.[45] 나는 점, 직선, 표면과 같은 용어는 어떠한 객관적 대응물 없이도 오직 형식적으로만 존재한다고 절대적으로 확신할 수 있다. 그래도 이 용어들은, 비록 개념적 제약에 의해 통제되지만, 계속해서 나의 추론에서 마치 그것들이 물질적 실재인 것처럼 개입한다.

나는 (왜냐하면 배웠기 때문에) 내 손에 있는 물체가 중력 끌림의 효과로 무겁다는 것을 안다. 그럼에도 불구하고, 나의 일상적인 정신 행동에서는 무거움은 계속해서, 사실상의, 자기 설명적 직관이 된다.

발달 현상에 관련된 피아제의 연구 결과와 다른 사람들의 연구 결과를 생각해 볼 때, 직관은 다른 직관으로 대체될 수 있지만, **변형될 수는 없다**고 결론을 내리는 것이 합리적이다. 전이 단계에서 아동은 같은 현상에 대한 두 가지 별개의 직관적 해석 사이에서 오락가락 할 수 있다. 그러나 어떠한 점진적 변형도 일어나지 않는다. 양, 길이, 개수 등에 대한 비보존적 태도와 보존 직관 사이에 어떠한 중간적 직관도 없다. 7세 아동은, 두 줄로 배열된, 두 개의 서로 같은 공깃돌의 집합은 비록 한 줄이 더 길다 해도 같은 개수를 가진다는 것을 선험적으로 생각한다. 전조작기의 아동으로부터 조작기의 아동으로 변형이 일어난다고 주장할 수도 있지만, 이것은 무의식적 과정이다. 사실은 그러한 가설적 변환 메커니즘을 확인하기는 어렵다.

또한 나는 직관의 생성과 대체의 과정은 형식적 조작기의 확립 이후에야 일어난다고 생각한다. 12-13세 이후에 외적이고 적절하고 체계적인 장기간의 어떠한 지도도 간섭하지 않으면 직관적 획득물들은 바뀌지 않은 채 남아 있다. 이 단언은 확률의 관념에 관련된 우리의 연구 결과(Fischbein, Pampu & Minzat, 1970; Fischbein, Barbat & Minzat, 1971; Fischbein, 1975, pp. 138-135, 189-201)와 무한의 관념에 관련된 연구 결과(Fischbein, Tirosh & Hess, 1979)에 근거한다.

더욱이, 우리는 주요 진보가, 자신의 직관적 편견의, 개인이 발휘할 수 있는, 개념적 통제에 있다고 가정한다. 우리의 가정은 전조작 단계와 구체적 조작 단계 동안에 정교해진 (공간, 시간, 운동, 다양한 피아제식 보존과 관계가 있는) 우리의 기본적 직관은 (그들

45 (역자 주) '인식의 결빙(認識的 結氷)'은 epistemic freezing을 번역한 것이다. 인식의 결빙에 대해서는 17장을 참고하기 바람.

이 뚜렷하게 확립된 후에는) 결코 모조리 근절할 수 없다는 것이다. 그들의 강압성이 약해질 수 있고, 덜 영향력 있게 될 수도 있지만, 억압될 수는 없다. 결과적으로 오래된, 강한 직관적 신념과 새로운, 높은 우선권을 가진 개념적 또는 심지어 직관적 구조 사이에 갈등이 나타날 수 있다. 나는 위에서 인용한 디세사의 단언 "… 직관적 지식의 가장 대담한 수정은 p-prim들의 기능에서의 변화이다. …"에 전적으로 동의한다. 그래서 그것들은 더 일반적인 기본적 개념 체계가 떠맡은 자기 설명적 역할을 상실한다.

번지(Bunge, 1962)에 따르면, 직관은 오직 전체계적 단계에서만 긍정적 역할을 할 수 있다. 과학적 추론에 유용해지기 위해서는, 직관은 정련과 추상화 과정을 겪어야 하지만, 이 경우에 직관은 그들의 특유성을 상실한다.

> 직관의 산물은 무용하다고 말해도 좋을 정도로 조악하다. 그것은 명료해져야 하고, 발달되어져야, 복잡해져야 한다. 직관적인 '섬광', 예감, 이 전문가의 마음에서 일어난다면, 그리고 그것이 정화되어 이론이나 적어도 바탕이 되는 신념에 삽입된다면, 그것은 흥미로울 수 있다. 이렇게 해서 직관이 명확성과 영역을 얻게 된다. 그것들이 공식화된 개념과 명제로 바뀜으로써 그것들은 분석될 수 있고, 쓸 만한 것이 될 수 있고, 그리고 그 이상의 개념적 건축물과 논리적으로 결합될 수 있다. 풍성한 직관이란 합리적 지식체로 합병되고 그럼으로써 직관이기를 **그만둔** 것이다(p. 113).

이 개념작용은 어느 정도, p-prim들의 추상화 과정을 또한 언급한 디세사의 개념작용을 생각나게 한다. 그러나 디세사는 더 높은 수준의 과학적 추론으로 합병될 때 그들의 변화하는 역할을 더 역설했다. 번지에 따르면, 과학적 추론의 유용한 성분이 되기 위하여 직관이 겪는 변형이 너무 심해서, 사실상, 그 변형은 직관이 되는 것을 그만둔다. 이와 대조적으로, 디세사는, 직관은 과학자의 사고에서 사라지지 않는다고 믿는다. 전문지식이 없는 학생들에게서 볼 수 있는 설명적 기능을 갖는 대신에, 그것들은 높은 우선권을 잃고 발견술적 역할을 얻는다. 번지와 디세사는 그들이 각각 언급한 과학적 창의성의 단계에 관해서만 다르다고 가정할 수도 있다. 그러나 내 느낌은 그 차이가 더 크다는 것이다. 번지는 직관이 추상적 이론의 구성에서 하는 아무런 역할도 하지 않는다고 강력히 믿는다. "추상적 이론의 구성은 직관적 요인의 거의 완벽한 제거를 수반한다."(Bunge, 1962, p. 114) 그러나 똑같은 것이 물리학과 같은 사실적 과학에서 일어난다. "모든 사실적 과학은 주어진 현상을 해결해야 할 문제로 전환시켜가면서 점점 더 높은 정도의 인식론적 추상화를 성취하는 경향이 있다."(Bunge, 1962, p. 115).

번지가 정교해진 이론의 특성을 정교화 과정 그 자체에 투사하고 있음이 명확하다. 푸앵카레, 힐베르트, 아인슈타인(A. Einstein), 아다마르, 그리고 더 최근에는 코언, 돌, 디세사가 과학적 추론에서 직관적 요인의 역할을 언급할 때, 그들은 확실히 과정의 심리적 동력을 생각한 것이지, 최종의, 정화된 산물을 생각한 것은 아니다. 디세사가 말하듯이, 직관과 직관적 모델은 발견술적인 것이다. 그것들이 형식적 또는 실험적인 체계적 증명에 의해, 명제의 의타당성을 최종적으로 뒷받침하는 것으로부터 과학자들을 면제시켜 주지 않는다.

디세사의 중요한 공헌은, 심지어 고도로 세련된 과학자의 사고에서조차도 p-prim(직관적이고 초등적인 현상학적 모델)들이 자신들의 영향을 잃지 않음을 보여준 것이다. 과학자들도 역시, 매우 흔히, 구체적이고 강역하게 조직된, 외관상 자기 설명적 모델 즉, 인간의 지능(탄력 있음, 운동자로서의 힘 등)에 직접 접근할 수 있는, 현상의 초등적인 물리적 표상을 필요로 한다.

소박하게 사고하는 사람들과는 대조적으로, 전문적 과학자들은 과학적으로 받아들일 수 있는(비록 낮은 우선권을 가졌더라도) 직관적 모델을 선택하여, 그것을 개념적으로 분석하고 통제할 수 있다.

아직 해결되지 않은 채 남아 있는 문제는 과학자에게 특유한 **새로운** p-prim 즉, 체계적인 과학적 훈련의 효과로서의 새로운 인지적 신념의 개발가능성의 문제이다. 내 짐작으로는, 우리가 부르듯이, 그러한 '이차적 직관'은 가능하다. 그러나 그것들은 일차적 직관의 변형에 의해서가 아니라—내가 말했듯이 그런 변형은 본래 불가능하다—고도로 정교화된 과학적 개념 체계의 제약에 의해 형성된 새로운 신념으로서 출현한다. 이것은 오직 가설이다. 예를 들어, 칸토어식, 상대론적, 또는 양자 이론 관념, 또는 비유클리드기하학의 공리와 정리들이, 문외한의 추론에서, 아리스토텔레스 물리학이나 또는 유클리드 기하학과 관계가 있는 것과 같이, **신념**으로 전환될 수 있는지는 논증되어야 하는 것으로 남아있다.

16

갈등과 타협

직관의 형성에서 주요 요인은 우리가 직관적인 암묵적 모델이라고 명명한 것으로 나타난다는 것을 앞장에서 강조했다. 모델의 발견술적 효과는 원래의 것에 대한 충실함, 원래의 것에 대한 자율성의 정도, 인간 추론의 요구와의 양립성에 좌우된다고 언급했다. 이 제약은 다양한 모순된 효과를 불러일으킬 수 있다. 그러한 모순의 예를 앞장에서 만났었다. 여기서는 몇 개의 예를 더 분석할 것이다.

임페투스 대 관성

비에노(L. Viennot)는 291명의 대학생에게 [그림 29]에 잘 나타나있는 질문을 했다. 이 그림에서 알 수 있는 것은 곡예사가 공을 위로 던진 후에 공이 움직이는 동안의 궤적이다. 사진이 찍혀진 순간에 공은 똑같은 위치에 있지만, 그 속력은 다르다. 피험자는 그 순간에 공에 미치는 힘이 같은지 아니면 다른지에 대해 질문을 받았다. 반 이상의 학생들이 부정적으로 대

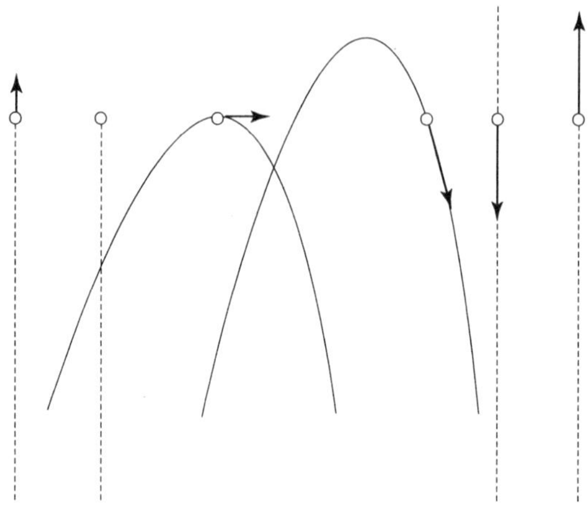

[그림 29] Viennot, 1978

답했다. 그들은 두 가지 힘이 존재한다고 설명했다. 하나는 공을 위로 미는 힘이고 다른 하나 즉, 중력의 힘은 공을 땅으로 당기는 힘이다. 공이 던져졌을 때, 공이 위로 올라가는 운동을 하는 동안에 소비될 얼마간의 힘('힘의 자산')을 얻는다. '인가(印加된)' 힘이 중력의 힘과 같게 되었을 때, 운동의 방향이 바뀌고 공이 떨어지기 시작한다(Viennot, 1978).

클레멘트(J. Clement)는 이 유형의 실험을 반복했다. 그는 공학을 전공하는 학생들에게 다음의 질문을 했다: "동전을 점 A에서 위로 던져서 점 B에서 잡았다. 동전이 점 B에 있게 되는 바로 그 때 동전에 작용하는 각각의 힘의 방향을 보여주는 하나 또는 그 이상의 화살표를 다음 그림의 왼쪽에 그려라. (더 오래 계속되는 힘에 대해서는 더 긴 화살표를 그려라.)" ([그림 30]).

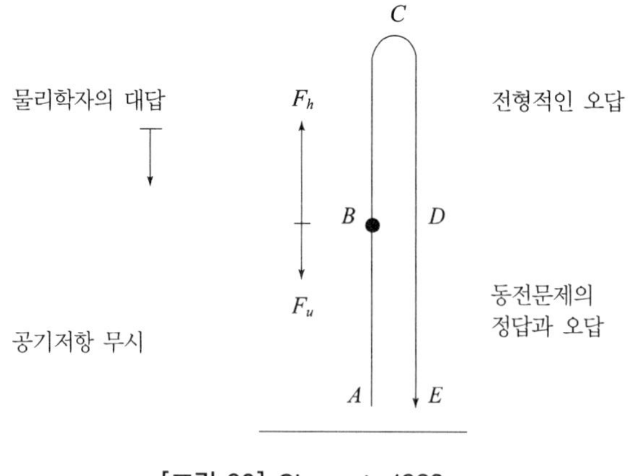

[그림 30] Clement, 1982

조사 결과는 놀랄만한 것으로 간주될 수 있다. 공학도의 교실에서의 피험자의 88%가 오답을 제시했다. 그 조사가 이루어진 때에는 학생들이 아직 물리학 코스를 이수하지 않았다. 그들이 그 코스를 이수한 후에도 72%가 오답을 제시했다. 물리학을 두 학기 동안 이수한 공학도들에게 똑같은 질문을 했으나, 70%가 옳지 않게 대답했다. 오류의 약 90%가 위로 향한 힘을 표시하는 화살표이었다(Clement, 1982, p. 67). 학생들은, 개별적으로 면담했을 때, 그 화살표가 '던진 힘', '위쪽 방향으로의 원래의 힘', '적용된 힘', '내가 그것에 준 힘'을 나타내는 것으로 언급했거나, 아니면 "속도가 위로 나아가고 있고, 그래서 이 방향으로 알짜힘(net force)을 가지고 있다."와 같이 설명했다(Clement, 1982, p. 67).

클레멘트가 지적한 것처럼, 갈릴레이는, 《De Motu》(운동에 관해서)에서, 똑같은 종류의 주장을 했다. "만약 인가된 원동력(motive force)이 저항하는 무게보다 크면 물체는 위로 움직인다. 그러나 알다시피 그 힘은 계속해서 약해진다. 마침내는 너무 약해지게 되어 더 이상 물체의 무게를 극복할 수 없게 되고, 물체를 그 너머로 올라가게 할 수 없게 될 것이다."(Galileo, 1960, p. 89)

훨씬 뒤에야 갈릴레이가 자신의 관점을 바꾸어 관성의 법칙에 더 가까이 갔다. 이것은 기울어진 평면에서의 운동에 대한 그의 '사고 실험'의 효과로 생겨난 것이다(Galileo, 1962). 그는 기울어진 평면에서 아래쪽으로의 운동은 가속되는 반면에, 위쪽으로의 운동은 감속된다는 것에 주목했다. 논리적 귀결로서, 수평인 평면에서의 운동이 일정한 속력을 유지하지 말아야 할 어떠한 이유도 없기 때문에 그것은 영속된다.

사실은, 갈릴레이가 관성의 법칙에 가까이 갔지만, 프랭클린(A. Franklin)이 평한 것처럼, **그것의 완전한 이해에 이르지는 못했다.** 갈릴레이에게 '수평'은 지구의 중심으로부터 같은 거리에 있는 표면을 의미했다.

어떠한 힘도 작용하지 않을 때, 움직이는 물체의 일정한 속력은, 갈릴레이의 개념작용에서는, 원형 궤적에서도의 운동을 의미한다. 대단히 잘 알려진 것처럼, 뉴턴은 관성의 법칙을 완전하고 명확하게 설명한 최초의 과학자이었다. 그는 이것을 역학(mechanics)의 제1법칙이라고 말했다. 물체는 그것에 인가된 힘이 그 상태를 변화하게 하지 않는다면, 정지 상태를 지속하거나 또는 직선에서 등속운동을 한다.

그러나 다시 한번, 매우 간단히, 물리학의 역사에서 관성의 관념의 발달을 생각하자. 직관의 심리학에서 그것은 매우 흥미로운 것이다. 그것은 어떻게 일차적 직관이 저항하는지를, 어떻게 모순된 신념을 생기게 할 수 있는지를, 유비가 (특히, 그 유비가 우리의 지구에서의 삶의 통상적 조건에 뿌리내리고 있다면) 개념작용에 어떻게 극단적으로 저항하는 영향을 미치는지를 보여준다. 관성의 법칙은, 이전에 받아들인 모든 것에 모순되면서, 뉴턴의 마음에서 천재적 수완으로 탄생하지는 않았다. 확실히 뉴턴은 위대한 과학자로 남아 있는 바, 그는 그의 시대에 이용가능한 자료와 물리학적 아이디어의 앙상블이라는 찬란한 종합을 할 수 있었다. 그러나 그 아이디어의 대부분은 뉴턴의 전임자들에 의해 파악되어 온 것이고, 몇몇은 고대 이래로 알려진 것이었다.

오직 힘이 물체를 미는 한 그것이 움직일 수 있다는 것이 아리스토텔레스의 개념작용이 라는 것은 만연된 신념이다. 사실은, 2000년 후에 갈릴레이가 정확하게 그렇게 했던 것처럼, 아리스토텔레스 자신은 논리적 근거가 강요하는 대로 관성의 법칙에 관해 생각했다. 아리스토텔레스는 "더욱이, 일단 운동을 하게 된 물체가 왜 거기가 아니고 여기서 정지해야하는지 아무도 말할 수 없다. 그래서 물체는 정지하게 되거나, 또는 더 강력한 것이 그의 길에 놓이지 않는다면 영구히 움직여야 한다."고 단언한다(Franklin, 1978, p. 202).

이것은 관성의 원칙의 명확한 공식화이다. **그러나 아리스토텔레스는, 그것이 자신의 전체 아이디어 체계가 반박되어야 한다는 것을 함의했을 것이기에, 그것을 받아들이지 않았다.** 운동은 또 다른 원인에 의해서 유지되어야 한다는 **직관적** 신념은, 그것을 멈추게 하는 어떠한 것도 없는 한 언제까지나 계속되어야 한다는 논리적이고 명확한 결론보다도 더 강했다. 그래서 논리적 결론은 폐기되었고 아리스토텔레스는 다른 해석을 찾아보았다. 발사물이 발사되었을 때 매개체—그 안에서 운동이 생겨나는—에서 무엇이 그 발사물을 계속해서 움직이게 하는 것인가? 매개체는 두 가지 방식으로 작용할 수 있다. 그것은 원래의 원인으로부터 물체를 움직이는 힘을 획득할 수 있는 바, 그 힘은 점점 없어질 때까지 한 층으로부터 다음 층으로 전달된다. 둘째 힘은 **반연동운동**(antiperistalsis)에 의해 제공되는 바, 매개체는 진공의 형성을 막기 위해 그 물체 주위로 쇄도하고 그리고 이것이 발사물을 민다(Franklin, 1978, p. 202).

사실상 아리스토텔레스의 이론은, 다양하고 상대적으로 독립적이며 심지어 모순된 직관적 개념작용을 조화시키는 경향이 있다. 중요한 어려움이 모든 사건은 원인을 가지고 있어야 한다는 근본적 신념에서 비롯되었다. 이것이 자체로 겉보기 역설을 만든다. 만약 물체가 일정한 속력으로 움직이고 있다면 그것을 멈추게 하기 위해서는 원인이 필요하다. 이것이 관성의 원칙의 원시적 공식화가 될 것이다. 다른 한편, 만약 물체가 운동중이라면, 그것이 계속해서 운동하게 하는 원인을 생각해야 한다. 이것이 소위 소박한 물리학이 신봉하는 견해이다. 간단히 말해서, 직관적으로 다음을 받아들여야 한다. 만약 움직이는 상태를 바꾸는 어떠한 원인도 개입하지 않는다면 물체는 계속해서 움직인다. 그리고 원인(힘)이 운동의 상태를 유지시키기 위해 개입할 때만 물체는 계속해서 움직인다. 사실은 지구에서의 삶에 관해서는 이 두 개의 모순된 개념작용이 대칭적인 것은 아니다.

둘째 개념작용은 절대적으로 모순 없는 실제적 경험을 직접 반영한다. 지구에서의 삶의 범위에서, 어떠한 운동도 그것을 뒷받침하는 힘이 없다면 언제까지나 계속되지는 않는다. 이 일상적 경험이 매우 단호한 직관적 신념으로 귀착된다.

다른 한편, 첫째 개념작용은 모든 현상은 원인을 가져야 한다는 일반적 신념에 근거하여 논리적으로 도출된 결론이다. 이 개념작용은 직관적으로 더 약하고, 통상적으로 운동은 원인을 가져야 한다는 관념에 의해 가려진다. 갈등은 오직 분석적 노력의 효과로 분명해진다. 역설에 대한 외관상 이상적인 풀이가, 움직이는 물체는 운동의 원인을 함께 가지고 있다고 간단히 진술하는 임페투스 이론에 의해 역학의 역사에서 나타났었다. 임페투스 이론은 아무래도 두 개의 모순된 해석 사이의 타협이다. 원래의 발사 행위가 물체에 힘을 인가하고, 계속해서 그것이 움직이게 한다. 이 힘은 물체의 운동에 의해 점차로 소모된다. 그것이 완전히 소모되었을 때 운동이 멈춘다. 이 이론으로 역설은 사라진다. 똑같은 원인, '인가된 힘'은 두 가지 효과를 갖는 바, 이용가능한 힘이 여전히 있는 한, 그것은 계속해서 물체를 움직이게 하고, 그 힘이 다 떨어질 때 물체가 멈추게 한다.

더구나, '인가된 힘' 이론은 주관적, 실제적, 행동적 해석에 완전히 들어맞는다. 만약 여러분이 달리거나, 물체를 끌거나 밀려면 힘을 사용해야 한다. 여러분은 지칠 때 멈추게 된다. 즉, 더 이상의 힘이 이용가능하지 않다. 확실히 이 이론은 힘, 일, 에너지와 같은 관념을 구별하지 않는다. 그러나 중요한 것은 물체가 계속해서 움직이도록 물체에 인가된 실효적 원인 관념 **그 자체**이다. 이것의 주요 장점은—그리고 이것은 아리스토텔레스의 반연동 이론과 비교할 때 중요한 진전을 나타낸다—'인가된 힘' 이론이 진공에서도 운동이 가능하다는 아이디어와 양립한다는 것이다. 아리스토텔레스의 주장—매개체의 존재가 운동의 조건이다—에 대한 이 기각이 관성 이론으로 가는 길을 열었다. 그것은 또한, 원자는 절대적으로 진공에서만 자유롭게 움직일 수 있다고 주장한 (데모크리토스(Democritus)와 같은) 몇몇 위대한 그리스 철학자가 말한 원자 이론에도 모순되지 않는다.

'인가된 힘' 이론은 오랜 역사를 가지고 있는 바, 고대로부터 중세까지의 시기동안 히파

르코스(Hipparchus, 기원전. 2세기), 필로포누스(J. Philoponus, 기원후. 5세기말에서 6세기 초반), 아벰파세(Avempace, 1106-1138, 스페인계 아랍 과학자), 그리고 성 아퀴나스(St. T. Aquinas, 1225-1274)를 거치며 여러 번 바뀌었다. 이들은 모두 (그리고 언급하지 않은 다른 사람들도) 그 똑같은 기본적 아이디어 즉, 물체의 운동은 오직 그것에 '인가된' 힘이 그 물체를 계속해서 움직이게 하는 한, 가능하다는 것에 동의한다. 수세기에 걸쳐 있었던 토론은 공통적으로 동의하는 이 점에 대한 것이 아니라, 진공에서의 운동의 가능성에 관한 것이었다. 일반적 경향은 추진하는 역할을 매개체에 부여한 아리스토텔레스의 처음의 견해를 버리고 진공에서의 운동의 가능성을 인정하는 것이었다.

'인가된 힘' 이론 전체는 사실상 간단한 유비적인 역학적 모델에 근거한다. 힘은 (예를 들어, 열로 나타내어지는) 일종의 연료 또는 에너지 자산으로 생각되는 바, 그것이 운동을 유지하지만, 동시에 그것은 운동 자체에 의해 소모된다. **그러한 해석은 우리의 지구에서의 삶의 통상의 조건에 모순되지 않는다.** 그것은 직접 내재적으로 받아들일 수 있는 이론을 제공하며, 따라서 심지어 옳고 개념적인 지식이 획득된 후에도, 운동에 관한 우리의 해석(사실상 우리의 직관적 해석)에 계속해서 영향을 미친다.

중세 시대 동안에 '인가된 힘' 이론에 가장 중요한 공헌을 한 것은 아마도 뷔리당의 임페투스 이론일 것이다.

뷔리당이 운동의 원인을 힘으로 생각한 것인지, 아니면 나중에 운동의 운동량으로 정의된 것으로 생각한 것인지는 명확하지 않다. 사실상 그가 임페투스를 운동의 원인으로 또는 결과로 본 것인지는 명확하지 않다. 첫째 경우에서는 그것을 힘의 관념과 동등시할 수 있었을 것이고, 둘째 경우에서는 운동량의 관념과 동등시할 수 있었을 것이다. 그는 다음과 같이 진술했다.

> … 임페투스는 그 안에서 발사물이 움직이는 국소적 운동과는 다른, 영속적 본성을 가진 것이다. … 그리고 또한 그 특질(임페투스)이 바로 모터에 의한 운동과 함께 움직이는 물체에 인가되는 것처럼, 그것이 운동과 함께 저항 또는 역경사에 의해 완화되고 손상되고 방해되는 것 같다(Franklin, 1978, p. 204).

그러나 뷔리당은 또한 "그러므로, 마치 같은 양의 나무나 물보다 철이 더 많은 열(calidity)을 받을 수 있는 것처럼, 조밀하고 무거운 물체는 그 임페투스의 더 많은 것을 더 세게 받는다."라고 말했다. 그 귀결로서, "철은 그 안에 더 강한 임페투스를 받기 때문에 더 멀리 움직일 것이다. …"(Franklin, 1978, pp. 204-205) 뷔리당에 따르면 무거운 물체의 운동은 더 가벼운 물체의 운동보다 더 오래 계속될 수 있다(다른 조건은 같다)는 사실은 그가 운동량의 원시적 관념을 마음에 두었다는 것을 시사하는 것 같다. 꽤 명확한 것은 뷔리당은, 그의 전임자들처럼, 운동을 뒷받침하는 실효적 요인 없이는, 운동이 언제까지나 계속될 수 있다는 것을 받아들일 수 없었다는 것이다. 그가 주창한 다른 아이디어(임페투스는 질량과 거리에 비례한다)는, 자기 확장적인 인가된 힘이라는 기본적 이론의 논리적 귀결이다. 그것은 다음의 아리스토텔레스적 역설에 대한, 직관적으로 받아들일 수 있는 똑같은 풀이를 표현한다. 만약 원인이 그것을 멈추게 하지 않는다면 물체는 언제까지나 계속해서 움직여야 한다(원인-결과 직관의 논리적 함의). 물체를 미는 운동 원인이 없으면 물체는 계속해서 움직일 수 없다(실제적인 지구에서의 경험의 직접적 함의). 이미 진술한 것처럼, 그 역설에 대한 풀이는 물체는 운동의 원인을 함께 가진다는 '인가된 힘' 이론이다.

인지적 타협을 위한 노력

인가된 힘 이론은 어떠한 실험적 기초도 없는 순전한 사색 즉, 구성물이라는 사실 그리고 그 주창자는 그것을 가장 자연스런 아이디어로 받아들였다(비록 그것이 실은 헛된 관념일지라도)는 사실은, **직관적 무모순성이 사실적이고 논리적 무모순성과는 다르다는 것을 다시 한번 증명한다.** 직관적 무모순성을 위해 (어떠한 실제적이고 논리적인 대응물을 갖지 않을 수도 있는) 정신적 대리물을 생산하는 바, 그것의 역할은 이질적이고 또는 심지어 모순된 자료의 앙상블을 위해서, 논의를 종료하고, 불확실성을 제거하고, 외관상 직접적인 신뢰성과 자기무모순성을 제공하는 것이다. **우리의 관점은 이 종류의 개념적 환영(幻影)이 불확신과 불완전한 정보에 의해 생겨난 마비 효과(행동적 의미에서)로부터 우리 자신을 보호하는 수단을 나타내기 때문에, 이 종류의 개념적 환영에 너무 깊게 사로잡혀 있다는 것이다.**

이 과정은 게슈탈트 이론의 '폐쇄성 원리'를 생각나게 한다. 틈이 존재하면 긴장 상태가 있다. 그 틈의 폐쇄가 평형을 가져온다. 그 '틈'은 아마 도형적이고 지각적인 본성을 가진 것일 수도 있지만, 또한 개념적 본성을 가진 것일 수도 있다.

'틈을 메우는 데' 즉, 모순성과 정보의 결핍을 극복하는 데 도움을 주기 위해 암묵적으로 모델을 들여오는 경우가 매우 흔하다. 열에 관한 모델이 임페투스에 대한 뷔리당의 모델인 것 같다. 물체가 열을 저장하듯이 임페투스를 저장할 수 있다. 임페투스라는 추상적 관념과 비교해 볼 때, 열 모델의 장점은 열이 감각적 의미를 가지고, 그래서 모델에 감각적-행동적 차원을 준다는 것이다.

과학의 역사에는 겉보기 역설의 조정을 의도한 이 유형의 직관적 대리물을 가리키는 다양한 매혹적 예가 있다. 우리는 실재의 절대적 유한함을 상상할 수 없지만, 어떠한 과정 또는 어떠한 실재의 실제적, 절대적 무한성도 상상할 수 없다. 아리스토텔레스는 그 수수께끼에 충격을 받았고, 칸트는 그것을 순수이성의 이율배반의 하나로 언급했다. 직관적으로 받아들일 수 있는 풀이는 잠재적 무한 또는 가무한이다. 이 표상은 공간과 시간에 대한 절대적 한계 또는 우주의 절대적 무한성의 어느 것도 선험적으로 강요하지 않는다.

이 겁나게 하는 형이상학적 문제에 대한 또 다른 풀이를 아인슈타인이 제공했다. 우리는 유한하지만 한계가 없는 세계에 산다. 구의 표면에서 사는 2차원적 존재는 바로 그러한 상황에 있는 것이다. 구의 범위는 유한하지만 우리가 말하고 있는 그 존재는 어떠한 경계도 마주치지 않고 한없이 움직일 수 있다. 사실상 우리는 리만이 생각한 것 같은 4차원의 굽은 공간에서 살고 있다. 3차원적 물체는 그러한 굽은 공간에서 어떠한 경계와도 마주치지 않고 한없이 움직일 수 있다. 그러나 그럼에도 불구하고, 그 공간의 부피는 유한하다(Einstein, 1976, pp. 120-125). 나는 아인슈타인식의 풀이가 직접적이고 직관적으로 받아들일 수 있는 표상을 제공하지 않는다는 것을 인정한다. 그러나 그것은 칸트의 첫째 이율배반보다는 덜 겁나게 하며, 직관적으로 모순되지 않으며 마침내는 받아들일 수 있는 모델을 제공할 수 있다.

관성의 법칙에 그렇게 가까이 갔던 갈릴레이 자신도 그것의 완전한 이해에 이르지는 못했다(즉, 어떠한 운동 원인이 없이, 영원히, 앞으로 곧장 움직이는 물체라고 하는 직관적으로 받아들일 수 없는 표상의 수용). 그의 풀이는 또한 우회적 타협의 풀이이다. 만약 물체를 멈추게 하는 어떠한 원인도 개입하지 않는다면, 그것은 수평인 평면 위에서 언제까지나 계속해서 움직인다. 그러나 실은 이것이 곡선을 이루는 궤적 위에서 움직이는 것을 의미한다. 지구와 관련된 것으로서, 수평적 표면의 물리적 의미는 굽은 표면의 의미라고 하는 아이디어와 모순이 되지 않게 하기 위해 갈릴레이가 그 표상을 받아들였다고 주장할 수도 있다. 그러나 나는 이것이 충분한 심리학적 설명이라고 생각하지 않는다. 갈릴레이가 외계의 공간에서 일어나는 운동이 직선적일 것임을 인정할 충분한 논리적 이유가 있다. 그러나 그에게, **유일하게 완전한 하나** 즉, 등속성을 가능하게 해 주는 유일한 하나는 **바로 원운동이었다.** 살비아티(F. Salviati)가 말하듯이 (그리고 이것은 갈릴레이의 견해를 표현하는 것 같다) '원운동'은 무엇보다도 유한이다. 그것이 유한이고 등속이라는 사실은 그것의 무제한의 연속성을 설명한다. "회전은 자기 스스로를 한없이 반복한다."(Galileo, 1962, p. 68) 살비아티는 직선 운동은 오직 자연에서 예외라고 단언했다. 움직이는 물체에 어떠한 작용도 행해지지 않으면 그것의 자연스러운 궤적은 원형 궤적이다.

나의 의견으로는, 관성 문제에 대한 갈릴레이의 풀이는, 운동은 장애에 의해 멈추어지지 않는 한 한없이 계속될 것이라는 논리적 결론과 멀어져가서면서 출발점으로부터의 거리가 영구히 증가하는 물체라고 하는 직관적으로 상상할 수도 없는 아이디어를 피할 필요 사이의 타협—그에게 직관적으로 받아들여 질 수 있는—을 표현한다. 그는 살비아티를 통해, 어떠한 명확한 정당화 없이는 직선 운동은 불완전하다고 여러 번 반복했다.

갈릴레이는 임페투스 없는 운동이라는 아이디어를 받아들이는 데 성공했고, 그리고 이것은 관성의 법칙을 향한 거대한 한 걸음이었다고 단언할 수 있다. 그러나 그는 그러한 무한 직선 운동을 위해 필요한 장치(setting) 즉, 어떠한 가능한 제약으로부터도 어쩐지 불합리하게 독립인 무제한의 공간이라는 성가신 아이디어로 여전히 방해를 받았다.

이 어려움을 극복하기 위해서, 갈릴레이는 등속직선운동이라는, 당시에는 받아들일 수 없던 자격을 완전히 과정이 아닌 상태로서 완전히 명확하게 깨달아야 했다. 사실상 정지나 등속직선운동은 똑같은 물리적 상태이다. 그 차이는 외재적이며 상대적이다. 그것은 관찰자의 관점, 다시 말해, 참조 체계에 좌우된다. 그러한 아이디어는 기본적으로 반직관적이다.

어떠한 영향으로부터도 자유로운 물체를 상상하고자 노력하자. 그 물체 자체에 관해서는 그것이 고정된 위치에 있거나, 아니면 등속으로 움직인다고 똑같게 단언할 수 있다는 것을 이해하고자 노력하자. 사람들은 직관적 수용가능성의 한계에 도달했다고 느낀다. 지구에서의 삶의 효과로서, 지상(地上)을 절대적 참조 체계로서 참조하는 것에 익숙해져 왔다. 우리는 기차 안에 앉아있는 사람의 상대적 정지와 승강장의 벤치에 앉아 있는 사람의 (의사) 절대적 정지를 행동적으로 구별한다. 직관적으로, 우리는 물체는 오직 어떤 참조 체계에 관하여 정지해 있거나, 아니면 운동 중에 있다고 생각될 수 있다는 아이디어를 받아들인다. 그러나 동시에, 그 상대성의 절대적임 즉, **우주에서 모든 점은 다른 것들이 움직이는 동안에 절대적 정지 상태에 있다는 것을 주장하는 똑같은 권리를 갖는다는 아이디어**를 깨닫는 것은 직관적으로 매우 힘들다(확실히 각각의 점은 어떠한 힘에도 복종해서는 안 된다).

간단히 말해, 갈릴레이는 논리적 기초 위에서, 만약 어떠한 힘도 개입하지 않는다면 등속운동은 언제까지나 계속된다는 결론에 도달할 수 있었다. 이것은 계속해서 움직이기 위해 운동 원인을 요구하는 물체에 대한 지구적 표상과 비교해 볼 때 본질적 진전이었다. 그러나 갈릴레이가 관성의 완전한 개념에 이르지 못하게 한 다음의 두 가지 다른 직관적 장애가 존재했다. 즉, 무한 공간에서 직선 운동의 영속성을 생각하는 어려움과 절대적 등속직선운동을 정지 상태와 동일시하는 어려움.

직관적 타협은 원운동이었다. 그것은 무한 공간을 요구하지 않고도 한없이 계속될 수 있다. 그것은 교묘한 방식으로 '과정'과 '상태'를 종합한다. 물체는 움직이지만, 동시에 그것은 그 움직임의 영역을 지배하는 닫힌 궤적에 머무른다. 천체의 실제 운동이 일반적으로 닫힌 곡선을 이루는 궤적을 따른다는 사실은 오직 관성적으로 보존되는 운동은 원형이어야 한다는 신념을 강화할 뿐이다.

위의 심리학적 해석은 확실히 가설적이다. 그러나 관성의 원리를 공식화하기 위해 (갈릴레이가 스스로 효과적으로 제시한 이유에 의해) 논리적으로 완전하게 동기를 부여받았어야 했던 갈릴레이가 최종 단계에 도달하지 못했다는 사실을 우리가 어떻게 달리 설명할 수 있는가? 그것은 정보 부족의 문제가 아니었다.

이 역사적 예로부터 배울 수 있는 것은 근본적인 직관적 장애는 사람들이 잘못된 정보를 바로잡는 것과 같은 방식으로는 극복될 수 없다는 사실이다. 그러한 장애물을 하나씩 제거하는 것으로는 그것들을 극복할 수 없다. 그것들은, 정말로 조각이 아닌 오직 **통째로만** 변화할 수 있고 그리고 일반적으로 덩어리진 복잡한 정신 구조를 표현한다. 갈릴레이가 비록 그 종류의 정신적 혁명을 성취하기 위한 대부분의 이유를 이미 가지고 있었음에도 불구하고, 그가 자신의 직관적 어려움에 빠진 채 남아 있었기에, 그것을 효과적으로 성취할 수 없었다고 생각할 수 있다. 등속직선운동은 정지 상태와 구별될 수 없는 상태와 동일시되고 힘은 물체의 변화의 원인이 되고, 절대적으로 무한하고, 균질적이며, 등방성인 공간이라는 근본적으로 새로운 그림을 제공한 사람은 바로 뉴턴이었다(Piaget & Gracia, 1983, pp. 213-214를 보라).

관성 개념의 역사는 음수 개념을 생각나게 한다. 알다시피 매클로린, 오일러, 라플라스(A. S. Laplace), 코시와 같은 위대한 수학자들은 음수와 음수의 연산을 정확하게 정의하기 위한 모든 개념적 성분을 소유하고 있었으나, 직관적 어려움의 뒤범벅 속에서 계속해서 투쟁했다.

혁명을 성취한 사람은 바로 한켈이었다. 그는 다만 직관적 해석의 어떠한 참조도 거부했다. 그는 음수를 받아들일 수 있게 하는 직관적 의미를 더 이상 찾지 않았다. 오히려 그는 논리적으로 모순 없는 개념적 체계를 나타내기 위해 음수와 음수의 연산을 형식적으로 정의했다. 그러나 이것은 관성 개념처럼 전적으로 새로운 철학이었다. 두 예 모두 똑같은 유형의 상황을 가리킨다. 과학적 사고의 역사에서 새로운 사실과 새로운 개념적 구성물은 여러 영역에서 누적되어, 개념적 구조와 일반적 해석의 개혁의 필요를 창출한다. **그러나 상황이 명확해지고 정착되기 전 까지는 매우 오랫동안의 전이 기간이 필요한 바, 그것은 수세기가 될 수도 있다. 그 투쟁은 주로 인식론적 본성에 관한 것이다. 오직 근본적인 직관적 장애가, 비록 모든 기본적인 개념적 성분들이 이미 존재함에도 불구하고, 과학 공동체가 본질적으로 새로운 종합에 도달하는 것을 지연시킨다.**

혁명의 성취가 직관적 장애를 뚜렷하게 제거했다는 것을 의미하지 않는다. 그것들은 아마도, 심지어 전문가의 마음에서조차, 비록 오직 주관적, 개인적, 개념적으로 통제되는 어려움이기는 하지만, 계속해서 살아남을 것이다. 그러한 장애는 확실히 문외한의 해석에서, 그리고 상응하는 과학 지식을 이미 획득한 사람에게서도 적극적 역할을 계속 할 것이다.

임페투스 모델의 영향: 그 이상의 실험적 증거

최근의 심리학적 조사는 물리학에 관한 사고에서 임페투스 모델의 영향을 다시 강조해 오고 있다. (예를 들어, McCloskey, 1983; McCloskey & Kohl, 1983; McCloskey, Washburn & Felch, 1983을 보라.)

맥클로스키, 워시번, 펠츠(McCloskey, Washburn, Felch)의 실험에서, 피험자들에게 금속공을 잡고 걸어가는 사람의 그림을 제시되었다. 그들은 낙하하는 공의 경로를 가리켜야 했다([그림 31]). (보행자가 계속 걸어간다고 가정하면서) 그가 그 공을 놓았을 때 피험자는 다음의 그림 세 개 가운데 하나를 선택해야 했다. 첫째는 포물선 궤적을 그리면서 앞으로 움직일 것을 가리키는 그림. 둘째는 곧장 아래로 떨어지는 그림. 셋째는 뒤로 떨어지는 그림. 피험자는 99명의 대학생이었다. 그들 가운데 37명은 물리 코스를 수강한 적이 전혀 없는 반면에, 다른 사람들은 고등학교나 대학에서 적어도 한 번은 물리학 코스를 이수했다. 오직 피험

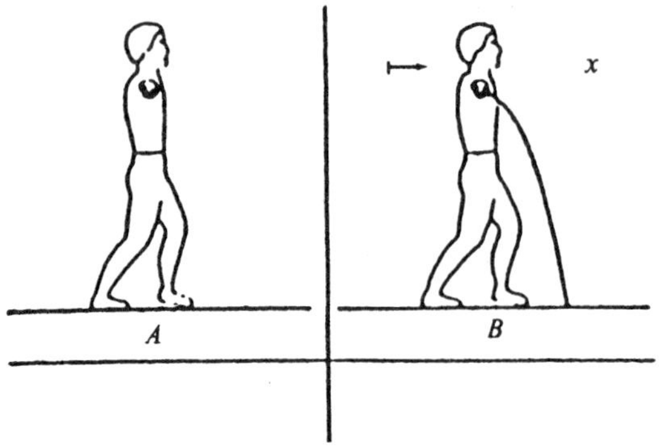

[그림 32]

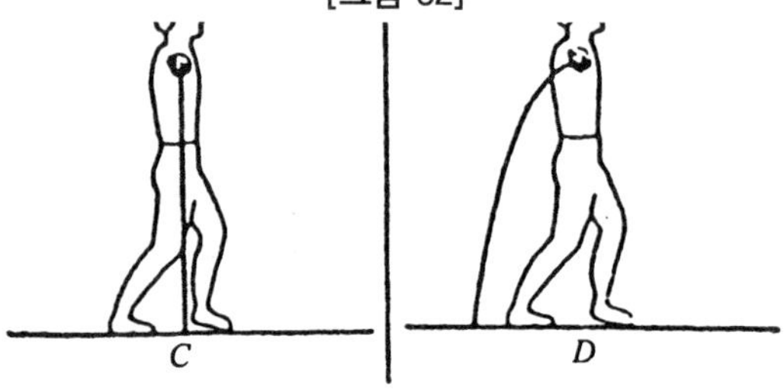

(A) 보행자 문제　　　　　　　　　(B) 정답반응
(C) 곧장 아래로 떨어진다는 반응　(D) 뒤로 떨어진다는 반응

[그림 31] McCloskey et al., 1983

자 가운데 45%만이 옳게 앞으로 가는 포물선 궤적을 가리켰다. 49%는 공이 곧장 아래로 떨어질 것이라고 단언했다. 6%는 공이 뒤로 간다고 대답했다. 물리학에서 훈련을 받은 학생들 중에서조차 40%는 공이 곧장 아래로 떨어진다는 답을 했다.

위의 예에서 물체인 공은 보행자에 의해 운반되었다. 낙하하기 전까지는 '자기 힘으로' 움직이지 않았다. 만약 물체가 낙하하기 전에 '자기 힘으로' 움직이고 있었다면 피험자는 무엇이라고 대답했을까?

[그림 32A]에는 컨베이어 벨트가 있는 협곡(그 위에 수평인 선이 작도되어 있는)에 대한 스키마적 표현이 있다. 그 벨트에는 전자석에 의해 금속공이 붙어있다. 어떤 순간 공을 놓는다. 피험자의 과제는 (공기 저항을 무시할 때) 낙하하는 공의 경로를 그리는 것이었다.

[그림 32B]는 협곡의 가장자리를 넘어 연장된 수평 램프가 있는 협곡의 측면도를 나타낸다. 그 램프 위에 있는 금속공을 밀었다. 그 공은 램프를 따라 끝까지 굴러가서 거기서 낙하한다. 여기서도 역시 낙하하는 공의 경로로 요구되었다. 두 문제 모두에서 지문은

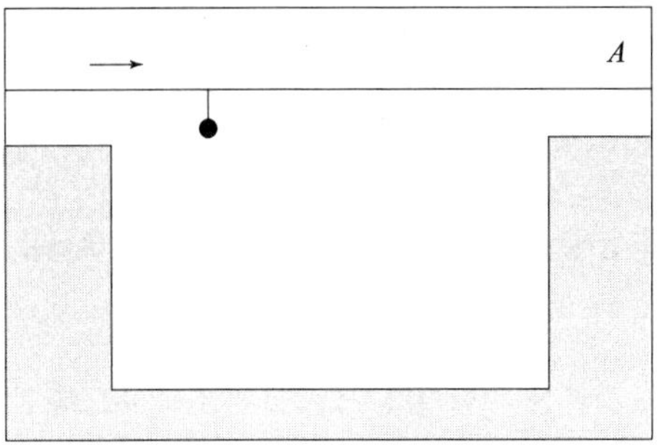

(A) 컨베이어 문제

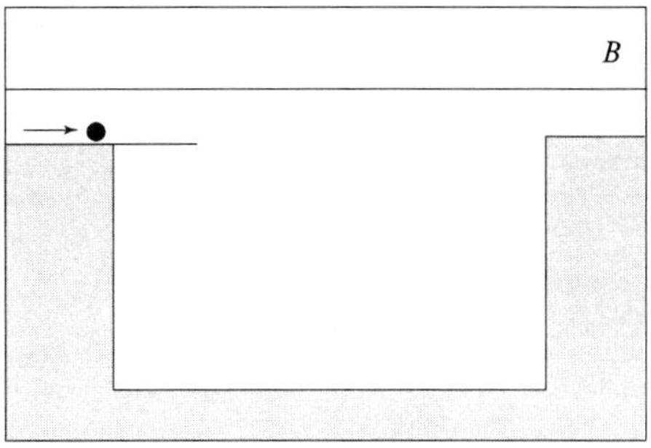

(B) 램프 문제

협곡의 가장자리로부터 공이 낙하한 지점까지 똑같은 거리와 공이 낙하하기 시작할 때의 똑같은 속력을 제시한다. 컨베이어 문제에서 65%의 피험자가 앞으로 간다는 반응을, 32%가 곧장 떨어진다는 반응을 보였고, 13%는 뒤로 가는 경로를 선택했다. 램프 문제에서는 (공이 '자기 힘으로' 움직인다고 가정했을 때) 94%가 공이 낙하하면서 앞으로 움직인다고 했으며, 오직 6%만이 곧장 아래로 낙하하는 경로를 가리켰다.

객관적으로 그리고 물리학적으로 두 상황 모두에서 궤적은 동일해야 한다. 그러나 임페투스 이론의 관점에서 보면 근본적 차이가 있다. 첫째 문제에서 공은 벨트에 의해 운반되었다. 그것은 자기 힘으로 움직이지 않았다. 그것은 '임페투스'를 갖지 않는다. 결과적으로, 그것은 낙하하기 시작하면서 곧장 아래로 움직여야 한다. 램프 문제에서, 공은 낙하하기 전에 '자기 힘으로' 움직인다. 처음의 밀기가 운동의 궤적에서 수평적 성분이 되는 어떤 '임페투스'를 충전한다.

램프 문제의 답만을 고려하면, 우리는 거의 모든 피험자들이 **관성** 원리를 옳게 사용하고 있었다고 가정할 수 있다. 그러나 '벨트' 문제에 대해 곧바로 떨어진다고 대답한 23%는 사실상 그들 대부분에게 임페투스 해석이 진짜 모델이라는 것을 증명한다.

위에서 언급했듯이, 임페투스는 다음 두 개의 모순된 제약 사이의 타협을 표현한다. 즉, 만약 어떠한 원인도 개입하지 않는다면 물체가 계속해서 움직인다는, 논리적으로 정당화가능한 아이디어(원인이 없으면 변화도 없다)와 그리고 원인에 의해 운동이 유지되지 않으면 물체는 움직임을 멈춘다는 경험에 기반을 둔 직관 사이의 타협을 표현한다.

그러나 이전에 강조했듯이, 타협은 불완전하다. 임페투스의 효과는 관성의 효과와는 달리 시간적으로 제한된다. 임페투스 해석은 경험적 관점에서도 불완전하다. 피험자들은 운반된 물체는, 그것을 놓으면, 운동의 방향으로 계속해서 움직인다는 것을 경험으로부터 배웠음에 틀림없다.

여기서 일어난 것은, **실제 경험적 조건에서는 피험자들이 그들의 이론적 예측에 완전히 충실하지는 않다는 것이다.**

맥클로스키, 워시번, 펠츠의 실험 중 하나에서, 그들은 피험자가 어떤 표적을 맞추도록 걸어가면서 공을 정말로 손에서 놓으라고 요구했다. 실험이 수행된 후 피험자들에게 그들의 의도에 관해 질문했다. 그 공을 표적 전에, 바로 위에서, 또는 표적을 지나친 후에 손에서 놓으려 했는가? 21명의 피험자(대학생) 중에서 7명은, 질문을 받았을 때, 표적을 맞추기 위해 바로 그 위에서 공을 놓으려 의도했다는 것을 언명했다. 실제로는 그 중 6명은 그들이 언명했던 의도처럼 바로 위가 아니라, 표적 전에 (옳게) 공을 놓았다. 이것은 그 피험자들의 실제적 행동이 여하튼 주어진 상황의 객관적 제약과 타협하는 그들의 임페투스 이론과 어긋났다는 것을 의미한다.

회유적 모델

위에서 언급한 관성 개념과 음수의 예 모두에서 유사한 어려움을 확인할 수 있다. 두 경우 모두에서 어떤 개념은 비록 논리적이고 형식적인 이유에 의해 강요된 것일지라도 반직관적인 것으로 보인다. 그것은 사람들이 가진 기본적인 직관적 표상에 대응하지 않는다. 이것은 각각의 논리적 제약(음수, 관성)이 행동적으로 그리고 실제적으로 부적당한 것 같기 때문이다. 수는 행동적으로 군집(群集) 또는 측정을 표현한다. 물체는 움직이기 위해서 힘을 필요로 한다. 사실상 실재에 대한 우리의 근본적이고 자연스런 이해에 따르면, 무(無)는 무(無)보다 작지 않고, 물체에 힘이 작용하지 않으면 그것은 움직이지 않는다.

갈등을 극복하기 위하여 갈등을 일으키는 제약을 어떻게 하든 분별 있는 방식으로 조정할 수 있는 **모델**을 암시적으로 또는 명시적으로 찾는다. 모델은 내적으로 모순이 없어야 하고, 직관적으로 (직접) 받아들일 수 있고 조종가능해야 한다. 그러나 그것은 또한 논리와 실제적 경험의 때때로의 모순된 요구를 한 가지 표상으로 조정해야 한다.

임페투스 이론은 관성 문제에 대한 불완전한 풀이였다. 그것은 물체에 작용하는 힘이 없어도 어떻게 물체가 계속해서 움직이는지를 설명한다. 즉, '인가된' 힘의 효과로서. 그것은 사실상 **영속적** 운동—어떠한 원인도 개입하지 않으면—의 논리적 구성물이 임페투스 이론에 의해 함의되지 않기 때문에 불완전하다. 임페투스는 연료처럼 운동에 의해 '소모되는' 것이다. 더 나은 그리고 더 교묘한 타협은 갈릴레이의 것이다. 상상의 임페투스는 제거되었다. 원운동은 정말로 영속적이지만, '통제 하에 있다.' 그것은 어떠한 원인도 개입하지 않는다면 영원하지만, 그럼에도 불구하고 (정적) 상태에 전적으로 동화될 수 있다.

음수에 대해 말했던 것을 간단히 상기하자.

음수는 고대로부터 알려져 왔다. 그것은 수학적 연산의 형식적 산물로 나타났다. 그것은 직관적으로 그리고 실제적으로 받아들일 수 없다. 수학의 역사에서 다양한 해석과 다양한 회유적 모델이 시도되었다. 음수는 '일시적' 실제물이라고 단언되었다. 그러나 '일시적'이라는 용어는 현실주의적 의미는 갖지만 수학적 의미는 갖지 않는다. 수학에서 존재물은 존재하거나 아니면 존재하지 않는다. 전자의 경우에서는 존재 증명이 필요하다. 어떤 사람들은 음수가 진짜 수의 역 버전이라고 주장했다. 결과적으로 음수는 그 자체로는 결코 존재할 수 없고, 오직 일종의 '진짜' 수의 반사로만 존재한다. 그러한 주장은 또한 어떠한 수학적 의미도 갖지 못한다. 개념이 어떤 공리계의 범위에서 모순에 이르지 않고 형식적으로 정의되고, 그것의 연산 또한 형식적으로 정의되어야만 수학적 지위를 얻는다. 물체와 거울이 존재하는 한, 거울에서의 물체의 상이 존재한다. 수학에서 그러한 현실주의적인 물리적 관계성은 어떠한 의미도 갖지 못한다. 임페투스 모델, 관성의 '원' 해석, 음수의 '일시적'이고 '반사적' 해석은 각각의 개념과 현상의 다소 내적으로 모순 없고 상대적으로 자율적 표상이다. 그것들은 직관적이고 정신적으로 조작가능하고 내재적으로 유의미한 표상을 제공했다. 확실히 그것들이 나타낼 것으로 가정된 모든 사실을 모순 없이 설명할 수는 없다. 그것들은 타협이었다. 그것들은 상상의 창조물인 바, 그러한 모순된 정황에서 내적으로 모순 없고 직관적으로 조작가능한 구성물을 제공하는 것이었다. 우리의 가정은 **모순된 자료에 직면할 때 마음은 자동적으로 그러한 회유적이고** 안정시키는 장치를 생산하려는 경향이 있다는 것이다. 그들의 적응 기능은 능률적인 정신 활동이 요구하는 연속성과 현재의 생산성을—그것을 엄격한 과학적 관점에서는 받아들일 수 없지만—확보하는 것이다.

그러한 암묵적 타협 모델의 다양한 예가 과학적 추론과 문외한의 해석 모두에서 인용될 수 있다. '가'무한은 직관적으로 받아들일 수 없는 무한의 관념에 대한 직관적으로 받아들일 수 있는 표상이다. 통계적으로 지배되는 입자들의 '구름'은 입자 특징과 파동 특징을 동시에 갖는 소유주로서의 입자의 모순된 표상보다는 더 쉽게 직관적으로 받아들여질 수 있다. 부등식 $|a - a_n| < \epsilon$을 통한 시간을 초월한 극한의 정의는 동적 은유의 개입에 의해 중재된다.

정의를 상기하자. "수열 a_1, a_2, a_3, … 은 n이 무한에 가까이 감에 따라, 만약 임의의 양수가 아무리 작다고 해도 그 양수에 대응하는 $|a - a_n| < \epsilon$인 (ϵ에 좌우되는) 정수 N을 찾을 수 있다면, 극한 a를 갖는다(Courant & Robbins, 1969, pp. 192-193). 엄격히 말해서, 정의가 수학적 정의가 되려면 시간을 초월한 것으로 생각되어져야 한다. '가까이 간다'는 용어는 연속적 수를 만드는 진짜 동적 과정으로—그 과정의 끝이 '극한'의 달성이 되는—생각되어서는 안 된다. 그러한 생산적 활동은 수학에서가 아니라 경험적 실재의 범위(예를 들어, 스스로 증식하는 세포)에서 발생한다. 수 a_1, a_2, a_3은 존재한다. 그것은 주어진다. 극한의 정의는 수의 이 주어진 무한집합과 '극한'이라고 명명한 어떤 수 사이의 관계성을 서술한다. 엄격히 말해서 수학은 오직 관계성을 다루며 입출력 과정을 다루지 않는다. 그러나 동적이고 시간의 지배를 받는 은유가 우리의 추론 활동에 너무 깊게 뿌리박고 있어, 우리는 절대로 그것을 제거할 수 없다. **'가까이 간다'는 용어는 여행하는 과정(우리를 A에서 B로 옮겨주는)에 대한 동적이고 직관적으로 유의미한 표상과 주어진 관계성의 추상적이고 플라톤적 표상사이의 타협을 표현한다.** 사실상 대상이 '가까이 가지' 않는다. 그것은 정지해 있거나 또는 움직인다. 우리는 살아 있는 존재로서 가까이 간다. '가까이 가는 것'이라는 은유는 객관적 사건이 아닌 주관적 느낌을 표현한다. 총알은 표적 방향으로 움직인다. 표적으로 '가까이 가지' 않는다. '가까이 가기' 표적의 예상적 표상을 가진다는 것을 함의한다.

극한 개념은 원래, 미적분학이 원래 변화의 연구이기에, 명백히 운동 은유와 관계가 있다. 카푸트(1979, p. 295)에 의하면, " … 매우 좋은 이유에서, 뛰어난 수학자 세대는 이 은유의 의미의 해명에 대한 논리적 통제를 달성하려고 노력했고, 우리에게 궁극의 정의로서 (시간을 초월한) 조건 명제를 남겼다." 사실상 성공은 완벽하지 않았다. '수가 …에 가까이 간다'

는 표현, 그리고 화살표 표상은 운동 해석을 생각나게 한다. 차이는 '가까이 가는' 것이 반드시 움직이지는 않는다는 것이다. 그것은 머물러 있지만, 잠재적으로는 움직인다. **'가까이 가는' 은유는 '극한' 개념을 동적 맥락에서 고려하는 주관적 제약과 자기 자신의 공리계의 틀에서 시간과 운동을 받아들이지 못하는 수학적 제약 사이의 직관적 타협이다.** 극한 개념을 형식적으로 정의하기 위해서는 자연스런 사고의 과정을 따를 수 없다. 자연스럽게, 먼저 독립 변수를, 그리고 나서 종속 변수를 염두에 두어야 한다. "그러나 이 자연스러운 태도는 명확한 수학적 공식화의 능력이 없다. 정확한 정의에 이르기 위해, 우리는 단계의 순서를 뒤바꾸어야 한다."(Courant & Robbins, 1941, 1969, p. 292) 즉, 먼저 접근 과정이 아니라, 그것의 결과로서 종속변수에 일어나야 하는 것을 고려한다.

가역성은 피아제가 보인 바와 같이 논리적 추론의 근본적 특질이다. 논리적으로, 형식적으로, 동치는 절대적인 대칭적 관계성이다. ϵ이 있는 극한 개념의 정의가 요구하는 논리적 전도는 원칙적으로 어떠한 문제도 제기해서는 안 된다. 그것을 파악하는 데 처음에 큰 어려움에 직면한다는 사실은 논리적, 형식적으로 받아들인 원리도 진정한 이해의 문제를 해결해 주지 못한다는 주장을 더욱 뒷받침한다. 쿠랑과 로빈스(Courant & Robbins)는 "우리의 직관은 운동의 과정의 결과로서 극한의 '동적' 아이디어를 암시한다. 우리가 정수 1, 2, 3, …, n의 열을 따라 움직이고, 그리고 나서 수열 An의 행동을 관찰한다. 우리는, $a_n \to a$이라는 접근이 관찰가능해야 한다고 느낀다."(Courant & Robbins, 1941, 1969, p. 292)

이미 언급했듯이 '가까이 가는 것'이라는 관념이 나타내는 타협 은유는 극한 개념의 외관상 순수한 형식적 정의(ϵ가 있는)의 구조에서조차 살아남는다. 비록 앞뒤가 바뀌긴 했어도 (이 경우에 논리적으로 강요된 것으로서 독립 변수 전의 종속 변수), 극한의 수학적 관념을 고려할 때 우리는 여전히 과정의 아이디어를 살려 주는 심리적 제약에 묶여있다.

그래서 학생이 (적절한 준비 없이) 극한의 형식적 정의를 처음 배울 때 완전히 당황하게 되는 것은 조금도 놀라운 것이 아니다.

우리의 의견으로는, 자주 강조했듯이, 수학(심지어 고급수학에서도)을 가르치는 것에서 오직 직관적 제약을 무시하는 것으로는 교수학적 문제를 해결하지 못한다. 논리적 제약과 직관적 제약 사이의 갈등은 숨어 있는 모순으로 그리고 비표준적 상황에서 나타나는 경향이 있다. 또는 형식적 명제에 끼워 넣어진 외관상 무해한 은유가 수반하는 타협을 생성할 수도 있다.

전문가와 문외한, 또는 교사와 학생은 서로 다른 (심지어는 반대의) 방식으로 타협 표상을 해석할 수도 있다. 교사에게 "a_n이 a에 가까이 간다'는 은유는, n이 1부터 무한까지의 모든 값(자연수에서)을 효과적으로 취한다는 것을 의미하는 것이 아니라, 차이 $|a-a_n|$ 를 원하는 만큼 작게 할 수 있다는 것을 의미한다. 대조적으로, 학생은 '가까이 간다'는 은유에서 수가 어떤 방향으로 달려가는 효과적인 과정을 보려는 경향이 있다.

또 다른 예를 추가하자. 많은 학생들이 $0.333\cdots$의 값에 관해 질문 받으면, 그 기호가 $1/3$과 같음($0.333\cdots=1/3$)을 받아들이지 못하고, 오직 $1/3$에 가까이 가는 것으로 즉, 반드시 1/3보다 작은 채 남아있다고 생각하는 경향이 있다. 학생은 세 개의 점의 집합의 은유적 이미지에서 $1/3$로 접근하는(실제적으로는 결코 끝나지 않는) 동적 과정을 보는 반면에, 교사는 기호 …기호가 **사실상의** 번호 붙일 수 있는 무한을 의미한다는 (비직관적) 규약을 받아들인다.

사실상 타고난 모순을 해결하기보다는 오히려 숨기고 있는 이 모든 은유가 학생을 당황케 하는 것은 조금도 이상하지 않다.

우리의 의견으로는, 학생이 그러한 상황에 대처하도록 도울 수 있는 기본적인 교수학적 접근은 학생이 자기 자신의 직관적 제약과 교사가 제시하는 정신적 모순의 원천, 추상적 관념을 다룰 때의 일반적, 인간적 어려움으로서, 그것들이 정말로 있는 것으로서 의식하게 하는 것이다.

요약

직관을 형성하는 주요 메커니즘 가운데 하나는 직관적으로 갈등을 일으키는 표상에 대한 타협 모델을 만드는 것이다. 갈릴레이에게는 원운동, 즉, '완전한' 운동이, 어떠한 원인도 운동을 멈추게 하지 않는다면 운동의 무한성을 인정할 필요와 공간과 시간의 무한성이라는 받아들일 수 없는 표상을 피할 직관적 필요 사이의 타협을 나타내었다. 임페투스 이론은 관련된 어려움을 위한 또 다른 타협인 바, '투자된' 힘은 물체가 외관상 밀리지 않아도 왜 계속해서 움직이는지를 설명한다. 그리고 동시에 왜 결국 느려지고 멈추게 되는지를 설명한다. 즉, '투자된' 힘이 다 소진되었을 때. 가무한 개념은 우리의 정신적 스키마의 유한성과 수학자의 실무한 사이의 타협을 나타낸다. 그것은 극한의 정의에서 '가까이 간다'라는 단어에 의해 표현되는 바, 값이나, 수는 살아있는 존재물처럼 극한으로 '가까이 간다'. 그러한 회유적 모델은 일반적으로, 우리의 정신 활동의 요구에 가장 잘 들어맞기 위해 자동적으로 생기게 된다. 보통, 그것들은 '표상가능'하고, 행동적 의미를 가지며, 우리의 지구에서의 삶의 실제적 요구에 대응한다. 그러한 타협은 두 개의 직관적인 모순된 경향 사이에서 뿐 아니라, 논리적 제약과 직관적 제약 사이에서, 또는 직관적 제약과 행동적 제약 사이에서 일어난다.

형식적으로, 음수 개념은 어떤 수학적 방정식의 음의 값에 의해 생겨났다. 실제적으로, 직관적으로 음수는 어떠한 의미도 갖지 않는다. 직관적으로 받아들일 수 있는 타협은 대칭적인 반대되는 크기라는 것이다. 음수 −5는, 직관적 타협에서는, 양으로 정의된 또 다른 크기와 관련하여 반대편의 실제적 의미를 갖는 크기를 나타낸다(은행 잔고의 과부족).

현존 명증으로부터 그러한 회유적 모델은 매우 강건하다고 결론지을 수 있다. 그 모델이 그래야 하는 것은 당연하다. 그것은 개인의 정신적 평형의 보존을 의도한다. 그것은 실제적으로 만족스러운 방식으로 논쟁, 갈등을 '종료해' 왔다. 그것을 제거하는 것은 정신활동을 교란하는 효과를 미치는 정신적 갈등의 상태로 되돌아가는 것을 의미할 것이다.

그러나 그러한 모델은, 어떤 한계 내에서는 만족스러울지라도 고차의, 더 종합적이며 적절한 풀이의 달성과 수용을 막는 경향이 있다. 뷔리당의 임페투스 모델과 갈릴레이의 원형의 '완전한' 운동 모델은 관성 개념에 대한 완전한 이해를 막았다. 대칭적인, 반대편의 크기라는 '거울' 모델은 음수와 유향수 개념의 옳은 이해를 막았다.

그러한 직관적 장애를 극복하기 위해서는, 갈등을 있는 그대로 의식하게 되어야 하고, 기본적으로 새로운 표상을 창출해야 한다. 직관적 수준에서 존재했던, 그리고 타협 모델로 극복하려고 의도했던 갈등은 고차의 개념적 수준에서는 사라진다. 물리학에서의 원리와 법칙의 새로운 체계, 수학에서의 새로운 공리 구조는 모순을 제거해야 한다. 관성의 원리는 두 모순된 표상 사이의 타협이 아니다. 그것은 정지 상태와 등속직선운동 상태의 동일함을 명확하게 진술한다. 이것은 반직관적인 표상이지만, 논리적으로 구조화된 개념체계 즉, 뉴턴 물리학의 유기적 성분이다. 확실히, 뉴턴식의 개념작용과 소박한 물리학의 타협 모델 사이에는 근본적 갈등이 남아 있다.

나는 소박한 직관적 해석을 완전히 근절할 수 있다고 생각하지 않는다. 문제는 학생이 새로운 개념작용의 논리적 구조 그리고 더 높은 내적 무모순성과 고차의 종합성으로 표현된 그것의 우수함을 이해하도록 돕는 것이다. 이것은 지적 교육에 의해 생성된 새로운 유형의 갈등이다. 그것은 부분적인 불완전한 표상 사이의 숨어 있는 갈등이 더 이상 아니며, 오히려 초보적인 직관적 표상과 고차의 개념적 구조 사이의 개방된 갈등이다. 결국 새로운 논리적 기반의 해석이 새로운 직관적 수용 즉, **이차적 직관**을 형성할 것이라는 것이 가능하다.

17

강건성과 폐쇄성의 요인: 초두 효과

직관의 주요 특징 중의 하나는 변화에 대한 저항 즉, 대안을 인정하기 꺼려한다는 것이다. 크루그란스키와 아르젠(1983)은 이 현상을 '인식의 결빙'이라고 하면서 다음과 같이 말한다.

> … 신념의 강건성은 어느 순간 가설을 설정하는 것을 그만두고 주어진 현재의 그럴듯한 명제를 타당한 것으로 받아들이는 인식의 결빙 현상을 반영한다. 인지는 잠재적으로 끊임없이 발생하는 특성이 있기 때문에, 인식의 결빙은 판단의 과정에서 불가피한 특성으로 간주된다. 의사결정과 행동에 필요한 어떤 정제된 지식을 가지기 위해서 인식의 절차는 어느 순간 정지되어야 한다.

원칙적으로 이 책의 제1장에서 이와 똑같은 아이디어가 표현되었다. 오직 용어에서 차이가 있을 뿐이다. 결빙된 신념을 직관적 인지라고 부른다.

직관의 강건성이 성취될 수 있는 메커니즘은 무엇인가?

우리가 이미 언급한 기본적 요인(주로 기초적 직관에 관련된)으로 경험이 있다. 기본적 직관은 장기간에 걸친 경험과 확고하고 실제적이며 행동적인 조건에 의해서 형성된다. 경험은 어떤 한 무리의 제약과 요구를 함의하지만, 동시에 대응하는 신념을 확실히 하고 강화하는 많은 기회를 제공한다. 이미 말한 대로, 그러한 신념은 우리의 현재 행동의 큰 부분의 필수적인 일부가 된다. 그 신념을 포기하는 것은 전체 구조와 행동의 평형을 와해시킨다. 예를 들어 우리는 '평면' 유클리드 공간의 속성에 대한 직관적이고 행동적인 신념을 버릴 수 없다. 왜냐하면 우리의 공간적 행동 양식이 그런 틀에 적합하기 때문이다. 이 아이디어들은 이미 논의되었고, 나는 더 이상 다루지 않을 것이다. 오히려 다른 측면을 언급할 것이다.

앞의 요인과 관계가 있는 둘째 요인은 정신적 스키마의 본성에 관련된다. 지적 발달의 각 단계는 어느 정도 되는 수의 근본적인 지적 스키마의 출현에 의해 특징지어진다. 예를 들어, 보존의 다양한 유형은 약 6-7세에서 시작하는 아동의 특유한 조작적/평형화 능력과 깊은 관계가 있다. 내적 조절, 어떤 조작 체계의 폐쇄성, 가역성, 탈중심화는 모두 보존 행동에서 나타나는 개념적 불변의 다양한 범주의 발달 조건이다. 양의 보존과 개수의 보존은 주어진 정황에서 선험적으로 불변인 속성을 다루는 느낌과 결합된다. 그러나 이 '선험성'은 어떤 나이에서 아동이 도달한 정신적 스키마의 앙상블이 기능한 귀결이다.

직관의 안정성은 정신적 스키마의 안정성과 내적 일관성과 관련이 있다. 피아제가 자주 강조했듯이, 정신적 조작은 항상 어떤 스키마에 따라 작용하는 큰 체계 내에서 조직된다. 하나의 수는 수들의 무한한 모임에 속한다. 따라서 수 개념은 분류나 순서와 같은 스키마에 기초한다.

직관은 조작과 동일한 정신적 스키마에 따라 조직된다. 그들의 특유성은 암시성 그리고 닫혀있고 자기모순이 없는 인지라는 겉모양에 도달하려는 경향으로 이루어져 있다. 이 속성은 대체로 그 밑에 깔린 메커니즘의 일종의 자동화와 압축을 통해서 얻어진다.

변경에 대한 직관의 저항은 각 스키마 체계가 단일성, 위계, 행동적 역할을 보존하고자 하는 경향이 있음을 나타낸다. 앞에서 말했듯이, 그러한 스키마 체계가 형성되고 반복적으로 강화되는 것은 바로 영속적 경험을 통해서이다.

초두 효과(primacy effect, 初頭效果)는 어떤 직관의 강건성에 기여하는 요인이다. "판단 행동에서 초두 효과는 일반적으로, 대상이나 사람의 판단에서, 개인이 자신의 추리의 근거를 두드러지게 초기 정보에 두고, 이후의 정보의 영향을 덜 받을 때 존재한다고 말한다."(Kruglansky & Freund, 1983, p. 452; Luchins, 1957)

예를 들어, 여러 가지 이유에 의해서, 교사는 학생들 중 한 명에 대해 부정적 첫인상을 가질 수 있고, 내과 의사는 일단의 증상들을 기초로 예비 진단을 할 수 있고, 과학자는 일단의 연구 결과로 일차 해석을 할 수 있다. 초두 효과는 최초라는 사실 그 자체 즉, 첫 인상, 일차 해석 등이 피험자의 초기 태도의 강건성에 영향을 미친다는 것을 의미한다. 개인이 최초의 전체적 해석을 선호하고 밀고 나가는 경향이 있어, 때때로 다른 대안에 대해서 반대하고 첫 결정에 모순되는 합리적 논거나 나중의 정보를 무시하기도 한다.

크루그란스키와 프로인드(Freund)에 의하면, "… 개인은 정보의 열을 일찍 폐쇄하여 상대적으로 후에 들어온 정보에 둔감할 수 있다."(Kruglansky & Freund, 1983, p. 452)

크루그란스키와 프로인드가 수행한 실험을 보자.

80명의 학생들에게 어떤 회사의 사장으로서 한 사람의 성공을 예측하도록 했다. 평가 결과의 반영 정도가 높은 조건에서는, 피험자들에게 후보자의 일에서 성공을 예측해야 한다는 것을 알려주었다. 평가 결과의 반영 정도가 낮은 조건에서는, 유사한 예측을 해야 하지만 그들에게 선택 방법이 오직 예비 단계에서 사용되었다는 것을 알려주었다.

한 피험자 집단에게는 대상자에 대한 긍정적인 초기 자료를 제공했고 (예를 들면, 종업원의 수행이나 복지에 대한 그들의 태도) 그리고 직후에 부정적 자료들을 제공했다. 다른 집단에게는 역순으로 똑같은 정보를 제공했다. (부정-긍정의 열). 포함된 셋째 변수는 시간 제약이었다. 시간 제약이 강한 조건에서는, 피험자에게 예측하는 데 3분을 허용한다는 것을 알려주었다. 반면에 시간 제약이 약한 조건에서는, 과제를 해결하는 데 시간 제약이 없다는 것을 알려주었다.

이 연구의 주요 결과는 긍정-부정의 열에서의 판단이 부정-긍정의 열에서의 판단보다 일반적으로 더 긍정적이었다는 것이다. 이것은 초두 효과가 작용한다는 것을 암시한다. 초두 효과는 시간 제약이 강하고 평가 반영이 낮을 때 유의미적으로 더 두드러졌다(Kruglansky & Freund, 1983, p. 452-454).

어떤 인상의 우선권이 그것의 안정성(뒤따라오는 반대 명증에 대항하기도 하는)에 영향을 미치는 요인라고 추론하는 것이 합리적인 것 같다.

주로 시간 제약이 있을 때라든가 요구된 해가 결정적으로 중요하지 않은 것이라고 제시될 때 초두 요인이 효과적이라는 것을 강조할 가치가 있다. 이것은 개인의 비판적이고 선택적인 태도가 더 약한 정황에서는 초두 효과가 더 강하다는 것을 암시할지도 모른다.

간단히 말해서 크루그란스키와 프로인드의 실험은 초기 정보의 양에 기초하여 전체적 인상을 만들어내고, 그 인상을 외관상 일관된 구조로 고정시키고, 이후의 명증에 대해 그것을 상대적으로 불침투적이 되게 하는 개인의 경향이 있다는 것을 보여준다.

조급한 폐쇄성은 확실히 직관의 기본적 메커니즘 중의 하나이다.

이 맥락에서는 두 가지 측면이 고려될 수 있다. 우선 게슈탈트 심리학의 중요한 개념인 폐쇄성 그 자체에 대해 언급한다. 인간은 지각적 수준에서, 지각된 도형을 '닫으려는' 즉, 이미 친숙한 스키마에 잘 들어맞고 자기모순이 없고 전체로서 하나의 대상으로서 조작할 수 있는 이미지를 얻기 위해, 지각된 도형에 어떤 틈이라도 있으면, 그 틈을 완전하게 메우려는 자연스런 경향이 있다. 불연속적인 정보 집합체를 전체적이며 종합적인 의미로 압축하기는 어렵다. 그러므로 우리에게는 자동적으로 도형을 '닫고' 불확실성을 줄이기 위해 직관적으로 그 틈을 메우려는 경향이 있다.

똑같은 것이 아이디어에서도 일어난다. 우리에게는 자동적으로 자연스럽게 정보의 조각들을 극화하며 (프로이트가 꿈의 기억 조각의 극화라고 생각하는 의미로) 그 정보 조각들에 단일한 의미를 부여하려는 경향이 있다. 폐쇄성 효과는 사고의 조작가능성, 인지의 자기무모순성, 정신적 조작의 내적 평형화를 향한 자연스런 경향성과 관련이 있다. 열린 문제는 귀찮고 당혹스럽다.

이렇게 해서 초두 효과에 관련된 둘째 측면인 조급한 폐쇄성에 도달하게 되었다.

사람들에게는 논리의 탐색을 그만두려고 할 뿐만 아니라, **가능한 한, 일찍** 토의를 끝내려고 하는 경향이 있다. 다시 말해 폐쇄 현상이 초두 효과를 설명하지 않는다. 피험자들은 필요한 정보를 모두 수집할 때까지 기다렸다가 토의를 끝낼 수 있다. 그러나 그렇게 되지가 않는다. 폐쇄의 순간은 매우 흔히 불완전한 정보에 기초하여 조급하게 온다. **이것은 알아야 할 필요보다 확고한 결정을 할 수 있어야 할 필요가 더 강하다는 것을 의미한다.** 초두 효과는 정보의 불완전함에도 불구하고 결정 메커니즘에 (외관상) 견고한 기초를 제공하기 위해서, 우리의 현재 행동에서 망설임이나 주저함을 되도록 많이, 빨리 줄이고자 하는 똑같은 근본적 필요라고 설명할 수 있다.

무엇이 이 초기 직관의 강건성을 설명할 수 있는가? 크루그란스키와 아즈젠은 다음과 같은 측면을 언급한다.

구조의 필요. 이것은 '주어진 토픽에 관한 지식, 모호한 상태와 대립될 어떤 지식을 갖고자 하는 열망'을 표현한다. 다시 말해, '대안적 가설의 발생은 현존 구조를 위태롭게 하기 때문에' 가설 생성 과정에 억제 영향을 발휘하는 구조화된 정보 그 자체가 필요한 것이다(Kruglansky & Ajzen, 1983, p. 16).

무효의 두려움. 크루그란스키와 아즈젠의 견해에 의하면, 이것은 도리어 대안적 가설을 찾는 데 기여한다. 피험자는 잠재적으로 잘못된 가설을 세우는 것을 두려워한다. (그래서 그는 추가적 가능성을 고려하는 경향을 분명하게 보여준다.)

사실상, 우리의 의견으로는, 무효의 두려움은 매우 흔히 무력화라는 두려움보다는 더 약하다. (폐쇄성의 효과로) 이미 도달된 평형을 보존하기 위해, 개인은 다른 대안을 대면하는 상황을 피하는 경향이 있다.

크루그란스키와 아즈젠에 의해 언급된 셋째 측면은 **호감이 가는 결론의 선호**이다. "… 개인은 그들이 바라는 것과 일치하지 않는 것보다는 일치하는 결론에 더 도달할 것 같다."(ibid, p. 16)

초두 효과를 특징짓는 조급한 폐쇄성은 개인의 가치, 취향, 흥미, 선입관 등의 체계의 영향을 받는다고 가정할 수 있다. 따라서 **최초의 판단을 결정하는 요인이 개인이 자신의 초기 판단을 끝까지 고집할 것인가 아닌가를 결정할 것이다.**

사실상 직관의 강건성 문제는 훨씬 더 복잡하다. 인지를 자명하고 의문의 여지가 없는 것으로 받아들이기 위해서, 개인은 각각의 개념작용에 지적으로, 행동적으로, 그리고 심지어 감정적으로 관계해야 한다. 우주가 어떤 특정한 방향을 따지지 않고도 무한하다는 것을 형식적으로 알고 있지만, 나는 여전히 하늘의 천장이 내 머리 위에 멀리 있는 객관적 실재라고 믿는 것처럼 행동한다. 신앙심이 깊은 사람은, 비록 그가 과학자라고 하더라도 신에게 기도를 할 때 위를 보거나 적어도 기도 대상이 그의 머리 위 어느 곳엔가 있는 것으로 간주한다. 사람들은 분명하지 않지만 형식적으로 증명된 아이디어를 다소 쉽게 포기한다. 왜냐하면 그 타당성이 자연스럽고 본질적인 사고 방법에 속하지 않기 때문이다. 그러나 자명한 아이디어는 **우리의 것**이며, 우리의 기본적 신념으로 동일시되면 포기될 수 없다. 우리가 어떤 관념을 자명한 것으로 받아들일 때 우리가 틀렸다는 것을 인정하는 것은 우리의 추론 산물과 통제의 기본적 메커니즘을 의심하는 것과 같다. 명시적으로 그리고 형식적으로 개념적인 과학적 지식이 우수하다고 주장할 수 있지만, 암묵적으로 외관상 자명한 개념작용을 포기하는 과정은 불가능하지는 않지만 매우 골치 아프다.

다른 한편, 우리는 입 밖에 낸 어떤 개념작용에 전념하는 경향이 있다. 우리의 결정을 방어함으로써 우리의 전문가적 의견 자체의 질을 방어하는 바, 그것은 개인의 위신 문제가 된다. 개념작용을 성공적으로 정당화하기 위해서는 우리는 그것을 믿어야 한다. 그러므로 개인은 점점 더 그의 첫 가설에 몰입하게 된다. 그 개념적 본성에 새로운 차원이 추가되면, 그것은 **신념** 즉, 외관상 자명한 진리가 된다.

이제 초두 효과의 몇 가지 발달적 시사점을 생각하자.

일차적인 직관적 선택이 첫 직관적 결정이라는 단순한 사실로 그것의 강건성을 설명할 수 있는가 하는 문제를 이미 언급했다. 다른 가능성은 그 선택이 어떤 동일함을 증명할 수 있는 이유로 이루어졌다는 것, 그리고 그 이유가 주어진 태도의 초두성과 끝까지 고집하는 경향 모두를 설명한다는 것이다.

앞에 나왔던 예를 생각하자. 초등 산술 문제의 해결에서 학생들의 많은 전형적 오류는 산술 연산과 결합된 어떤 원시적이고 암시적이며 직관적인 모델에 의해 설명될 수 있다는 가설을 세웠었다.

예를 들어, 곱셈에 대한 원시적인 암시적 모델은 동수 누가라고 가정한다. 만약 문제의 수치적 자료가 대응하는 모델의 제약에 모순된다면 피험자는 정답을 찾는 데서 어려움을 겪게 된다.

'동수 누가' 모델은 확실히 아동들이 만나게 되는 곱셈에 대한 첫 해석이다. 이 모델은 아이들이 처음 만났기 때문에 또는 교사가 처음으로 제시했기 때문에, 아니면 강건성을 설명하는 어떤 직관적이고 교수학적인 속성을 가졌기 때문에 그렇게 불굴의 것인가?

이 질문은 복잡하고 우리는 명쾌한 답을 위한 충분한 실험적 증거를 가지고 있지 않다. 이 경우에 모델의 초두성은 우연한 만남에 의해서가 아니고 더 깊은 추론에 의해 결정된다는 것이 우리의 제안이다. 교사는 일반적으로 초등학교 수업에서 곱셈을 가르칠 때 동수 누가 모델을 사용한다. 그 이유는 이 모델이 아동들의 추론의 어떤 특유한 속성에 잘 들어맞기 때문이다. (여기서는 구체적 조작기를 말하는 것이다.) 덧셈은 제1수준 연산이고 아동들은 그것의 의미를 직접, 행동적으로 파악할 수 있다. 일반적 형태의 곱셈은 (예를 들어 분수와 소수의 곱셈을 포함해서) 직관적 의미가 없는, 일반적으로 형식적 규칙에 의해서 지배되는 2급의 조작이다.

동수 누가 해석은 아동이 곱셈을 이해하는 자연스런 방법이기 때문에 교사가 곱셈을 처음으로 가르칠 때 그것을 사용한다고 그럴듯하게 단언할 수 있다. 더구나 어른에게도 이것은 곱셈을 직관적으로 이해할 수 있는 자연스러운 방법이다.

결과적으로 아동들이 마주친 곱셈의 첫 해석은 그저 우연히 최초의 것이 되지는 않았다. 그것은 각 발달 단계에서 아동들의 정신적 스키마의 특유성에 의해 결정된다.

그래서 초두 효과 즉, 어떤 초기 표상의 강건성은 첫째임이 되는 것뿐만 아니라 그것의 직관적 인지의 기본적 요구에의 부합성에 의해 설명된다고 가정할 수 있다.

다시 말해, 초기 개념작용은 첫 경험을 나타낼 뿐만 아니라 처음부터 선택되어서 (개인의 지적 특성에 따라서) 안정성이 보장되기 때문에, 적어도 어떤 조건에서는 매우 오랫동안 살아남는다고 가정할 수 있다.

어떤 가설을 세운 과학자는 우연히 그것을 공식화한 것이 아니다. 그것은 주어진 영역에서의 자신의 일반적 철학, 자신의 보통의 해석 방법, 자신의 지식, 자신의 연구 방법에 최적으로 잘 들어맞는 것이다. 그는 자신의 일차 해석이 그의 위신—이것은 확실히 중요한 요인이다—을 위해서 뿐만 아니라, 자신의 추론 구조에 가장 잘 통합되는 것이 바로 그 가설이기 때문에, 확실히 그는 자신의 첫 해석이 유지되기를 매우 바라고 있다. 그는 이 첫 가설을 포기하고 싶어 하지 않을 것이다. 왜냐하면 그것을 포기하면 개념작용의 전체 체계를 재평가해야 하기 때문이다.

요약과 논평

초두 효과는 전체적인 첫인상, 해석 또는 결정의 생존을 결정한다. 때로는 그 후에 반대되는 명증이 있어도 그렇다. 초두 효과가 직관적 신념을 형성하는 데 저절로 영향력을 미치는 것이 가능하다. 그러나 지적 제약과 개인적 헌신과 같은 다른 요인이 개입하는 것 또한 가능하다.

교육적 관점에서 교육과정 개발자와 교사가 고려해야 할 중요한 문제가 있다. 개념이나 연산의 어떤 해석은 자신의 직관적 특질(구체성, 행동적 의미 등)의 결과로서 교수 과정에서 처음에는 매우 유용할 수 있다. 그러나 초두 효과의 결과로 초기 모델이 각각의 개념에 너무 튼튼하게 부착되어 있어서 나중에 그것을 제거하기가 불가능해 질 수도 있다. 이 초기 모델은 똑같은 개념의 더 일반적이고 더 추상적인 고차 해석을 방해할 수 있는 장애가 될 수 있다.

내가 초기 직관적 수단을 과학과 수학의 교수에서 피해야만 한다고 제안하는 것은 확실히 아니다. 오히려 교사는 자신의 교수가 근거하고 있는 모델을 세련되게 하는 것을 점차적으로 그리고 체계적으로 일반화하는 것을, 가능한 한, 일찍 시작해야 한다는 것이

나의 제안이다.

이 권고는 들리는 것보다 하찮지 않다.

11-12세까지 아동이 구체적 조작기에 있다는 점을 고려하면, 사람들은 다양한 구체적 지도 자료와 모델에 의지하고 싶어진다. 이 방법으로 형성된 직관적 해석은 매우 견고해져서 그 후의 추상화와 일반화 과정을 방해하는 경향이 있다. 구체적 조작기 동안에 아동이 고도의 복잡성과 추상성을 가진 개념을 점차적으로 동화할 수 있게 하는 교수학적 요구와 활용 형식을 포함해서, 가능한 한, 일찍 시작해야 한다는 것이 나의 제안이다.

예를 들어, 처음에 대상의 모임(집합)을 표현하는 것으로 이해된 수 개념은 유리수와 무리수의 이해를 준비하는 측정 개념에, 가능한 한, 일찍 관련되어야 한다. 똑같은 일반적 맥락에서 곱셈과 동수 누가 그리고 나눗셈과 실제적 분할의 견고한 결합을 피하기 위해서, **심지어 형식적 조작기 이전에라도** 곱셈 구조(곱셈, 나눗셈, 비례)의 도입을 준비해야 한다.

나는 아동들이 아직 지적으로 충분히 성숙하지 않아서 이해할 수 없는 개념을 강요해야 한다고 주장하지 않는다. 내가 뒷받침하고 있는 것은 구체적 조작기 동안에, 산술과 과학의 기초 개념이 소개될 때, 고차 개념으로 향하는 지적 진보를 준비하기 위한 방법을 발견해야 한다는 것이다. 구체적 행동 절차를 여전히 사용하면서 그것을 할 수 있다.

간단히 말해, 아동에게서 초기의 직관적 결정화를 바꾸는 것에 대한 저항을 고려해 볼 때, 가능한 한, 일찍 각각의 개념작용의 그 이후의 세련화와 일반화를 위해 적당한 교수학적 수단으로 기초를 세워야 한다.

18

요약 및 교수학적 시사점

직관의 역할: 요약

직관이라는 용어는 매우 다양한 인지적 현상에 관련된다. 몇몇 저자들에게 직관은 어떤 지식의 근본적 원천을 의미한다. 다른 저자들에게는 직관은 진리, 실재의 본질을 파악하는 특정한 방법을 나타낸다. 셋째 용법으로, 직관은 자명성과 즉각성으로 특징지어진 특별한 유형의 인지이다. 우리의 해석에서, 이 용어는 주로 셋째 의미와 관계가 있다. 직관은 다음의 속성으로 특징지어진 인지이다.

자명성과 즉각성: 직관적 인지는 형식적 증명이나 경험적 뒷받침 같은 외재적 정당화에 대한 요구 없이, 직접 받아들일 수 있는 것으로서 개인에게 주관적으로 나타난다.

내재적 확실성: 비록 자명성과 확실성이 깊게 서로 관련이 있지만, 어느 하나로 환원되지는 않는다. 확실성 느낌은 외재적 원천(교사의 권위, 증명 등의 뒷받침 등)을 가질 수 있다. 실험 결과는, 어떤 정황에서, 피험자에게 명백해 보이는 명제라고 하더라도 어떤 의심과 함께 받아들여진다는 것을 보여주었다. 높은 직관성은 강한 느낌의 명증과 높은

수준의 신뢰의 결합을 함의한다. 이 이유에서 우리는 직관성을 측정하기 위해 $I=\sqrt{C\times O}$ 라는 공식을 제안했다. 여기서 C는 신뢰를 O는 명백성을 나타낸다.

강건성: 직관은 대안적 해석에 저항하는 안정적 획득물이다.

강제성: 직관은 개인의 추론 전략과, 가설과 풀이의 선택에 강제적 효과를 발휘한다. 과학의 역사와 수학의 역사에서, 직관의 강제적 영향은 흔히 잘못된 해석의 강건성을 결정했다. 유사한 상황이 개인의 지적 발달 동안에도 발생한다. 미숙하고 잘못된 인지적 태도가 적절한 표현과 풀이를 제공받은 후에도 개인에게 살아남을 수 있다.

이론적 지위: 직관은 이론이며, 결코 기능이나 지각에 불과한 것이 아니다. 그것은 특정한 경험을 통해서 지각된 일반적 속성을 표현한다.

외삽성: 바로 직관을 통해서 제한된 양의 정보로부터 직접 파악할 수 없는 자료를 간접적으로 외삽(예를 들어, 유한에서 무한)한다. 연구 증거를 기초로, 외삽에 의해서 가무한인 수열의 관념에 도달할 수는 있지만 실무한집합의 관념에 도달할 수는 없다고 가정할 수 있다.

전체성: 명시적이고 분석적이고 추론적인 논리적 사고와 대조적으로, 직관은 단일한 전체적 관점을 제공하는 구조화된 인지이다. 직관은 조화롭지 못한 단서를 제거하고 단일하고 조밀한 의미와 일치하는 다른 것을 조직하는 경향이 있는 선택 과정을 통하여 전체성을 획득한다.

암시성: 비록 외관상 자명할지라도, 사실상 직관은 선택, 전체화, 그리고 추리라고 하는 복잡한 메커니즘을 기초로 한다. 그러나 이 활동은 일반적으로 무의식적이며 개인은 오직 최종적 산물, 외관상 자명하고, 내재적으로 모순 없는 인지를 의식한다. 직관적 정교화의 암묵적 특성은 그것을 통제하고 그것에 영향을 미치는 것의 어려움을 설명한다.

직관의 인지적-행동적 기능: 우리의 의견으로는, 직관은 상징적 수준에서 지각의 유사물이다. 그것은 지각과 똑같은 행동적 과제를 가진다. 즉, 정신적이고 실제적인 활동을 준비하고 안내하는 과제를 가진다. 그러므로 직관적 개념작용은 지각의 개념작용과 유사한 수많은 특성 즉, 전체성, 구조성, 명령성, 직접적 명증, 높은 수준의 내재적 신뢰성을 가져야 한다. 이 방법으로 정보가 불확실하고 불완전한 상황에서조차 직관은 확고하고 신속하게 우리의 지적 노력을 고무하고 안내할 수 있다.

과학적 추론에서의 직관적 성분의 존속은 인류가 추론 활동에서 외관상 확실하고 분명하고 신용할 수 있는 개념작용에 의지하는 심오한 필연성으로 역사적으로 그리고 개별적으로 설명될 수 있다. 직접적인 믿음성의 출현은 수많은 특별한 메커니즘에 의해 자동적으로 창조된다.

직관의 분류

직관과 풀이 사이의 관계를 고려한 첫째 분류에 따르면, 직관을 단정적 직관, 추측적 직관, 예상적 직관, 결론적 직관으로 구별할 수 있다.

단정적 직관은 확실하고 자명하고 자기모순이 없는 것으로 받아들여진 다양한 사실의 표상 또는 해석이다. 단정적 직관은 개념의 의미(예를 들어 힘, 에너지, 점, 선 등과 같은 개념의 직관적 의미), 관계성 또는 명제의 의미(예를 들어 물체의 운동을 유지시키기 위해서 힘이 필요하다), 연역적일 수도 있고 귀납적일 수도 있는 추리의 수용(예를 들어, $A = B$, $B = C$에서 직관적으로 분명하게 $A = C$를 연역한다.)에 관련된다. 단정적 직관은 기초적(공통, 기본적) 직관과 개별적 직관으로 분류될 수 있다.

추측적 직관은 확실성 느낌과 결합된 가정이다. 예를 들어 "나는 당신이 훌륭한 엔지니어가 될 것이라고 확신한다."가 이것에 해당한다. 그러한 직관은 전문가의 진단 능력에서 중요한 역할을 한다.

예상적 직관 또한 추측이지만, 그것은 명시적으로 문제해결 활동에 속하기 때문에 위의 것과 다른 것으로 분류되었다. 예상적 직관은 문제의 풀이에 대한 예비적, 전체적 견해인 바, 이것은 분석적이고 완전히 전개된 풀이에 선행한다. 모든 가정이 직관은 아니다. 시작에서부터, 확실성과 명증 느낌과 결합된 가정만이 예상적 직관이다. 예상적 직관(그리고 일반적으로는 직관)의 모순된 본성은 과학자와 수학자의 내관적 폭로에서 표현된다. 풀이의 초기 형태에서, 그것은 확실하고 엄연한 것으로 지각됨과 동시에, 또한 '빈약한' 그리고 '일시적인' 것으로 지각된다.

결론적 직관은 이전에 정교화된 문제의 풀이의 본질적 아이디어를 결론적이고 전체적인 시각으로 요약한다. 이 완전하고 전체적인 견해가 내재적이고 직접적인 확신에 형식적이고 분석적인 구성을 덧붙인다.

직관의 둘째 기본 분류는 **일차적 직관과 이차적 직관**이다.

일차적 직관은 개인적 경험의 효과로 어떠한 체계적 지도와도 무관하게 개인에게서 발달한다. 각 개인들은 전조작적일 수 있거나 아니면 조작적일 수 있다. 이 구별은 발달 단계에 관한 피아제의 구별과 평행하다. 전조작적 직관은 형상에 근거하는 반면에, 조작적 직관은 조작적 구조(예를 들어, 다양한 유형의 보존을 **선험적으로** 분명한 것으로 받아들이는 것, 기계적 인과율의 직관적 이해)에 기초한다. 구체적 조작기 동안에 발달하는 조작적 직관은 우리의 전체 삶에서 안정적 획득물로 남는다. 형식적 조작기 동안에는 직관적 수준에서 근본적 변화가 자발적으로 일어나지 않는다. 형식적 능력 발달의 효과로 직관적 획득물이 정확하고 명확하게 얻어질 수 있지만, 그것들은 기본적으로 똑같은 것으로 남게 된다. 유리수와 실수의 본성에 대해서 배운 학생은 수 개념을 더 깔끔하고 명확하게 이해하지만, 수의 직관은 자연수를 특징짓는 개수와 순서 아이디어에 자연스럽게 부착될 것이다.

체계적 지도의 영향 아래에서는 새로운 직관 즉, 새로운 인지적 신념이 창조될 수 있다고 가정했다. 우리는 이것을 **이차적 직관**이라고 명명한다. 우리의 견해로는 그러한 과정은 각각의 인지가 필요하고 예상적이며, 그리고 나중에는 확인된 표상의 역할을 하는 활동에서 학습자의 개인적 개재를 함의한다. 무리수 개념이 나타내는 것에 대한 깊은 직관적 통찰 없이 무리수에 관해 학습할 수 있을 것이다. 측정하기라는 실제적 활동을 통해서야 우리는 무리수의 통약불가능성의 의미와 무리수의 의미와 역할을 발견할 수 있다.

직관과 모델

어떤 동형사상에 기초하여 A의 입장에서 산출된 서술이나 풀이가 B의 입장에서 모순 없이 반영된다면, 그리고 **그 역이 성립한다면**, 체계 B가 체계 A의 모델을 나타낸다고 말한다. 관념이 직관적으로 표현될 수 없다면, 추론 과정에서 그 관념을 대체할 수 있는 모델을 만들어 내는 경향이 있다. 특히 여기서는 그 개념을 감각적인 행동적 용어로 번역할 수 있는 대체물을 말하는 것이다. 이것이 **직관적 모델**이다.

모델은 사려 깊게 또는 자동적으로 만들어진다. 추론 과정에서 매우 흔히 암묵적으로 기능하는 모델이 탐색과 해결 전략에 영향을 주고, 그것은 직접적인 의식적 조정의 범위를 넘게 된다. 그러한 암묵적이고 자동으로 생산된 모델은 빈번히 직관적 구조의 구성을 결정한다.

다양한 유형의 직관적 모델이 서술될 수 있다. 만일 원래의 것과 그 모델이 서로 다른 체계에 속한다면, 우리는 (예를 들어 전류의 흐름과 유체의 흐름과 같은) **유비**를 가진다. 패러다임 모델의 경우에는 원래의 것이 어떤 대상이나 현상의 범주인 반면에, 모델은 예 또는 고려된 그 범주의 하위 부류에 의해 제공된다. (예를 들어, 많은 아동들에게 물은 액체를 정의하고 확인하기 위한 모델이다). 직관적 특질을 가진 어떤 현상이 더 복잡한 관련 현상의 이해를 도울 수 있다면, 우리는 현상학적 원형을 가지고 있는 것이다. (압축되었다가 늘어나는 스프링의 운동은 에너지 보전과 변환이 개재하는 다양한 현상에 직관적 의미를 부여할 수 있다.) 다이어그램 모델의 경우, 모델의 역할을 하는 다양한 그래프 표현이 있다. (예를 들어, 함수의 그래프, 수형도, 벤다이어그램 등과 같은) 다이어그램 모델은 추상적 관계성을 직관적 관계성으로 번역하는 데 근본적으로 중요하다. 학생이 그 모델의 진정한 구문론과 원래의 것과의 대응 규칙을 학습한다면, 다이어그램 모델은 교수학적으로 유용할 수 있다.

모델이 발견술적 장치로서 진짜로 유용하기 위해서는 수많은 특성을 가져야만 한다. 모델은 원래의 것에 고도로 자연스럽고 모순이 없는 구조적 대응물을 제공해야 한다. 그것은 또한 인간의 정보 처리 특징(공간적, 시각적 표현가능성, 행동적 조종가능성, 유한성 등)에 대응해야 한다. 셋째로, 모델은 원래의 것에 대해서 상대적 자율성을 가져야 한다. 이것은 모델이 내적으로 일관되고 구조화되고 나름대로의 법칙에 의해서 지배된다는 것을 함의한다. 모든 단계에서 원래의 것의 지령에 종속된 모델은 발견술적으로는 쓸모가 없다.

추론 전략이 부적절한 암묵적 모델에 의해 통제되기 때문에 아동은 매우 흔히 학습, 이해, 풀이의 시도에서 어려움에 직면한다. 교사는 그러한 모델을 확인하고 학생이 그것에 관해 의식하도록 도와주어야 한다. 만약 필요하다면, 교사는 학생이 자신의 정신 모델을 바로 잡고, 더 적절한 모델에 의지하도록 도와주어야 한다. 아동의 지적 진보는 형식적 개념 발달로 환원되지 않는다. 직관과 직관적 모델은 임의의 생산적인 정신 활동의 강력한 성분을 표현하며, 그 효과가 지도 과정에서 고려되어야 한다.

직관 메커니즘

직관은 경험에 의해 형성된다. 즉, 개인이 체계적으로 개재되고 그리고 예상적이고 전체적이고 잘 구조화된 표상과 평가를 요구하는 실제적 상황에 의해서 형성된다. 그리하여 직관은 어떤 상황에 관해서 잘 안정된 기대 덩어리로 서술될 수 있다.

직관을 형성하는 과정에 참여하는 다양한 메커니즘이 다음과 같이 확인되었다.

과신: 불확실한 상황에서 단호하고 신속하게 작용하도록 직관적 인지를 안정화시키기 위해, 개인은 보통 그것의 옳은 가능성을 과대평가해야 한다. 과신은 다양한 정보 조각의 중요성을 왜곡함으로써 이루어진다. 받아들인 풀이에 대해 외관상 호의적인 것은 선호되지만, 그것에 모순되는 것은 최소화되거나 간과된다. 이 선택 과정은 (직관의 경우에) 자동적이다.

극화: 직관적 해석의 개연성을 증진시키기 위해서, 개인은 자동적으로 사실의 열을 극적으로 만드는 경향이 있다. 즉, 논리적으로 받아들일만한 일관성을 제시하기 위해서 그들을 결합하는 경향이 있다.

조급한 폐쇄성: 정보와 주장을 객관적으로 정당화하기 전에 새로운 정보에 대한 탐색과 주장에 대한 조사를 자동적으로 멈추는 경향이 있다. 그리하여 직관적 견해 즉, 확신과 내재적 무모순성이라는 겉모양을 가진 조숙하게 폐쇄된 표상을 얻는다.

초두 효과: 인간은 어떤 해석이나 풀이가 흔히 가장 먼저 선택되고 받아들였기 때문에 그것에 호의를 보이는 경향이 있다는 것이 알려져 있다. 우리는 달성된 평형을 와해시킬 수 있는 대안적 해석을 피하는 경향이 있다. 지식은 구조화되고, 외관상 일관된 채 남아 있고, 이것이 직관을 특징짓는 '인식의 결빙'에 기여한다.

즉각성의 요인: 직관은 즉각적이고 외관상 자명한 인지이다. 즉각성의 효과에 기여하는 다음 요인들이 자동적으로 도출된다.

- 시각화: 시각적 이미지는 동시에 그리고 상대적으로 구조화된 방식으로 상황과 관련된 대부분의 정보를 전달한다. (예를 들어, 청각적 메시지의 경우는 그렇지 않다.) 더구나 시각적 이미지는 개념적 구조보다 더 개인적이며 더 행동적으로 개재된다.
- 이용가능성: 어떤 풀이는 객관적으로 형식적 요구에 잘 들어맞기 때문이 아니라, 쉽게 이용가능하기 때문에 확실한 것으로 받아들일 수 있다. 만일 어느 부류의 어떤

원소가 다른 것보다 더 쉽게 감지될 수 있다면, 그것을 더 빈번한 것으로 간주한다.

- 정박하기: 어떤 두드러진 특성이 개인의 직관적 해석에서 결정적이 될 수 있다. 왜냐하면 그것이 객관적으로 결정적이기 때문이 아니라, 오직 그것이 더 두드러지기 때문이다.
- 대표성: 불확실한 사건 또는 한 부류에 속하는 표본의 확률은 객관적 고려에 의해서가 아니라 각각의 범주의 피상적이고 외관상의 대표성에 의해서 결정될 수 있다. 확률 과정에서 직관적으로 ABABB는 예를 들어 AAAAA보다 더 대표적이라고 간주되고 따라서 더 많이 나타날 것 같다.

전체성의 요인: 직관은 전체적이고 종합적인 견해의 형태를 취하지만, 이것은 몇몇 통합적인 암묵적 절차의 효과이다. 하나는 게슈탈트 심리학에서 언급하는 폐쇄성의 법칙이다. 원소들의 집단은 단일한 유의성으로 정의되는 앙상블인 '게슈탈트'를 구성하기 위해 스스로를 조직하는 경향이 있다. 전체를 완비하기 위해서 상상은 외관상 결여된 조각들을 첨가한다.

해석 과정은 종종 몇몇 암묵적인 대수적 법칙과 일치하여 성취된다는 것이 또한 알려져 있다. 어린 전조작적 아동들에게 이것은 덧셈적 규칙이지만, 더 나이든 아동들에게는 통합이 주로 곱셈적 규칙에 근거하는 것이다. (예를 들어, 직사각형의 넓이는 암묵적으로 치수(dimension)를 더하거나 곱하는 어느 하나로 직관적으로 추정되고 비교된다.) 전조작적 아동들은 또한 하나의 두드러진 특성으로부터의 외삽을 통해 통합할 수 있다. (예를 들어, 하나의 차원에서 전체 대상으로) 다양한 사건이나 상황에 공통된 원리가 발견되면, 그것이 각각의 현상의 본질의 직관적 파악에 기여한다.

갈등과 타협

어떤 정황은 모순된 직관을 형성하기도 한다. (서로 다른 길이의 두 선분은 동일한 수의 무한한 점들을 포함하는 것으로 직관적으로 가정된다. 그러나 그림으로 볼 때, 그 두 선분은 직관적으로 서로 다른 수의 점들을 포함하는 것으로 가정된다.)

갈등은 또한 직관적 해석과 형식적 해석(지도에 의해 획득된) 사이에서도 나타난다.

아동에게서, 그러한 모순된 직관은 공존할 수 있다. 그러나 직관적 표상이 더 강하고 형식적 개념작용을 괴멸시키는 경향이 매우 흔하다. 학생들은 무게가 중력을 전제로 한다는 것을, 만일 개입되는 힘이 없다면 발사된 물체는 등속운동 상태를 유지한다는 것 등을 쉽게 잊는다. 때로는 두 개의 모순된 개념작용이 새로운 타협 직관으로 합병될 수도 있다. 예를 들어, 무한의 동적 표상은 지적 스키마의 유한한 구조와 형식적으로 획득된 무한의 아이디어 사이의 타협이다.

일차적인 직관적 구조에 대한 학습된 개념적 구조의 통제를 강화하기 위해, 학생은 자신의 암묵적인 정신적 갈등을 의식해야 한다는 것이 권고되고 있다.

직관은 정신 활동에서 강력하고 강제적인 힘을 나타낸다. 직관은 때때로 공공연한 방식으로 작용하지만, 암시적으로 더 흔히 작용한다. 직관은 중요한 생산적 아이디어의 원천을 나타낼 수도 있지만, 개인의 정신적 전략을 빈번히 왜곡하거나 방해한다.

교육적 문제는 직관적 표상과 해석을 제거하는 것이 아니다. 우리의 의견으로는 이것이 불가능하고 확실히 바람직하지 않다. 오히려 교육적 문제는 학생들이 자신의 직관적 개념작용을 분석하고 제어하도록 능력을 개발하게 하고 형식적인 과학적 요구와 모순되지 않는 새로운 직관을 형성하게 하는 것이다.

교수학적 시사점

매우 오랫동안, 추론은 논리적 규칙이 지배하는 명제의 네트워크의 입장에서 연구되었다. 결과적으로 지도 과정, 특히 과학과 수학에서의 지도 과정은 학습자에게 어떤 분량의 정보(원리, 법칙, 정리, 공식)를 제공하고, 또 각각의 영역에 적합한 형식적 추론의 방법을 개발하는 경향이 있었다.

이 연구에서 보여준 것은, 개념적 네트워크의 동력을 넘어서, 수학적 지식과 과학적 지식을 받아들이고 사용하는 데 깊이 영향을 미치는 안정화된 기대와 신념의 세계가 있다는 것이다. 과학 교사와 수학 교사가 이런 직관적 힘을 확인하고 지도 과정에서 그것을 고려하는 것은 근본적으로 중요하다.

몇 가지 측면을 강조하고자 한다.

(1) 수나 도형과 같은 수학적 존재물은 경험 과학의 대상이 그런 것처럼 외적이고 독립적인 존재물을 갖지 않는다. 수학에서는 공리나 정의에 의해 속성이 완벽히 정박된 존재물을 다룬다. 그러한 존재물을 다루는 것은 경험적이고 물질적으로 존재하는 실재에 대해 요구되는 것과는 근본적으로 다른 정신적 태도를 요구한다. 구체적 대상의 범주를 정의할 때, 그 정의는 오직 각각의 범주의 모든 지식에 가깝다는 사실을 의식한다. 예를 들어, 입체도형의 정의는 오직 입체도형의 속성에 가깝다. 입체도형에 관해서 더 알기 위해서는 입체도형을 연구해야지 정의를 분석해서는 안 된다. 정의로부터 연역될 수 없는 새로운 속성이 발견될 수 있다. 수학적 개념과 대상은 다르다. 수학적 존재물은 그들의 온전한 존재, 그들의 모든 속성을 형식적으로 강요되어진 것에 빚지고 있다. 이것이 새로운 교수학적 상황을 창출한다. **학생들은 대응하는 공리와 정의에 절대적으로 부합하는** 수학적 개념을 이해하고 사용하는 것을 학습해야 한다. 이것은 중요하지만 매우 어려운 교수학적 과제이다. 모든 개념이 그러하듯이 수학적 개념은 일반적으로 직관적 짐을 가진다. 그림 표현, 다양한 유형의 해석 또는 패러다임과 유비와 같은 풀이 모델은 수학적 개념에 생산적 추론의 동력이 요구하는 모종의 직접적 접근가능성을 부여한다. 우리의 수학적 사고는 우리의 적응성 있는 실제적 행동에 깊이 뿌리박혀 있는 바, 이것은 공간적 표현가능성, 구체적 무모순성, 유창한 연속성 등을 함의한다. 주요 **문제는 추론의 생산적 유창성에 필요한 개념의 직관적 짐과 함께 살아야 한다는 것을 학습하는 것이고, 동시에 바로 그 추론의 코스에서 이 직관적 영향의 충격을 통제하는 것을 학습하는 것이다. 이를 위해, 학생들은 한편으로는 수학적 개념의 정확하고 형식적인 의미와 함의를, 다른 한편으로는 그 밑에 깔린 직관을 의식해야 한다.**

아동들은 정사각형을 평행사변형이라고 받아들이기 어렵다. 왜냐하면 평행사변형의 관념은 (보통의 패러다임 모델의 귀결로서) 직관적으로 똑같지 않은 변과 각을 함의하기 때문이다. 형식적으로 정사각형은 평행사변형**이다.** 정사각형의 정의는 평행사변형의 모든 속성을 함의하기 때문이다.

접선의 정의는 곡선과의 단 하나의 접점을 함의하는 것이 **아니라,** 오직 어떤 점에서의 곡선의 기울기를 나타내는 속성을 함의한다. 직관적 짐은 그 접점의 유일성을 포함한다. (원의 패러다임 모델)

메타인지적 기법을 통하여, 학생들은 사용된 수학적 개념의 형식적 속성을 명확하게 아는 것을, 그리고 자신의 오개념작용의 직관적 원천을 이해하는 것을 학습해야 한다.

경험 과학에서도 사용되는 개념의 명확하고 명시적인 정의를 소유하는 것이 또한 중요하다. 그러나 이 경우에 그 정의가 개념의 속성을 강요하는 것은 아니다. 도리어 고려된 관념을 풍요롭게 하고 그리고 더 정확하게 하기 위해 영구적 원천으로 남아 있는 것은 바로 각각의 현상의 복잡한 실재이다. 정신적 태도는 다르다. 학생은 자신의 생산적 추론에서 이 두 가지 서로 다른 상황의 유형에 대처하는 것을 학습해야 한다. 수학에서는 결정적인 것이 바로 형식적인 공리적 기초이며, 경험 과학에서는 결정적인 것이 바로 경험적 증거이다. 이론적으로는 이 차이를 받아들이는 것이 어렵지 않지만, **직관적으로는** 그 차이가 존재하지 않기 때문에, 그것을 실제적으로 직관적으로 그리고 조작적으로 동화하는 것은 매우 어렵다.

(2) 첫째 측면과 관련된 둘째 측면은, 학생이 자신의 일차적인 직관적 획득물을 분석하고 형식화하는 것을 학습해야 한다는 사실이다. 이것은 실제적 실재와 직관적 해석으로부터 형식적 구조를 어떻게 추상하는지, 그리고 그것들을 명시적으로 어떻게 서술하는지를 배우는 것을 함의한다.

우리는 원, 정사각형, 또는 삼각형이 무엇인지를 직관적으로 안다. 우리는 암묵적 고려 사항에 기초하여 이 도형들을 구별해 낼 수 있다. 정확하고 완벽한 방식으로, 공통적인 일반적 속성의 서술을 시도하자. 그러한 연습은 (정의로부터 시작하여) 처음으로 언급한 것들의 보완물을 나타낸다. 이 두 가지 유형의 활동의 근본적 과제는 학생들을 오도하게 되는 일 없이 생산적 기여를 하고, 학생들이 자신의 일차적인 직관적 획득물을 생산적으로, 학생들이 그것들에 의해 오도되지 않고 그들의 창의적 기여를 계속해서 살아남게 하는 방식으로, 통제할 수 있게 되도록 훈련시키는 것이다.

(3) 개념과 조작의 형식적 해석과 직관적 해석 사이에 일어날만한 갈등이 언급되었다.

본질적 권고는 학생들이 그러한 갈등을 의식하게 되도록 도와줄 수 있는 교수학적 상황을 만드는 것이다. 그러나 숨어 있는 갈등을 명백하게 드러내는 것이 저절로 그 문제를 해결하는 것은 아니다. 이 절차는 (직관적 해석에 대비되는) 고려된 수학적 존재물의 (정의에 의해 서술된) 속성을 명시적으로 분석하는 이미 언급된 활동과 결합되어야 한다.

예를 들어, 길이가 서로 다른 두 선분에서 점의 집합을 비교한다면, 상반되는 두 가지 결론을 얻는 바, 직관적으로는 두 가지 모두 타당하다. 두 집합은 둘 다 무한집합이므로 상등이다. 더 긴 선분이 더 많은 점을 가지므로 두 집합은 상등이 아니다. 학생들이 갈등을 인식하게 하는 역할은 학생들이 무한의 영역에서 직관적 주장이 오도될 수 있다는 것을 직관적으로 이해하도록 돕는 것이다. 점 개념을 분석함으로써, 점은 차원이 없고 참다운 내용물도 없다고 형식적으로 강조한다. 점이 직관적 해석으로 (작은 반점이라고) 고려되면 더 긴 선분이 더 많은 점을 가진다. 그러나 수학적 점은 차원이 없기 때문에, 바로 형식적 고찰을 통해서만이 그 문제가 해결될 수 있다.

직관적으로, 곱셈은 '더 큰 것을 만든다.' 그러나 어떤 수에 1보다 작은 소수를 곱하면 이 직관적 규칙은 더 이상 성립하지 않는다. 그러면 사람들은 갈등('더 작게 만드는' 곱셈)을 겪는다. 이것을 극복하기 위해서는 모순을 의식해야 할 뿐만 아니라, 곱셈 개념을 분석하고, 갈등의 원천인 동수 누가가 특정한 모델일 뿐이라는 것을 이해하고, 곱셈의 형식적 법칙과 함께 곱셈적 구조의 더 일반적 의미를 깨달아야 한다.

(4) 일반적으로, 새로운 수학적 개념 또는 과학적 개념을 도입할 때, 특히 첫 학년도 동안에, 직관적 모델을 사용한다. 그러한 직관적 해석은 구체적 조작기의 속성에 부합하고, 관념이 학생들에게 더 접근가능하게 해 준다. 수는 집합의 원소의 개수를 나타내는 것으로 가르쳐지며, 산술 연산은 실제적 활동에 관련되고, 기하학적 관념은 구체적인 공간적 속성에 근거한다. 등등. 나중에 더 일반적이고 추상적인 의미와 정의가 도입될 것이라고 가정된다. 그러나 이 초기의 직관적 해석이 각각의 개념에 튼튼하게 부착되어져, 결과적으로 그들의 영향으로부터 벗어나기가 매우 어렵게 된다는 것을 초두 효과가 시사하고, 연구가 확실히 해 주고 있다. 그러나 새로운 수학적 개념을 도입할 때 초기에 직관적 수단의 사용을 피하는 것은 불가능하다. 이 딜레마를 해결하는 일반적 처방은 없지만 우리가 권하는 바는 다음과 같다. 즉, 가능한 한 일찍, 아동들이 학습하게 될 개념의 형식적 의미와 내용을 이해하도록 준비하는 것을 시작해야 한다. 우선 개념과 연산 사이의 관계를 드러냄으로써, 또 서로 다른 개념과 연산의 밑에 깔린 공통 구조를 명시적이 되게 함으로써 그 일을 할 수 있다. 예를 들어, 곱셈과 나눗셈은 곱셈적 구조의 역 측면인바, 비례적 추론과 관계가 있다. 덧셈과 뺄셈은 반대인 실제 연산에 직관적으로 근거한다. 알고리즘은 서로 다르지만 수학적으로는 두 연산이 깊이 관계되어 있다. 사실상 덧셈의 관념을 포함하는 문제는 때때로 뺄셈에 의해 해결되며, 그 역도 성립한다. 그러한 상황에 익숙해짐으로써 학생들은 어떤 특정한 직관적 모델로부터 수학적 연산을 분리하는 것을, 그리고 이 연산을 일반적인 형식적 맥락으로 보는 것을 학습한다.

(5) 수학에서 증명을 가르치는 데 있어서의 어려움 중의 하나는, 증명이 학생들에게 쓸모없는 것처럼 보이는 경우가 매우 흔하다는 사실임이 잘 알려져 있다. 많은 수학적

명제는 자명해 보이고, 따라서 증명이 불필요한 것처럼 여겨진다. 그러한 경우에 직관은 학생들이 그 명제를 받아들이게 하는 데 도움을 주지만, 증명의 필요를 받아들이는 것을 막는다.

이 책에서 자주 강조되어 왔던 것처럼 수학교육의 근본적 과제중의 하나는 학생들이 직관적 느낌, 직관적 신념과 형식적으로 뒷받침되는 확신을 구별하는 능력을 개발하는 것이다. 수학에서 형식적 증명은 결정적이며, 직관이 오도할 수 있기 때문에 항상 증명의 힘을 빌려야 한다. 이것은 학생이 이론적으로 받아들여야 하는 아이디어이지만, 또한 자신의 수학적 추론에서 모순 없이 실천하는 것을 학습해야 한다는 아이디어이다.

다른 한편, 학생들의 직관에서 그들의 신뢰를 위태롭게 하는 것은 심각한 실수가 될 수도 있다. 이것을 피하기 위해서, 학생들에게 다음과 같은 확신을 개발시켜 주는 것이 중요하다. (a) 사람은 옳고 유용한 직관을 가지고 있으며, (b) 적절한 형식적 구조를 동화시킴으로서 직관을 통제할 수 있게 된다.

유사한 상황이 또한 경험 과학에서도 나타난다. 알다시피 과학에서 우리의 직관은 매우 흔히 오도할 수 있다. 학생들은 이것을 의식해야 하며, 동시에 개념과 명제의 경험적 명증과 형식적 분석이 과학적 진리의 객관적 타당성을 성취하는 수단이라는 것을 학습해야 한다.

확실히 학생들은 수학에서의 형식적 증명과 실험적 확인 사이의 근본적 차이를 깨달아야 한다. 추가적인 경험적 증거는 오직 각각의 단언의 확률을 높여주는 반면에, 증명은 명제의 보편적 타당성을 보장한다. 이미 강조했듯이, 그 구별은 직관적으로 분명하지 않으며, 학생들에게 그 아이디어의 이해를 발달시켜주기 위해서는 수학교육과 과학교육에서 특별한 관심이 기울여져야 한다.

(6) 직관의 발달에 대해 언급할 때 예상적 직관을 또한 고려해야 한다. 수학이 비록 지식의 연역적 체계라 하더라도, 수학에서 창조적 활동은 귀납적 절차, 유비, 그럴듯한 짐작이 근본적 역할을 하는 구성 과정이다. 그 효과는 예상적 직관에서 매우 흔히 결정화된다. 우리의 의견으로는, 유사성에 대한 학생들의 민감성, 동형사상을 확인하고 공통구조를 서술하는 능력을 교육하는 데 훨씬 더 많은 관심을 두어야 한다. 푸앵카레나 폴리야가 보였듯이, 새로운 결실이 풍부한 아이디어는 외관상 매우 다른 수학적 존재물 사이의 유비에 의해 자주 암시된다.

다른 한편, 학생은 예비적 풀이의 개연성을 평가하는 것을 학습해야만 한다. 우리 의견으로는, 이것이 순전한 어문적 설명만으로는 이루어질 수 없다. 오히려 교실에서 경쟁 중인 가설에 대해 체계적 토론이 장려되는 코스에서의 실제적 훈련의 문제이다. 그러나 풀이를 탐색하는 동안에 추측할 때, 모든 예상적 직관의 가능한 경우가 올바를 것으로 명시적으로 평가해야만 한다는 것을 고려하지는 않는다. 이것은 두 가지 이유로 불가능하기 때문이다. 하나는 풀이 과정이 주로 자동적이라는 것이다. 우리의 풀이 노력의 모든 단계를 명시적으로 통제할 수는 없다. 둘째 이유는 예상적 직관이 개인에게는 순전한 추측이 아닌 확실한 진실로 보인다는 것이다.

예상적 직관의 개연성의 평가를 말할 때, 그 개연성에 따라 가설적인 일종의 자동적인 암묵적 선택을 주로 고려한다. 우리의 의견으로는, 교실에서 경쟁하는 해석과 문제의 예상되는 전체적 풀이에 대해 토론하는 체계적 활동을 함으로써, 암묵적 선택 과정을 발달시키는 것이 가능할 수도 있다.

예상적 직관은 무(無)에서부터 자발적으로 나타나지 않는다. 예상적 직관은 형식적인 개념적 제약과 일치하지 않을 수 있는 암묵적인 직관적 경향으로 결정된 힘의 영향을 받는다. 이것은 학생의 옳은 직관적 해석의 발달과 자신의 직관을 개념적으로 통제하는 능력이 학생의 풀이 능력을 교육하는 데 중요한 역할을 한다는 것을 의미한다.

예상적 직관은 전체적인 신뢰 느낌과 결합된 추측이다. 이것은 위에서 이미 언급한 문제를 다시 제기한다. 만일 학생들이 자신의 추측이 고도로 오도할 수도 있다는 것을 안다면, 더 이상 (전혀) 추측하려고 하지 않든지 적어도 교실에서 자신의 추측을 공공연히 표현하려 하지 않을 것이다. 그러한 효과는 확실히 학생의 풀이 능력을 방해하게 될 것이다. 그러면 학생은 잘못된 짐작의 위험성을 받아들이는 것을 학습해야 한다. (심지어는 공공연히) 학생들은 이것이 초보자뿐만 아니라 **모든 사람들이** 문제를 해결하는 방식임을 이해해야 한다. 확실히 무모한 짐작을 고려하지 말고, 오직 진지한 예비적 분석에 근거한 그럴듯한 추측만을 고려한다. 다른 한편, 자신들이 발견한 것과 자신들의 예상 풀이를 형식적으로 그리고 직관적으로 점검하고 분석하는 학생의 능력을 개발시켜야 한다. 우리의 신념은 적절한 훈련을 통해서, 불일치성, 논의의 불완전성, 사고 과정에서의 결점들에 대한 학생들의 직관적 느낌을 개발하는 것이 가능하다는 것이다. 이것은 형식적이고 체계적으로 예비 풀이(예상적 직관)를 분석하는 능력과 더불어, 문제 해결 노력에서 성공의 본질적 조건을 나타낸다.

(7) 과학교육과 수학교육에서 직관적 수단의 사용을 장려해야 하는가?

여러 번 강조했듯이, 직관적 해석과 풀이는 모든 생산적 추론 노력의 **필요불가결한** 성분이다. 교육적 문제는 단정적 직관이나 예상적 직관을 제거하는 것이 아니다. 우리의 견해로는 이것이 불가능하다. 교육적 문제는 논리적 추론의 형식적 구조를 개발하는 것과 더불어, 가능한 한, 새롭고 적절한 직관적 해석을 개발하는 것이다.

특히 이것은 적절한 실제적 활동을 통해서 이루어질 수 있고, 순전한 어문적 설명을 통해서는 이루어질 수 없다. 우리의 의견으로는 직관은 기능과 본성에 의해서 행동적으로 실제적으로 방향지어진다.

그러나 수학이나 과학에서 모든 것이 직관적으로 해석될 수 있는 것은 아니다. 이것이 학생들에게 명확하게 이해되어야 한다. 다른 어떤 가능한 직관적 표현을 넘어 오직 형식적 구조물인 과학적 개념과 수학적 개념과 명제가 존재한다. 수학은 바로 그 본성상 형식적이고 연역적 지식 체계이기에 그러하다. 그리고 경험 과학의 어떤 영역에서는 직접적인 감각적 의미를 갖지 않은 현상(예를 들어, 소립자)을 다루기 때문에 경험 과학에서도 그러하다.

사실상 어떤 적절한 직관적 해석도 가능하지 않을 때에는 인위적인 직관적 전략을 사용하지 말아야 한다는 것이 우리의 주장이다. 도리어 우리의 의견으로는 학생들이 수학이나 경험 과학 모두에서 논리적 구성물의 근본적 역할을 직관적으로 깨닫게 하기 위해, 그러한 기회를 사용해야만 한다.

결론

수학적 추론과 과학적 추론은 일반적으로 형식적인 개념적 구조로 환원되지 않는다. 수학적 획득물과 과학적 획득물의 역사는 정신적 장치를 암묵적으로 생산하는 심오한 경향성의 영향을 받아왔다. 그 정신적 장치들은 인간으로 하여금 자신들의 개념작용의 객관적 타당성을, 심지어 완벽한 정당화에 이르기 전에, 직접 믿게 해 준다. 우리는 외관상 자명하고 자기모순이 없는 인지 즉, 일반적으로 직관이라 불리는 것의 출현이 정상적이고, 유창하며, 생산적 추론 활동의 근본적 조건이라고 간주한다. 직관은 복잡한 인지 구조인 바, 그것의 역할은 이용가능한 정보(심지어 불완전하더라도)를 외관상 일관적이고,

내적으로는 무모순이며, 자명하고, 실제적으로 유의미한 표상으로 조직하는 것이다.

그러나 수학은 그 본성상 형식적으로 그리고 공리적으로 조직된 지식 체계이다. 수학의 모든 명제는 (몇몇 공리와 원시적 관념을 제쳐 놓고) 명시적이고 완벽한 증명의 기초 위에서 만들어져야만 한다.

그러면 우리는 **수학의 본성**과 **수학적 추론**의 본성 사이에 심오한 모순을 얻는다. 수학적 추론, 일반적으로 모든 종류의 과학적 추론의 동력은 신념, 기대, 그림 자극제, 유비, 패러다임과 같은 다양한 심리적 성분을 포함한다. 이것들은 추론의 더 원시적 형태의 잔여물이 아니다. 그것들은 모든 유형의 추론에서 진정으로 생산적인 활동적 성분이다.

내가 말했듯이 이것은 심오하고 변증법적인 모순에 이르게 된다. 생산적으로 사고하기 위하여 직관적 자극제나 인센티브가 필요하다. 그러나 동시에 수학적 추론의 주요 노력은 논리외적 뒷받침과 주장을 제거하여 '정화되는' 것이다.

수학의 역사에서 나타나는 장애, 어려움, 왜곡을 아동기 동안에 그리고 지도 과정에서 출현하는 것과 비교해 보는 것이 상당히 계몽적이다. 기본적으로 똑같은 유형의 갈등이 확인될 수 있다. 직관적 요인 즉, 실제성, 행동적 해석, 시각적이고 공간적으로 모순 없는 표현의 탐색은 수 개념과 여러 가지 기하학, 무한소 계산, 무한개념 등의 역사적 발달에 심오한 영향을 미쳤다. 유사한 현상이 지도 과정에서도 찾아질 수 있다. 이것은 추론의 직관적 형태가 지능의 발달에서 오직 일시적 단계가 아니라는 가설을 뒷받침한다. 도리어 전형적인 직관적 제약이 모든 단계에서 풀이하고 해석하는 방법에 영향을 미친다. 심지어 고도로 추상적인 개념을 다룰 때조차도, 거의 자동적으로 그들을 직관적으로 접근가능하게 해 주는 방법으로 그들을 나타내는 경향이 있다. 우리에게는 우리의 추론이 자연스럽게 적용되는 종류의 조종 특성을 추상적 개념에 부여할 수 있는 행동적 표현 및 그림 표현에 의지하는 자동적 경향이 있다. 심지어 학생이 어떤 수학적 관념과 관계가 있는 적절하고 고도로 추상적인 지식을 획득한지 오래 되었어도, 그 관념이 처음 형성된 원시적이고 직관적인 모델이 그 관념의 사용과 해석에 계속해서 암묵적으로 영향을 미친다는 사실이 증명되었다. 예를 들어, 곱셈을 동수 누가의 입장에서 표현하지 않거나 나눗셈을 물질적 분할의 입장에서 표현하지 않는 것은 어렵다. 극한 개념을 실제적이고 동적 과정의 입장에서 해석하지 않는 것이나, 점이나 선을 그림 표현의 입장에서 해석하지 않는 것은 어렵다.

확실히 우리는 개념이나 연산을 명확하게 정의하는 능력과 실제적 풀이 노력에서 어떤 개념이나 연산의 능동적 해석을 구별해야 한다. 개념을 옳게 정의할 수 있는 사람이 어떤 문제를 풀 때는 직관적, 암묵적 제약의 영향으로 똑같은 개념을 옳지 않게 사용할 수도 있다. 삼각형의 높이의 정의를 형식적으로 아는 것이, 학생이 임의의 삼각형에서 (그 모양과 위치가 어떻든 간에) 높이를 옳게 분간하고 그릴 수 있다는 것을 함의하는 것은 아니다.

직관적 해석과 과학적 해석 사이의 갈등은 경험 과학에서도 나타난다. 그러나 기본적 차이가 있다. 수학에서는, 수학적 개념의 추상적이며 순수하게 형식적인 본성과 추론 활동의 여러 가지 직관적 경향성 사이에 주요 갈등이 존재한다. 경험과학에서는 기본적 갈등이 제한된 지구적 경험에 근거한 우리의 직관과 그리고 대체로 우리의 일상 경험을 크게 벗어나는 자료와 생각에 근거한 과학의 논리적 구조 사이에 존재한다.

수학교육과 과학교육은 학생의 추론 방식에 미치는 직관적 힘의 영향을 무시할 수 없다. 역사로부터도 많은 것을 배울 수 있는 반면에, 최근의 연구는 이 분야에서 중요한 기여를 했다. 우리는 이제 직관적 메커니즘의 변경에 매우 저항하는 견고하고 일관된 복잡한 구조로 조직된다는 것을 안다. 훨씬 더 많은 실험적 증거가 필요하지만 교사 자신은 종종, 가르친 개념과 모순되는 저항 요인들을 식별할 수 있다.

직관적 근거를 가진 개념작용은 순전한 어문적 설명에 의해서는 제거될 수 없다는 것을 명심해야 한다. **직관은 항상 인간이 어떤 실제적 행동 또는 이론적 행동의 개인적 참여, 개인적 경험의 산물이다.** 오직 어떤 상황에 적극적으로 대처하려고 노력할 때에야 그러한 전체적이고 예상적이고 외관상 자기모순이 없는 표상들이 필요하다. 새로운 즉, 이차적인 수학적 직관과 과학적 직관의 발달은 평가하고, 추측하고, 예측하고, 풀이를 고안하고 점검하는 것이 학생들에게 요구되는 교수학적 상황을 함의한다. 예를 들어, 새롭고 옳은 확률적 직관을 개발하기 위해서는 학생이 불확실한 사건들에 실질적으로 대처하는 상황을 창조하는 것이 필요하다.

새롭고 옳은 직관이 단순히 원시적이고 옳지 못한 직관을 대체하지 않는다는 것을 강조하는 것이 중요하다. 일차적 직관은 보통 저항적이어서 새롭고 뛰어나고 과학적으로 받아들일 수 있는 직관과 공존할 수 있다. 그 상황은 매우 흔히 문제의 본성에 좌우되는 학생의 반응에서 불일치를 초래한다. 한 동전을 여러 번 던졌을 때, 동전의 앞과 뒤가 나올 확률이 똑같다는 것을 논리적으로, 그리고 직관적으로 이해할 수 있다. 그럼에도 불구하고, '뒷면'이 3-4번 계속해서 나온 뒤에는, 다음 시행에서는 앞면이 나올 가능성이 더 많다고 여전히 직관적으로 느낀다.

수학교육에서 수학적 표상의 모순된 본성이 (그것이 심리적으로 고려된다면) 정반대인 두 가지 교수학적 전략을 낳아 왔다. 한편 많은 교육과정과 교과서 저자들이 직관적 표상에 대한 아동의 강한 욕구를 충족시키기 위해서 직관적인 그림 성분들을 강조하는 경향이 있었다. 그리하여 교과서는 아름답게 색칠된 이미지와 다이어그램으로 가득 차게 되었다. 다른 한편, 특히 1960년대와 1970년대 동안에, 주로 부르바키(Bourbaki) 그룹의 영향을 받은 저자들이 지식체가 공리적으로 제시되는 프로그램과 교과서를 만들고자 노력했다. 우리의 의견으로는, 이 두 전략 모두 잘못된 것이다. 왜냐하면 그것들 각각은, 심리적으로 직관적이며 형식적인 것 모두에 근거를 둔 수학적 개념의 복잡한 구조의 반만을 고려했기 때문이다.

직관적 자극제의 역할을 과장함으로써, 진짜 수학적 내용을 드러내는 대신 그것을 감추게 되는 위험을 무릅쓰고 있다. 또한 너무 일찍 어떤 수학적 영역의 '정화된', 엄격하게 연역적인 버전의 힘을 빌리게 됨으로써 학생의 개인적인 수학적 추론 능력을 개발하는 대신 질식시키는 위험을 무릅쓰고 있다.

셋째는 '구조화된 자료'로 불려진 것에서 사고의 두 선을 종합하고자 노력했던 딘즈의 시도이다. 이제는 체계적인 예비 조사 없이 사용된 딘즈식의 접근의 성공이 또한 매우 제한되었다고 단언할 수 있다.

전체적 문제는 매우 복잡해서 어떤 특정한 교수학적 테크닉으로 해결될 수 없다. 수학과 경험 과학 모두에서 교육적 전략은 각각의 개념의 본성과 역사적이자 개체발생적인 발달에 대한 심오한 지식의 기초 위에서 세워져야 한다.

내게는 어떠한 의심도 없이 학교 프로그램에서, 특히 과학과 수학에서 꼼꼼한 심리학적, 심리교수학적 조사 없이 새로운 개념을 소개하는 것을 허용할 수 없는 것 같다.

이것이 아마도 우리의 분석으로부터 도출될 수 있는 교훈인 것 같다. 너무 많은 시간과 에너지가 낭비되었고, 새롭지만 적절하지 않은 프로젝트들과 함께 이미 너무 많은 실수를 범했다.

지도 문제에 성공적으로 대처하기 위해서는 먼저 개재된 개념의 심리적 측면을 잘, 진지하게 이해해야 한다. 이 점에서 훨씬 더 많은 연구가 필요하다. 학생들이 이 개념에 부착하는 암묵적 해석이 무엇인지, 직관적 반응이 무엇인지, 학생들이 만들어 내는 직관적 모델이 무엇인지, 새로운 개념의 획득에서 학생들이 받을 수 있는 충격이 무엇인지 알아야 한다. 다른 한편, 가르친 개념의 직관적 짐과 그것의 형식적 구조 사이의 복잡하고 변화가 심한 관계성에 대한 다양한 교수학적 수단의 효과를 평가해야만 한다. 부적절한 전략은 이 두 성분의 생산적인 상호작용을 파괴할 수 있다.

심리학자, 수학자, 과학자의 공동의 수고, 교사와 연구자의 공동의 수고가 과학교육과 수학교육에서 새롭고, 적절하고, 더 효과적인 프로그램과 교수학적 풀이를 만들어내기 위해 필요하다.

참고문헌

Adi; H., Karplus, R. and Lawson, A. E. (1980), 'Conditional logic abilities on the four-card Problem: assessment of behavioral and reasoning performances', *Educational Studies in Mathematics* 11(4), 479-496,

Anderson, H. (1919), 'Algebraic rules in psychological measurement', *American Scientist* 67(5, September-October), 555-563.

Bachelard, G. (198O), *La formation de l'esprit scientifique*, Librairie Philosophique, J, Vrin, Paris.

Bar-Hillel M. (1982), 'Studies of representativeness', in Kahneman D., Slovic P. and Tversky, A. (eds.), *Judgement Under Uncertainty: Heuristics and Biases*, 69-83, Cambridge University Press, Cambridge.

Barrat, B. (1915), 'Training and transfer in combinatorial problem solving: The development of formal reasoning during early adolescence', *Developmental Psychology* 11(6), 700-704.

Bartlett, F, (1958), *Thinking*, London: George Allen and Unwin.

Bell, A. W. (1976), 'A study of pupils' proof-explanations in mathematical situations', *Educational Studies in Mathematics* 7, 23-40.

Bereiter, C., Hidi, S. and Dimitroff, G, (1919), '*Qualitative changes in verbal reasoning during middle and late childhood*', *Child Development* 50, 142-151.

Bergson, H. (1954), Creative Evolution, Translated by A. Mitchell. Macmillan & Co. Ltd., London 1954, First edition 1911.

Beth, E. W. anti Piaget, J, (1966), Mathematical Epistemology and psychology, Reidel, Dordrecht.

Bishop, A. J. (1919), 'Visualizing and mathematics in a pre-technological culture', *Educational Studies in Mathematics* 10, 135-146.

Bolton, N. (1912), *The Psychology of Thinking*, Methuen, London, 1972.

Bruner, J. (1965), *The Process of Education*, Harvard University Press, Cambridge, Massachusetts.

Bunge, M. (1962), *Intuition and Science*, Prentice-Hall, Inc., Englewood Cliffs.

Campbell, M. R. (1920)), Physics, the Elements, Cambridge Univ, Press, Cambridge.

Carroll, L. (1895), 'What the tortoise said to Achilles'. *Mind* 4, 278-80.

Cavaillès, J. (1969), *Studii asupia teoriei multimilor*, Translared by C. Popescu-Ulmu, Editura Stientifica, Bucuresti. (J. Cavaillès, Philosophie Mathématique, Hermann, Paris, 1962,)

Christensen-Szolansky, J, J. and Bushyhead, J, B, (1981), 'Physician's use of probabilistic information in real clinic setting' *Journal of Experimental Psychology: Human Perception and Performance* 7, 928-935.

Clagett, M. (1962), *Critical Problems in the History of Science*, The University of Wisconsin Press, Madison.

Clement, J. (1982), 'Student's preconceptions in introductory mechanics', *American Journal of Physics* 50,66-11.

Cohen, p. J, (1966), *Set Theory and the Continuum Hypothesis*, W. A. Benjamin, Inc. New York.

Courant, R. and Robbins, H, (1969), *What is Mathematics? An Elementary Approach to Ideas and Methods*, Oxford University Press, Oxford.

Delachet, A. (1961), L'analyse mathématique. Que Sais-Je? series, P.U.F., Paris.

Descartes, R. (1967), *The Philosophical Works*, vol. 1, Translated by E. S. Haldane and G. R. T. Ross, The University Press, Cambridge.

DiSessa, A. (1982),'Unlearning Aristotelian physics', *Cognitive Science* 6, 37-15.

DiSessa, A. H. (1983a), 'Phenomenology and the evolution of intuition', in D. Gentner and A.L. Stevens (eds.), *Mental Models*, pp. 15-33, Lawrence Erlbaum Associates, London.

DiSessa, A, A, (1983b), *Intuitions as Knowledge*, Unpublished.

Duval, R. (1993), L'obstacle du dedoublement des objets mathematiques, *Educational Studies in Mathematics* 14(4), 385-414.

Echternacht, G. J. (1972), The use of confidence testing in objective tests, *Review of Educational Research* 42, 217-236.

Einstein, A. (1976), *La théorie de la relativié restreinte et générale* (Translated by M, Solovine). Gauthier-Villars, Paris 1916.

Ennis, R., finkelstein, M., Smith, E. and Wilson, N. (1969), 'Conditional logic in children', Ithaca, N. Y.: *Cornell Critical Thinking Readiness Project* (ERIC Document Reproduction Service No. ED040437).

Evans, J. St, B. T. (1982), *The Psychology of Deductive Reasoning*, London: Routledge and Kegan Paul.

Feller, W. (1950, 1957), *An Introduction to Probability Theory and Is Applications*, vol. 1,John Wiley & Sons, New York.

Fischbein, E, (1975), *The Intuitive Sources of Probabilistic Thinking in Children*, D. Reidel, Dordrecht: Holland.

Fischbein, E. (1977), 'Image and concept in learning mathematics', *Educational Studies in Mathematics* 8, 153-165.

Fischbein, E. (1982), 'Intuition and proof', *For the Learning of Mathematics* 3(2), November,8-24.

Fischbein, E. (1983b), 'Intuition and axiomatics in mathematical education', in *Proceedings of the Fourth International Congress on Mathematical Education*. M. Zweng, T. Green, J, Kilpatrick, H. Pollack and M. Suydam (eds.) Birkhauser, Boston, 599-602.

Fischbein, E., Barbat, I. and Minzat I. (1971), 'Primary and secondary intuitions in the introduction of probability', *Educational Studies in Mathematics* 4, 264-280 (In French). Also Appendix 1, The intuitive sources of probabilistic thinking in children, 138-155, D. Reidel, Dordrecht, 1975.

Fischbein, E. Barbat, I, and Minzat, I. (1975), 'Syllogistic reasoning in children and adolescents', *Revue Roumaine des Sciences Sociales, Serie de Psychologie* 19 (1), 21-33.

Fischbein, E., Deri, M., Nello, M. S. and Marino, M, S. (1985), 'The role of implicit models in solving verbal Problems, in multiplication and division', *Journal of Research in Mathematics Education* 16(1), 3-17.

Fischbein, E. and Gazit, A. (1984), 'Does the teaching of probability improve probabilistic intuitions?', *Educational Studies in Mathematics* 15, 1-24.

Fischbein, E., Pampu, I. and Minzat, I, (1970), 'Effects of age and instruction on combinatory ability in children', *The British Journal of Educational Psychology* 40(3), 261-270.

Fischbein, E., Tirosh, D. and Hess, P. (1979), 'The intuition of infinity', *Education Studies in Mathematics* 10, 3-40.

Fischbein, E., Tirosh, D. and Melamed, U, (1981), 'Is it possibles to measure the intuitive acceptance of a mathematical statement?', *Educational Studies in Mathematics* 12, 491-512.

Fischhof, B., Slovic, P. and Lichtenstein, S. (1977), 'Knowing with certainty: The appropriate-ness of extreme confidence', *Journal of Experimental Psychology: Human Perception and Performance* 3, 52-564.

Franklin, A. (1978), 'Inertia in the middle ages', *The Physics Teacher*, April, 201-208.

Freudenthal, H. (1973), *Mathematics as an Educational Task*, D. Reidel, Dordrecht.

Fuson, K., Secada, W. and Hall, J. W. (1983), 'Matching, counting and conservation of numerical equivalence', *Child Development* 54, 91-97.

Galbraith, P. L. (1981), 'Aspects of proving: A clinical investigation of process', *Educational Studies in Mathematics* 112, 1-28.

Galilei, G. (1960), 'De Motu' (J. E. Drabkin, trans.) in J. E. Drabkin and S. Drake (trans. and eds.) Galileo Galilei: *"On motion" and "on mechanics"*, Madison: University of Wisconsin Press (originally written ca. 1590).

Galileo, G. (1962), *Dialog despre cele doua sisteme principale ale lumii* (Dialogue concerning two new sciences). Roumanian translation by R. Ottone, Editura Stiintifica Bucuresti, 1962. See also:

Galileo, G. (1967), *Dialogue Concerning the Two Chief World Systems* (S. Drake trans.), Berkeley:University of California Press (Originally published 1632).

Gentner, D. (1983), 'Structure-mapping: a theoretical framework for analogy', *Cognitive Science* 7, 155-170.

Gentner, D. and Stevens, A.L. (eds.) (1983), *Mental Models*, Lawrence Erlbaum Associates, Hillsdate, N.J.

Gettys, C. F., Kelly, C. and Peterson, C. R. (1973), 'the best guess hypothesis in multistage inferences', *Organizational Behavior and Human Performance* 10, 364-373.

Gick, M. :. and Holyoak, J. K. (1983), 'Schema induction and analogical transfer', *Cognitive Psychology* 15, 1-38.

Glaeser, G. (1981). 'Epistemologie des nombres relatifs', *Recherches en Didactique des Mathematiques* 2 (3), 303-346.

Griggs, R. A. (1983), 'The role of problem content in the selection task and in the THOG problem'. In J.St. B.T. Evans (ed.), *Thinking and Reasoning: Psychological Approaches*, London: Routledge and Kegan Paul.

Hadamard, J. (1949), *An Essay on the Psychology of Invention in the Mathematical Field*, Princeton University Press, Princeton.

Hahn, H. (1956a), 'The crisis in intuition' in J.R. Newman (Ed.), *The World of Mathematics,* Simon and Schuster, New York, 1957-1976.

Hahn, H. (1956b), 'Infinity' in J.R. Newman (Ed.), T*he world of Mathematics*, Simon and Schuster, New York, 1591-1611.

Hart, K. M. (ed.) (1981), *Children's Understanding of Mathematics*, 11-16, John Murray, London.

Hershkowitz, R. and Vinner, Sh. (1982), 'Basic geometric concepts - definitions and images' in: Proceedings of the Sixth International Conference for the Psychology of Mathematics Education, A. Vermandel (Ed.) Universitaire Instelling, Antwerpen, 18-23.

Hesse, B. M. (1966), *Models and analogies in Science*, University of Notre Dame Press, Notre Dame, Indiana.

Hill, S. (1961), *A Study of the Logical Abilities of Children*, Doctoral dissertation, Stanford University, Stanford.

Hofstadter, D. R. (1979), *Godel, Escher, Bach*, Harvester Press.

Inhelder, B., Piaget, J. (1958), *The Growth of Logical Thinking from Childhood to adolescence*, Routledge &Kegan Paul, London.

Janvier, C. (1981), 'Use of situations in mathematics education', *Educational Studies in Mathematics* 12, 113-122.

Johnson-Laird, P. N. (1983), *Mental Models: Toward a Cognitive Science of Language, Inference and Consciousness*, Harvard Univ. Press, Cambridge, MA.

Kahneman, D. and Tversky, A. (1982), 'Subjective probability: A judgement of representativeness', in D. Kahneman, P. Slovic and A. Tversky (eds.), *Judgement Under Uncertainty: euristics and Biases*, 32-47, Cambridge University Press, Cambridge.

Kahneman, D. and Tversky, A. (1982), 'Intuitive prediction: Biihses and corrective procedure', in D. Kahneman, P. Slovic and A. Tversky (eds.), *Judgement Under Uncertainty: Heuristics and Biases*, pp. 414-421, Cambridge University Press, Cambridge.

Kant, I. (1980), *Critique of Pure Reason* (Translated by N. K. Smith), The Macmilllan Press Ltd., London.

Kaput, J. J. (1979), 'Mathematics and learning: Roots of epistemological status', in J. L. Lockhead and J. Clement (eds.), *Cognitive Process Instruction.* Research on Teaching Thinking Skills. The Franklin Institute Press, Philadelphia, Pennsylvania.

Kaput. J.J. (in press), 'Information technology and mathematics: opening new representational windows', *Journal of Mathematical Behavior*.

Kieran, C. (1981), 'Concepts associated with the equality symbol', *Educational Studies in Mathematics* 12, 317-326.

Kilpatrick, J. (1985), 'Reflection and recursion', *Educational Studies in Mathematics* 16(1), 1-26.

Klein, F. (1898), *Conferences sur les mathematiques, Conference VI*, A. Hermann, Librairie Scientifique, Paris.

Kline, M. (1980), *Mathematics: The Loss of Certainty*, Oxford University Press, New York.

Knifong, J. (1974), 'Logical abilities of young children -two styles of approach', *Child Development* 45, 78-83.

Koriat, A., Luchtensteln, S. and Fischhoff, B. (1980), 'Reasons for confidence', *Journal of Experimental Psychology*, Human Learning and Memory 6, 107-118.

Kruglansky, A. W., Ajzen, I. (1983), 'Bias and error in human judgment', *European Journal of Social Psychology*, Febr., 1-43.

Kruglansky, A. W. and Freund, T. (1983), 'The freezing and unfreezing of lay-inferences: Effects on impressional primacy, ethnic stereotyping, and numerical anchoring', *Journal of Experimental Social Psychology* 19, 448-468.

Kuhn, D. (1977), Conditional reasoning in children, *Developmental Psychology* 13, 342-353.

Kuhn, S.T. (1970), *The Structure of Scientific Revolutions*, The University of Chicago Press, Chicago.

Lakatos, I. (1976), *Proofs and Refutations*, Cambridge: Cambridge University Press.

Le Roy, E. (1960), *La pensée mathématique pure*, P.U.F., Paris.

Lichtenstein, S. and Fischhoff, B,: 1977, 'Do those who know more also know more also know more about how much they know?', *Organizational Behavior and Human Performance* 20, 159-183.

Lichtenstein, S. Fischhoff, B. and Philips, D.L. (1982), 'Calibration of probabilities: The state of the art to 1980', in D. Kahneman, P. Slovic and A. Tversky (Eds.), *Judgement Under Uncertainty: Heuristics and Biases*, p. 306-334. Cambridge University Press, Cambridge.

Luchins, A. S. (1957), 'Experimental attempts to minimize the impact of first impressions'. In C. E. Hovland (ed.), *The Order of Presentation in Persuasion*, Yale Univ. Press, New

Haven, Conn.

Mason, J. and Pimm. D. (1984), 'Generic examples: seeing the general in the particular', *Educational Studies in Mathematics* 15, 277-289.

McCloskey, M. (1983), 'Naive theories in motion', in: D. Gentner and A. L. Stevens (eds.), *Mental Models*, N.J., Erlbaum. hillsdate.

McCloskey, M. and Kohl, D. (1983), 'Naive Physics: The curvilinear impetus principle and its role in interaction with moving objects', *Journal of Experimental Psychology: Learning, Memory and Cognition* 9, 146-156.

McCloskey, M. M., Washburn, A., and Felch, L. (1983), 'Intuitive physics: The straight-down belief and its origin', *Journal of Experimental Psychology: Learning, Memory and Cognition* 9, 636-649.

Noddings, N. and Shore, P.J. (1984), *Awakening the Inner Eye. Intuition in Education.* Teachers College Press, New York.

O'Brien, T .C. and Shapiro, B.J. (1968), The development of logical thinking in children, *American Educational Research Journal* 15, 531-543.

O'brien, T. C., Shapiro, B.J. and Reali, N.C. (1971), Logical thinking-language and context, *Educational Studies in Mathematics* 4, 201-219.

Olver, R.R. and Hornsby, J. R. (1966), *On equivalence. In* J. S. Bruner, R. R. Olver and P. M. Greenfield (eds.), *Studies in Cognitive Growth*, New York: Wiley.

Oskamp, S. (1982), 'Overconfidence in case-stutdy judgements', in D, Kahneman, P. Slovic and A. Tversky (Eds.), *Judgement Under Uncertainty*: Heuristic and Biases, Cambridge University Press, Cambridge, 287-293.

Papert, S. L. (1980), *Mind-Storms. Children, Computers and Powerful Ideas*, Basic Books Inc., New York.

Parsegian, V. L., Meltzer, S. A., Luchins, S. A., and Kinerson, K. S. (1968), *Introduction to Natural Science, Part One: The Physical Science*, Academic Press, New York.

Parsons, C. (1960), Inhelder and Piaget's "The Growth of Logical Thinking". II. A logician's viewpoint', *British Journal of Psychology* 51, 75-84.

Pedoe, D. (1958), *The Gentle Art of Mathematics*. Harmondsworth: Penguin.

Peel, E. A. (1967), 'A method for investigating children's understanding of certain logica connectives used in binary propositional thinking', *British Journal of Mathematical and Statistical Psychology* 20, 81-92.

Piaget, J. (1930), *The Child's Conception of Physical Causality*, Kegan Paul, London.

Piaget, J. (1967), *La psychologie de l'intelligence*, Armand Colin, Paris.

Piaget, J, (1980), *Experiments in Contradiction*, University of Chicago Press, Chicago and London.

Piaget, J. and Garcia, R. (1983), *Psychogenèse et histoire des sciences*, Flammarion, Paris.

Piaget, J. and Inhelder, B. (1941), *Le developpement des quantites chez l'enfant Paris*, Press Universitaire de France.

Piaget, J. and Szeminska, A. (1964), *La genese du nombre chez l'enfant*, Delachaux et Niestle-Nechatel.

Pitz, G. F. (1974), 'Subjectivc probability distributions for imperfectly known quantities', in L. W. Gregg (ed.), *Knowledge and Cognition*, Wiley.

Poincare, H. (1906), *La science et l'hypothese*, Flammarion, Paris.

Poincare, H. (1913), *The Foundations of Science* (Trans, Halsted) Science Press, New York.

Poincare, H. L. (1920), *The Value of Science*, Dover Publications Inc. New York.

Poincare, H. (1952), *Science and Method*, Dover Publications Inc., New York.

Polanyi, M. (1969), *Knowing and Being*, Routledge and Kegan Paul, London.

Polya, G. (1954), *Induction and Analogr in Mathematics*, Princeton University·Press, Princeton, New Jersey.

Popper, K. R. (1963), *Conjectures and Refutations*. London: Routledge Kegan and Paul.

Ouinton, G. and Fellows, S. B. J. (1975), '"Perceptual" strategies in the solving of three-term series problems', *British Journal of Psychology* 66, 69-78.

Reid, C. (1970), *Hilbert*, Springer, Heidelberg.

Reuchlin, M. (1973), 'Formalisation et realisation dans la pensee naturelle: une hypothese', *Journal de Psychologie Normale et Pathologique* 4, 379-408.

Roberge, J. and Paulus, D. (1971), 'Developmental patterns for children's class and conditional reasoning abilities', *Developmental Psychology* 4, 191-200.

Rosch, E. (1978), 'Principles of categorization' In E. Rosch and R. B. Lloyd (eds.), *Cognition and Categorization*, Hillsdate, N.J.: Erlbaum.

Severi, F. (1951), Intuizionismo e astratismo nella matematica contemporane, in *Atti del terzo Congresso dell UMI, Ed.* Cremonese, Perella, Roma.

Shapiro, B. and O'Brien (1970), 'Logical thinkig in children, ages six through thirteen', *Child Development* 41, 823-829.

Shepard, N, R. (1978), 'Externalization of mental images and the act of creation', in B. S. Randhawa and W. E. Coffman (eds.), *Visual Learning, Thinking and Communication.* Academic Press, London.

Sieber, J. E. (1974), 'Effects of decision importance on ability to generate warranted subjective uncertainty', *Journal of Personality and Social Psychology* 30, 688-694.

Siegler, R. S. (1979), 'Children's thinking: The search for limits', in G. I. Whilchurst, B. I. Zimmermann (eds.), *The Functions of Language and Cognition*, Academic Press, London.

Smith, E. E.and Medin, D. L. (1981), *Categories and Concepts*, Cambridge: Harvard University Press.

Spinoza, B. (1967), *Ethics and Treatise on the Correction of the Understanding* (Translated by A. Boyle). Everyman's Library Dent: London.

Stavy, R., and Stachel, D. (1985), 'Children's conception of changes in the state of matter: from solid to liquid', *Archives de Psychology* 53, 331-344.

Steiner, M. (1975), *Mathematical Knowledge*, Cornell University Press, London.

Suppes, P. (1966), 'The axiomatic method in higt school mathematics' in 'The role of axiomatics and problem solving in mathematics', *The Conference Board of Mathematical Sciences* (Ginn and Co.) Washington, D.C.

Tall, D. (1980), 'The anatomy of a discovery in mathematics research', *For the Learning of Mahtematics* 1, 25-34.

Tall, D. (1985), 'Using computer graphics programs as generic organizers for the concept image of differentiation', *Proceeding of the Ninth International Conference for the Psychology of Mathematics Education.*

Tall, D. and Vinner, Sh. (1981), 'Concept image and concept definition in mathematics with particular reference to limits and continuity', *Educational Studies in Mathematics* 12(2), 151-169.

Taplin, J., Staudenmayer, H. and Taddonio, J. (1974), 'Developmental·Changes in conditional reasoning. Linguistic or logic?', *Journal of Experimental Child Psychology* 17, 360-373.

Taylor, E. S. (1982), 'The availability bias in social perception and interaction', in D. Kahneman, P, Slovic and A. Tversky (Eds.) in *Judgement Under Uncertainty: Heuristics and Biases*, Cambridge University Press, Cambridge 1982, p.190-208.

Thom, R. (1971), '"Modern" mathematics: an educational and philosophic error?', *American Scientist* 59, 695-9.

Tirosh, D. (1985), '*The Intuition of Infinity and its Relevance for Mathematical Education*' (In Hebrew with an English abstract). Ph.D. Thesis, The Tel Aviv University, Tel Aviv 1985.

Tversky, A. and Kahneman, D. (1982),'Judgement under uncertainty: Heuristics and biases', in D. Kahneman, P. Slovic and A. Tversky (eds.), *Judgement Under Uncertainty: Heuristic and Biases*, 3-20, Cambridge University Press, Cambridge.

Tversky, A. and Kahneman, D. (1982), 'Availability: A heuristic for judging frequency and probability', in D. Kahneman, P. Slovic and A. Tversky (eds.), *Judgement Under Uncer-tainty: Heuristic and Biases*, Cambridge University Press, Cambridge, 164-178.

Tweney, R. D., Doherty, M. E. and Mynatt, C. R. (1981), *On Scientific Thinking*, New York: Columbia.

Viennot, L, (1978), 'Le raisonnement spontane en dynamique élémentaire', *Revue Francaise de Pedagogie* 45, 16-24.

Vinner, Sh. (1982), 'Conflicts between definitions and intuitions - the case of the tangent' in A. Vermandel (ed.), *Proceedings of the Sixth International Conference for the Psychology of Mathematical Education*, Universitaire Instelling, Antwerpen, 24-28.

Wason, P. C. (1977), 'The theory of formal operations: a critique'. In B. Geber (ed.), *Piaget and Knowing*, London: Routledge and Kegan Paul.

Wason, P. C. (1983), 'Realism and rationality in the selection task'. In J. St. B. T. Evans (ed.), *Thinking and Reasoning: Psychological Approaches*, London: Routledge and Kegan Paul.

Wason, P. and Evans, J. (1974), 'Dual processes in reasoning', *Cognition*, 1974-5, 3(2), 141-154.

Wason, P, and Johnson-Laird, P. (1972), *Psychology of Reasoning*, Cambridge, Harvard University Press.

Wertheimer, M. (1961), *Productive Thinking* (M. Wertheimer, ed.) Tavistock Publications.

Westcott, M. R. (1968), *Towards a Contemporary Psychology of Intuition*, Holt, Rinehart and Winston, New York.

Wild, K. W. (1938), *Intuition*, Cambridge, At the University Press.

Wilder, L. R. (1965), *Introduction to the Foundations of Mathematics*, John Wiley and Sons,

Inc. New York.

Wilkening, F, (1980), 'Development of dimensional integration in children's perceptual judgment: Experiments with area, volume and velocity', in F. Wilkening, J. Beckcr, and Trabaso (eds.), *Information integration by Children*, Lawrence Erlbaum Associates, Hillsdale, New Jersey.

Wilkening, F and Anderson, H. N. (1982), 'Comparison of two rule-assessment methodologes for studying cognitive development and knowledge structure, *Psychological Bulletin* 92(1), 215-231.

Wilkening, F. and Anderson, N, (1984), 'Representation and diagnosis of children's knowledge structures', in N. H. Anderson (ed.), *Contributions to information theory*, in press.

Wittman, E. (1981), 'The complementary roles of intuitive and reflective thinking in mathematics teaching', in: *Educational Studies in Mathematics* 12(3), 389-397.

찾아보기

(ㄱ)

가우스(J. C. F. Gauss) 121
갈릴레이(G. Galilei) 108, 209, 209, 209, 210, 214, 215, 216, 224
갤브레이스 97, 98
괴델(K. Gödel) 21
그리그스 97
글레저 118, 120, 121

(ㄴ)

뉴턴 11, 23, 108, 108, 209, 216
니퐁 91, 92

(ㄷ)

달랑베르(J. L. R. D'Alembert) 83, 119
데데킨트(R. Dedekind) 31, 32
데모크리토스(Democritus) 211
데이비스(R. Davis) 48
데카르트(R. Descartes) 2, 9, 14, 53, 118
덴조이(A. Denjoy) 82
도어티 43
돌 206
듀발 60, 112, 113, 114
드모르간 95
디세사 196, 197, 198, 199, 200, 202, 203, 205, 206
디오판토스(Diophantus) 117
딘즈(Z. P. Dienes) 157, 170, 251

(ㄹ)

라그랑주(J. L. Lagrange) 22
라이프니츠 66
라카토스 43
라플라스(A. S. Laplace) 120, 216
러더포드(E. Rutherford) 155
로바체프스키 기하학 58
로베르지 91
로빈스 223
롤(M. Rolle) 22
류크랭(M. Reuchlin) 5
르로이(E. LeRoy) 64
리만 164
리만 기하학 58
리히텐슈타인 37, 38, 39, 40, 57

(ㅁ)

마이나트 43
마이컬슨(A. A. Michelson) 6
매클로린(C. Maclaurin) 118, 119, 120, 216
맥스웰(J. C. Maxwell) 12
맥클로스키 217
메이슨(J. Mason) 180
모리스 클라인(Morris Kline) 14
몬테소리 201
몰리(E. W. Morley) 6

(ㅂ)

바이어슈트라스 25, 157, 164

바일(H. Weyl) 14
바틀렛(F. Bartlett) 62
밤(A. Bahm) 70
번지(Bunge) 205, 206
벌링거 95
베라이터 94
베르그송(H. Bergson) 3, 50, 59
베르누이(J. Bernoulli) 158
베르타이머(M. Wertheimer) 128
베른(E. Berne) 5, 74
벤틀리(R. Bentley) 11
벨트라미(E. Beltrami) 121
보어(N. Bohr) 155
부시헤드 39
불리강(Bouligand) 85
뷔리당 59, 212, 213
브로우베르(L. E. J. Brouwer) 13, 82
브루너(J. S. Bruner) 188
비너(Vinner) 173
비숍 86
비에노(L. Viennot) 207

(ㅅ)

살비아티(F. Salviati) 214
성 아퀴나스(St. T. Aquinas) 212
세베리(F. Severy) 84
셰퍼드(R. Shepard) 126
소머펠드(A. Sommerfeld) 155
스타비 180
스타이너(M. Steiner) 159
스타첼 180
스테빈(S. Stevin) 118
스피노자(B. Spinoza) 3, 9, 53, 53, 56, 66
슬로빅 37, 57
시글러(Siegler) 135, 137, 139

(ㅇ)

아다마르 78, 206
아디(H. Adi) 94, 96
아르젠 227
아리스토텔레스 10, 206, 210, 213, 214
아벰파세(Avempace) 212
아인슈타인(A. Einstein) 128, 206
아즈젠 204, 230, 231
앤더슨(H. N. Anderson) 67, 137, 139
에르미트 58
에반스 96
오렘(N. Oresme) 23
오브라이언 94, 98
오스캄푸(S. Oskamp) 36
오일러 120, 158, 159, 216
오자논(J. Ozanon) 118
옴(G. Ohm) 154, 200
와일더(L. R. Wilder) 21, 29
워시번 217, 220
워프(B. L. Whorf) 60
웨스트코트 62
웨이슨 98, 97
윌케닝(F. Wilkening) 67, 137, 139
유잉(A. Ewing) 6
유클리드 10, 56, 61, 67, 72, 228
융(C. Jung) 68
인헬더 94

(ㅈ)

장비에(C. Janvier) 191, 192, 194, 194, 195
제민스카(A. Szeminska) 80
존슨-레어드(Johnson-Laird) 47, 94
주페스(P. Suppes) 84, 85

(ㅋ)

카너먼(D. Kahneman) 128, 131, 132, 133
카르노(L. Carnot) 120
카푸트(J. Kaput) 163, 222
칸토어(G. Cantor) 12, 13, 31, 32, 60, 110
칸트(I. Kant) 3, 54, 83, 214
캐럴(L. Carroll) 88
캠벨(N. R. Campbell) 155
케쿨레(F. Kekule) 126, 127
코리아트 40
코시 120, 216
코언 28, 206
코페르니쿠스(N. Copernicus) 12
쾰러(W. Köhler) 103
쿠랑 223
쿤(T. Kuhn) 92, 93, 94, 179, 179
퀴지네어(G. Cuisenaire) 157, 170
크로체(B. Croce) 4, 5
크루그란스키 204, 230, 231
크리스텐슨-조란스키 39
클라인 84, 127
클레멘트(J. Clement) 208, 209
키어란(C. Kieran) 162
킬패트릭(J. Kilpatrick) 47

(ㅌ)

탈레스 180
탠너리(Tannery) 58
테일러(S. Taylor) 130
톨(D. Tall) 64, 77, 165
톰(R. Thom) 88
톰슨(J. J. Thomson) 155
트웨니 43
티로스(D. Tirosh) 49
티버스키(A. Tversky) 128, 130
티에리 61

(ㅍ)

파울러스 91
파포스 113
페르마(P. Fermat) 22, 118
페아노(G. Peano) 167
페이비오(A. Paivio) 195
페이퍼트(S. Papert) 13, 84
펠러(W. Feller) 84
펠츠 217, 220
포퍼(K. Popper) 36
폴라니 66, 69
폴리야(G. Polya) 130, 141, 142, 142, 156
푸앵카레(H. Poincaré) 4 63, 64, 70, 76, 125, 127, 206
프랭클린(A. Franklin) 209
프로이덴탈(H. Freudenthal) 123
프로인드(Freund) 229
플라톤 10
플레이페어(J. Playfair) 78
피도(D. Pedoe) 83
피시호프 37, 38, 39, 40, 57
피아제 3, 6, 53, 69, 71, 80, 81, 82, 85, 91, 94, 95, 111, 134, 138, 139, 143, 204, 223
피츠(G. F. Pitz) 38
피타고라스 55, 141, 142
필로포누스(J. Philoponus) 212
필립스 39
핌(D. Pimm) 180

(ㅎ)

한(H. Hahn) 4

한켈(H. Hankel) 120
허스코비츠 173
헤세(M. Hesse) 155
홀리오크 153
후설 66
흄(D. Hume) 106
히파르코스(Hipparchus) 211
힐(S. Hill) 91
힐베르트(D. Hilbert) 22, 206

대한수학
교육학회
번역총서
001

수학 과학 학습과 직관

지은이 아프라임 피슈베인
옮긴이 우정호 · 박교식 · 이종희 · 유현주
김수미 · 장혜원 · 서동엽 · 나귀수
펴낸이 박문규
펴낸곳 KM 경문사
펴낸날 2006년 6월 28일 1판 1쇄
2010년 9월 1일 2판 1쇄
등 록 1979년 11월 9일 제 9-9호
주 소 121-818, 서울특별시 마포구 동교동 184-17
전 화 (02)332-2004 팩스 (02)336-5193
이메일 kms2004@kyungmoon.com

값 14,000원

ISBN 89-7282-907-2
ISBN 89-7282-906-4(세트)